Flugzeuge der Welt
1996

Verfasser: Claudio Müller in Zusammenarbeit mit Martin Fricke

Lizenzausgabe für Deutschland und Österreich,
Motorbuch Verlag, Stuttgart, 1996

ISBN 3 613 01724 5

Claudio Müller

Flugzeuge der Welt 1996

heute – morgen

Beschreibung der neuesten Flugzeugtypen

Motor buch Verlag

VORWORT ZUR AUSGABE 1996

In den Vorworten der letzten Ausgaben von "Flugzeuge der Welt" stellte ich immer wieder fest, mit welchen wirtschaftlichen Schwierigkeiten die Luftfahrtbranche seit einigen Jahren zu kämpfen hat. Auch in diesem Jahr halten sie, von Ausnahmen abgesehen, weiterhin an. Die 36. Ausgabe dieses Jahrbuches ist somit ein Spiegelbild dieser Entwicklung. Viele neue und interessante Projekte sind erwähnt, ebenso viele, die aufgegeben oder gar nie konkretisiert werden und einige, denen der Markterfolg versagt bleibt. Trotzdem gibt es einige deutliche Signale, welche mindestens in einigen Segmenten der Luftfahrt auf eine Verbesserung der Situation hinweisen.

Die grössten Schwierigkeiten treten nach wie vor in der Militärluftfahrt auf. Die nun seit rund sechs Jahren anhaltende Reduktion der Streitkräfte, verbunden mit den steigenden Defiziten der öffentlichen Hand in den meisten Ländern, bieten kaum Spielraum für neue Impulse. Nur wenige Programme mit Aussicht auf Erfolg sind im letzten Jahr in Angriff genommen worden. Besonders zu erwähnen sei hier das europäische Projekt eines neuen Truppentransporters FLA. Bei mehreren Neuentwicklungen treten durch Kürzung der Mittel immer wieder massive Verzögerungen auf; die Indienststellung wird weiter hinausgeschoben. Typisch dafür sind die besonders anspruchsvollen Programme F-22 und Eurofighter. Immerhin haben aber einige wichtige, vielversprechende neue Modelle 1995 die Flugerprobung aufgenommen, wie die japanische Mitsubishi FS-X, die amerikanischen F/A-18E/F Super Hornet und RAH-66 Comanche und die europäische Gemeinschaftsentwicklung eines neuen Mehrzweckhubschraubers NH 90. Mehrere militärische Prototypen dürften 1996 ihren Erstflug erleben. Besonders zu erwähnen sind hier die russischen Jettrainer MiG-AT und Yak-130, aber auch die tschechische L-159. Vielleicht gelingt es doch noch, auch den neuesten russischen Luftüberlegenheitsjäger MiG 1.42 endlich in die Luft zu kriegen. Weiterhin rätselt man auch über den Stand des chinesisch-israelischen Mehrzweckkampfflugzeuges Chengdu F-10.

Die Zivilluftfahrt erlebte 1995 deutlich positivere Signale. Viele Flugverkehrsgesellschaften konnten nach Jahren von Defiziten deutlich bessere Jahresabschlüsse erzielen. Dies gilt besonders für die USA. Aber auch in der übrigen Welt geht der Trend in die gleiche Richtung. Dies hat einige Carriers dazu ermuntert, teilweise sehr umfangreiche neue Bestellungen aufzugeben. Als Beispiel sei hier die massive Bestellung der Singapore Airlines für 34 Boeing 777 (+43 Optionen) erwähnt. Überhaupt kommen die positivsten Signale einer Erholung aus dem Fernen Osten. Diese Region erlebt einen anhaltenden wirtschaftlichen Boom, der sich einerseits im forcierten Flottenausbau bei den asiatischen Fluggesellschaften manifestiert, aber auch in einem gesteigerten Selbstbewusstsein bezüglich Entwicklung neuer Modelle. So gehen einige Länder konsequent weg von der blossen Bestellung hin zur Kooperation bei Bau und Entwicklung neuer Modelle. Ja, vermehrt sind auch Eigenentwicklungen zu erwarten, wie die Pläne für ein neues 100-plätziges Verkehrsflugzeug zwischen China und Korea bzw. der neue koreanische Fortgeschrittenentrainer KTX-II zeigen. Die Zivilluftfahrt leidet aber weiterhin unter grossen Überkapazitäten. Noch rund tausend Verkehrsflugzeuge liegen stillgelegt auf der ganzen Welt herum. Der Konkurrenzkampf durch Liberalisierung und Deregulierung nimmt weiterhin an Härte zu und dürfte weitere Länder betreffen. Von den Fluggesellschaften wird eine ungeheure Beweglichkeit im Reagieren auf die jeweiligen Marktsituationen erwartet, welche sich beispielsweise auch durch ein kaum mehr zu überblickendes Hin und Her zwischen Bestellen und Annullieren neuer Verkehrsflugzeuge manifestiert. Im Moment ist es deshalb sehr schwierig, genaue Bestellzahlen in diesem Buch zu nennen. 1995 oder 1996 nehmen einige vielversprechende Neuentwicklungen die Flugerprobung auf. Erwähnt seien beispielsweise die jüngste Generation der Boeing 737-Familie, die Versionen -600/-700/-800, wofür bereits umfangreiche Bestellungen eingegangen sind. Aber auch von den russischen Tu-234 und Tu-334 erhofft man sich einen Markterfolg.

Die letzte Zeit hat zwei Bereichen der Zivilluftfahrt deutliche Wachstumsimpulse beschert. Der eine ist die Geschäftsfliegerei, wo das sog. Co-Sharing offenbar ein neuer Megatrend zu werden scheint. Anstelle des Alleineigentums an einem (teuren) Geschäftsflieger werden vermehrt Miteigentumsmodelle ganz spezieller Ausprägung gewählt. Es entstanden durch Kooperation oder Gründung neue Anbieter, die im letzten Jahr massive Bestellungen an entsprechendem Fluggerät aufgaben. Auch die Privatfliegerei befindet sich im Aufbruch. Nachdem die amerikanischen Gesetze für Produktehaftung gelockert wurden, haben bereits früher bekannte Hersteller von Privatflugzeugen die Produktion von bewährten Modellen in grossen Stückzahlen wiederaufgenommen oder stehen davor, dies in Kürze zu tun.

Das Vorwort abzuschliessen ohne einen Hinweis auf die massive Neuausrichtung der Flugzeughersteller auf die veränderten Marktgegebenheiten wäre unvollständig. 1995 war das Jahr der Fusionen. Wie kaum vorher haben sich Firmen zur Sicherung der Überlebensfähigkeit zusammenschliessen müssen oder die entsprechenden Schritte dazu in die Wege geleitet. Nach der Grossfusion 1994 von Lockheed-General Dynamics mit Martin Marietta folgten die Zusammenschlüsse Grumman/Vought mit Northrop, Beech, Hawker mit Raytheon sowie Canadair, Shorts, De Havilland Canada und Learjet mit Bombardier. Deshalb müssen Sie sich, liebe Leserinnen und Leser, bereits in dieser Ausgabe beim Suchen von einzelnen Modellen unter dem altbekannten Namen ebenfalls neu orientieren. Diese Entwicklung ist aber nicht abgeschlossen, im Gegenteil. Zurzeit diskutiert man die Fusion von Boeing und McDonnell Douglas zum weltweit grössten Hersteller, welcher im Zivilluftfahrtbereich eine eigentliche Monopolstellung aufbauen könnte. Wie weit dies sinnvoll ist, und wie lange die nationalen und internationalen Kartellbehörden dieser kaum gesunden Entwicklung zusehen wollen, bleibt abzuwarten.

Für Spannung in der Luftfahrt ist somit gesorgt.

Claudio Müller

AERO L-159 ALBATROS

Ursprungsland: Tschechien.
Kategorie: Leichtes einsitziges und doppelsitziges Erdkampfflugzeug.
Triebwerke: Ein Mantelstromtriebwerk AlliedSignal/ITEC F124-GA-100 von 2850 kp (28 kN) Standschub.
Leistungen (geschätzt): Höchstgeschwindigkeit 930 km/h auf Meereshöhe; Anfangssteiggeschwindigkeit 40 m/Sek; Dienstgipfelhöhe 13200 m; Reichweite mit max. internem Kraftstoff und 10 % Reserven 1570 km.
Gewichte (geschätzt): Leergewicht 3370 kg; normal beladen 4510 kg; max. Startgewicht 5000 kg.
Bewaffnung: Kombination von Waffen an einer Station unter dem Rumpf und sechs unter den Flügeln für Luft-Luft-Lenkwaffen, Luft-Boden-Lenkwaffen, Bomben und Elektronikbehälter im Gesamtgewicht von 2340 kg.
Entwicklungsstand: Nach den gegenwärtigen Plänen soll der erste – doppelsitzige – Prototyp Mitte 1996 zum Jungfernflug starten, der erste Einsitzer folgt 1997. Die tschechische Luftwaffe hat 72 Einheiten bestellt. Die Auslieferung soll 1998 beginnen. Von den Vorgängerausführungen L-39, L-59 und L-139 (siehe Ausgabe 1995) sind bisher über 2900 Maschinen hergestellt worden.
Bemerkungen: Die L-159 wird aus der bekannten L-39/L-59 entwickelt, verfügt über ein westliches Triebwerk mit einem um 30 % erhöhten Schub. Dementsprechend sollen die Flugleistungen deutlich gesteigert werden. Aero rechnet gegenüber der L-39 mit einer Verdoppelung der Steigrate, besserer Wendefähigkeit und kürzerer Startstrecke. Auch die Geschwindigkeit ist in allen Bereichen deutlich höher. Ein modernes Avioniksystem von Rockwell, u.a. bestehend aus Grifo-L-Radar, Flüssigkristall-Farbdisplays im Cockpit, H-764G-Navigationssystem sowie GPS führt zu einer wesentlichen Verbesserung aller Leistungen gegenüber dem Ausgangsmuster.
Hersteller: Aero Vodochody Navodni Podnik, Vodochody Airport bei Prag, CFR.

Abmessungen: Spannweite inkl. Flügelendtanks 9,54 m, Länge 12,20 m, Höhe 4,78 m, Flügelfläche 18,80 m^2.

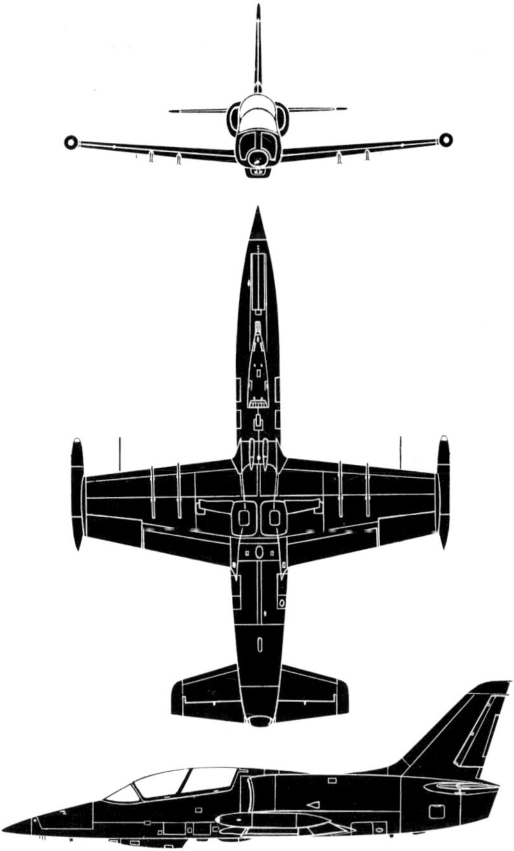

AGUSTA A109 POWER

Ursprungsland: Italien.
Kategorie: Leichter Mehrzweckhubschrauber.
Triebwerke: Zwei Gasturbinen Pratt & Whitney PW206C von je 640 WPS (477 kW) Leistung.
Leistungen (A109MAX): Höchstgeschwindigkeit 311 km/h; max. Reisegeschwindigkeit 282 km/h auf 1520 m; max. Schrägsteiggeschwindigkeit 8,6 m/Sek; Schwebehöhe mit Bodeneffekt 3474 m, ohne Bodeneffekt 2438 m; Reichweite 780 km; max. Flugdauer 4 Std. 20 Min.
Gewichte: Leer 1555 kg; max. Startgewicht 2720 kg mit interner Nutzlast bzw. 3000 kg mit externer Nutzlast.
Zuladung: Ein Pilot und sieben Passagiere. Als Ambulanzhubschrauber zwei liegende Patienten und zwei Helfer. Max. Nutzlast 1130 kg.
Bewaffnung (A109KM): Bis zu acht drahtgelenkte TOW-Lenkwaffen, ein unter dem Rumpf montiertes 7,62-mm-Maschinengewehr oder eine 12,7-mm-Kanone an der Türe befestigt.
Entwicklungsstand: Diese neueste Version fliegt seit 8. Februar 1995. Mit den ersten Auslieferungen wird Mitte 1996 gerechnet. Angeblich sollen rund 20 Optionen vorliegen. Von allen Ausführungen sind bisher über 500 Einheiten hergestellt worden. Die Jahresproduktion beläuft sich auf etwa 20 bis 25 Einheiten.
Bemerkungen: Leistungsmässig liegt die A109 Power zwischen der A109C und der A109K2 (siehe Ausgabe 1991/92). Sie verfügt über einen neuen, weniger Teile umfassenden Hauptrotorkopf mit Titannabe und Elastomerlagern, welcher wesentlich wartungsfreundlicher sein wird. Die leistungsstärkeren Triebwerke verfügen über ein elektronisches Triebwerkmanagement FADEC. Das einziehbare Fahrwerk wurde überarbeitet. Schliesslich ist die Kabine etwas voluminöser ausgefallen. Agusta bietet eine Vielzahl von Varianten der A109 für die verschiedensten Aufgaben, die in früheren Ausgaben beschrieben wurden.
Hersteller: Costruzione Aeronautiche Giovanni Agusta SpA/Finmeccanica, Cascina Costa, Gallarate, Italien.

Abmessungen: Rotordurchmesser 11,00 m, Rumpflänge 10,71 m, Höhe 3,30 m.

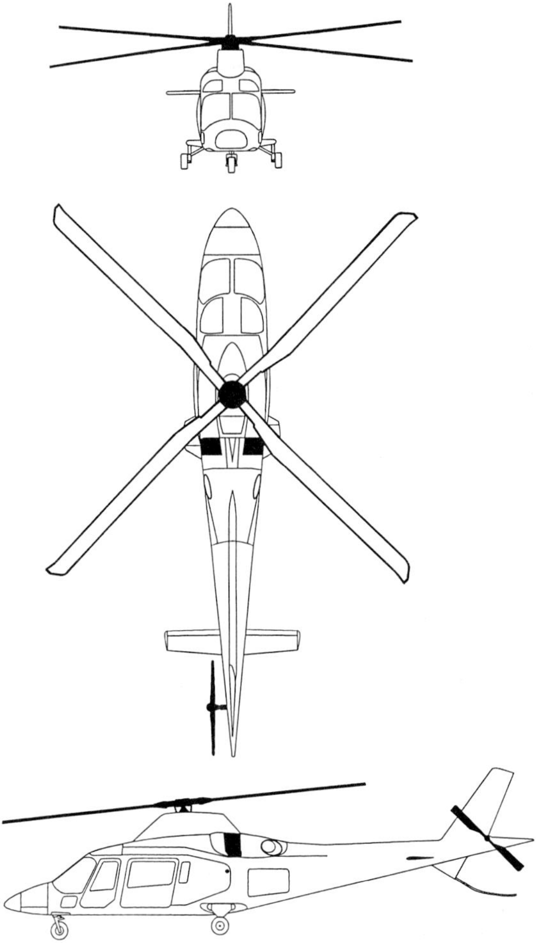

AGUSTA A119 KOALA

Ursprungsland: Italien.
Kategorie: Leichter Mehrzweckhubschrauber.
Triebwerke: Eine Gasturbine Turboméca Arriel 1K1 von 800 WPS (596 kW) Dauerleistung.
Leistungen: Höchstgeschwindigkeit 278 km/h; max. Reisegeschwindigkeit 246 km/h; Schwebehöhe mit Bodeneffekt 2400 m, ohne Bodeneffekt 1230 m; Dienstgipfelhöhe 4240 m; max. Flugzeit 3 Std. 48 Min. bzw. max. Reichweite 667 km.
Gewichte: Max. Startgewicht 2720 kg.
Zuladung: Pilot und bis zu sieben Passagiere. Max. Nutzlast 1354 kg.
Entwicklungsstand: Der Prototyp fliegt seit April 1995. Nach der Zulassung Ende 1995 erfolgen die ersten Auslieferungen an Kunden im Frühjahr 1996. Bestellungen für eine noch unbekannte Anzahl von Koalas sind bereits eingegangen.
Bemerkungen: Als Überraschung wurde am Pariser Luftfahrtsalon 1995 die A119 Koala vorgestellt. Sie stellt das günstige Einstiegsmodell der A109 dar. Von ihr sind die Zelle sowie der neue Rotor weitgehend übernommen. Was das Kabinenvolumen angeht, ist die A119 der derzeit grösste einmotorige Hubschrauber. In ihr finden acht Personen bzw. als Ambulanzhubschrauber bis zu zwei Bahren für liegende Patienten Platz. Zudem verfügt sie über einen voluminösen Gepäckraum. In der ganzen Auslegung wurde auf Wirtschaftlichkeit und Robustheit Wert gelegt. So ist die Koala nur mit einem Kufenfahrwerk erhältlich.
Hersteller: Costruzione Aeronautiche Giovanni Agusta SpA/Finmeccanica, Cascina Costa, Gallarate, Italien.

Abmessungen: Rotordurchmesser 11,00 m, Rumpflänge 10,71 m, Höhe 3,30 m.

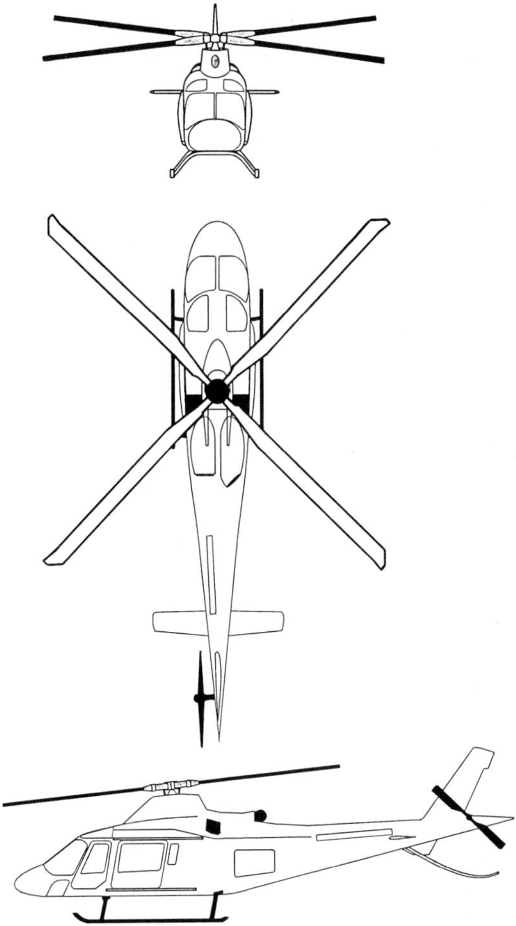

AGUSTA A129 INTERNATIONAL

Ursprungsland: Italien.
Kategorie: Zweisitziger Kampf- und Beobachtungshubschrauber.
Triebwerke: Zwei Gasturbinen LHTEC (Allison) T800 von je 1300 WPS (970 kW) Leistung.
Leistungen (geschätze Mindestwerte): Höchstgeschwindigkeit 280 km/h auf Meereshöhe; max. Dauergeschwindigkeit 250 km/h; max. Schrägsteiggeschwindigkeit 12,00 m/Sek; Schwebehöhe mit Bodeneffekt 3140 m, ohne Bodeneffekt 1890 m; max. Flughöhe 4725 m; Reichweite 528 km; max. Flugdauer 3,07 Std.
Gewichte (geschätzt): Leer 2600 kg; normales Startgewicht für Panzerbekämpfungseinsätze 3850 kg; max. Startgewicht 5100 kg.
Bewaffnung: Eine dreiläufige 20-mm-Kanone M-197 im Bug und acht Panzerabwehrlenkwaffen TOW oder Hellfire plus Raketenwerfer für ungelenkte 70-mm-Raketen, verteilt auf vier Aufhängepunkte mit einer Tragkraft von je 300 kg. Auch Stinger-Flablenkwaffen können mitgeführt werden.
Entwicklungsstand: Erstflug dieser Weiterentwicklung am 9. Januar 1995. Die italienische Luftwaffe hat von der Vorgängerausführung Mangusta (siehe Ausgabe 1995) bisher 30 erhalten. Insgesamt sind 60 Einheiten bestellt. 15 bereits gelieferte Mangustas sollen in die neue Ausführung A129 International umgebaut werden.
Bemerkungen: Dank des um rund 40 % höheren Triebwerkschubs konnten sämtliche Leistungsdaten deutlich verbessert werden. Die International erhielt einen neuen, fünfblättrigen Rotor mit modifiziertem Rotorkopf sowie eine überarbeitete Avionik mit einem vorwärts gerichteten Infrarot-Zielsuchsystem. Die A129 International kann eine grössere Auswahl von Waffen mitführen. Weitere Verbesserungen sind geplant, um im harten internationalen Wettbewerb der Kampfhubschrauber bestehen zu können.
Hersteller: Costruzione Aeronautiche Giovanni Agusta SpA/Finmeccanica, Cascina Costa, Gallarate, Italien.

Abmessungen: Rotordurchmesser 11,90 m, Rumpflänge 12,27 m, Höhe inkl. Rotorkopf 3,35 m.

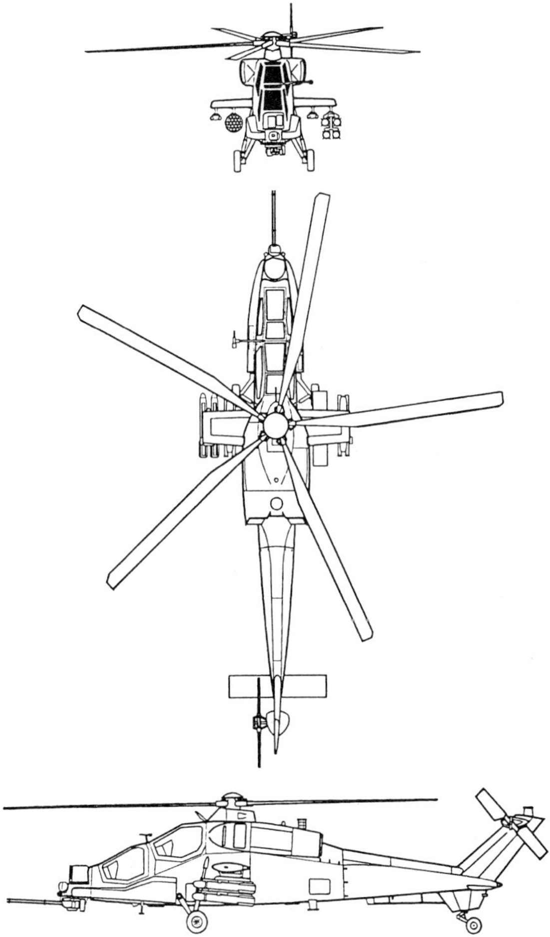

AIDS Ching-Kuo

Ursprungsland: Taiwan.
Kategorie: Einsitziger Luftüberlegenheitsjäger und zweisitziger Einsatztrainer und Marinekampfflugzeug.
Triebwerke: Zwei Mantelstromtriebwerke AlliedSignal F124 (Garrett TFE1042-7) mit 2186 kp (21,44 kN) Standschub ohne und 3783 kp (37,1 kN) mit Nachbrenner.
Leistungen (geschätzt): Die Höchstgeschwindigkeit auf Meereshöhe wird vermutlich etwa 1300 km/h betragen oder Mach 1,05 bzw. auf 10975 m 1800 km/h oder rund Mach 1,70; max. Anfangssteiggeschwindigkeit 254 m/Sek; Dienstgipfelhöhe 16760 m.
Gewichte: Rüstgewicht 6500 kg; normales Abfluggewicht 9525 kg, max. Abfluggewicht 12500 kg.
Bewaffnung: Eine 20-mm-Revolverkanone M61A1 Vulcan intern und als Abfangjäger vier Kurzstrecken-Luft-Luft-Lenkwaffen Sky Sword I und zwei Mittelstrecken-Luft-Luft-Lenkwaffen Sky Sword II, bei Marineeinsätzen zwei Antischiffs-Lenkwaffen Hsiung Feng II. Max. Aussenlasten unter zwei Rumpfstationen, vier Stationen unter den Flügeln und zwei an den Flügelenden 4082 kg.
Entwicklungsstand: Der erste von vier Prototypen (drei Einsitzer und ein Doppelsitzer) flog am 28. Mai 1989. Bis Ende 1995 sind rund 40 Ching-Kuo abgeliefert worden. Die erste Staffel wurde im Januar 1995 einsatzbereit. Der Gesamtbedarf der taiwanesischen Luftwaffe von ursprünglich 250 Maschinen wurde auf 130 Einheiten reduziert, die monatliche Produktion beläuft sich auf 2 Maschinen.
Bemerkungen: Die Ching-Kuo wurde in enger Zusammenarbeit mit General Dynamics entwickelt. Die Herstellung des Triebwerks von International Turbo Engine Company (Garrett/AIDS) erfolgt in Taiwan in Lizenz. Weiterhin wird geprüft, ob eine dem Muster eher entsprechende, leistungsfähigere Triebwerkvariante eingebaut werden soll. Zurzeit steht eine durch Umbau zu erzielende Schuberhöhung von 20 % im Vordergrund. Als weitere Version wird eine zweisitzige Variante als Fortgeschrittenentrainer in Erwägung gezogen. Bei dieser unbewaffneten Variante käme auch eine vereinfachte Elektronik zum Einsatz.
Hersteller: Aero Industry Development Center, Taichung, Taiwan.

Abmessungen: Spannweite 8,53 m, Länge mit Sonde 14,48 m.

AIRBUS A321

Ursprungsland: Europäisches Konsortium.
Kategorie: Kurz- und Mittelstrecken-Verkehrsflugzeug.
Triebwerke: Zwei Mantelstromtriebwerke CFM International CFM56-5B1 von je 13607 kp (133,4 kN) bzw. -5B2 von je 14060 kp (138 kN) oder zwei IAE V2530-A5 von je 14060 kp (138 kN) Standschub.
Leistungen: Max. Reisegeschwindigkeit 903 km/h auf 8535 m; ökonom. Reisegeschwindigkeit 828 km/h auf 11280 m; Reichweite mit max. Passagierzahl inkl. Reserven 4350 km.
Gewichte: Rüstgewicht 47500 kg; max. Startgewicht 83000 kg.
Zuladung: Zwei Mann Cockpitbesatzung und Mehrklassenbestuhlung für normalerweise 16 Erstklasspassagiere in Viererreihen und 170 Passagiere in Sechserreihen. Einheitsklassen-Innenausstattung für max. 220 Passagiere.
Entwicklungsstand: Der Erstflug des ersten von vier Erprobungsmustern erfolgte am 11. März 1993. Am 27. Januar 1994 stellte die Lufthansa die erste A321 in Dienst. Bis Ende 1995 waren 159 Einheiten bestellt, darunter auch von Lufthansa, Swissair und AUA. Vom Ausgangsmuster A320 (siehe Ausgabe 1991/92) gingen bisher Aufträge für rund 700 Maschinen ein. Im Gegensatz zu allen anderen Mustern von Airbus, die in Frankreich endmontiert werden, erfolgt die Produktion der A321 in Hamburg-Finkenwerder, BRD.
Bemerkungen: Die A321 ist die erste Weiterentwicklung der A320. Der Rumpf wurde um je ein Einsatzelement von 4,27 m vor und hinter dem Flügel verlängert und fasst dadurch 36 Passagiere mehr in Sechserreihen. Ausser einem wegen des höheren Abfluggewichts verstärkten Fahrwerk und leistungsfähigeren Triebwerken sind die Änderungen gegenüber dem Grundmuster A320 bewusst auf ein Minimum beschränkt. Unter der Bezeichnung A321-200 wird an einer schweren Ausführung gearbeitet, welche dank leistungsfähigeren Triebwerken und auf bis zu 89000 kg erhöhtem Abfluggewicht und grösserer Treibstoffzuladung Reichweiten bis zu 6400 km zulässt; Erstflug im Frühjahr 1996.
Hersteller: Airbus Industrie, Blagnac, Frankreich bzw. Werk Hamburg-Finkenwerder, BRD.

Abmessungen: Spannweite 34,09 m, Länge 44,50 m, Höhe 11,80 m, Flügelfläche 123 m^2.

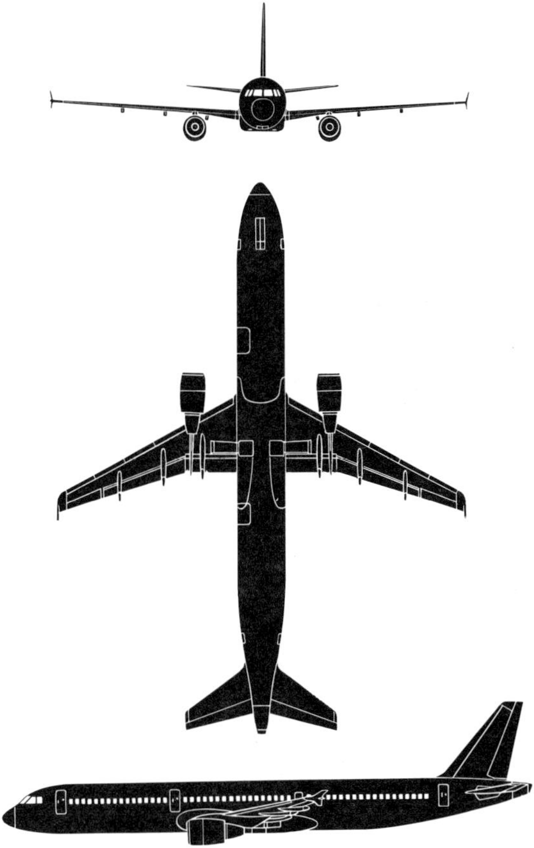

AIRBUS A319

Ursprungsland: Europäisches Konsortium.
Kategorie: Kurz- und Mittelstrecken-Verkehrsflugzeug.
Triebwerke: Zwei Mantelstromtriebwerke CFM International CFM56-5A4/-5B5 von je 10160 kp (99,7 kN) Standschub oder zwei IAE V2522-A5 mit gleicher Leistung. Weitere Triebwerksvarianten mit grösserer Leistung als Option.
Leistungen (geschätzt): Max. Reisegeschwindigkeit 900 km/h auf 10050 m, normale Reisegeschwindigkeit 825 km/h auf 11280 m; Reichweite mit max. Nutzlast 2510 km, max. Reichweite 7700 km.
Gewichte: Rüstgewicht 39200 kg; max. Startgewicht 64000 kg, als Option 68000 kg.
Zuladung: Zwei Mann Cockpitbesatzung und je nach Innenausstattung bis zu 153 Passagiere in Sechserreihen, normalerweise aber 124 Passagiere in zwei Klassen. Max. Nutzlast 15000 kg.
Entwicklungsstand: Die erste A319 hat am 25. August 1995 die Flugerprobung aufgenommen. Mit der Indienststellung ist Mitte 1996 zu rechnen. Bis Ende 1995 sind 81 Einheiten bestellt worden, darunter Air Canada (35), Air Inter (9 + 9 Optionen), Lufthansa (20), Swissair (5).
Bemerkungen: Die A319 ist die bisher kleinste Version der A320-Familie und soll vorwiegend die Bedürfnisse des Kurzsteckenverkehrs abdecken. Ausser einem kürzeren Rumpf, leistungsreduzierten Triebwerken und geringeren Gewichten fügt sie sich nahtlos in das modulare Konstruktionsprinzip von A320 und A321 ein. Zurzeit werden zwei Ausführungen mit unterschiedlichem Abfluggewicht und Reichweitenleistungen angeboten. Auch eine Geschäftsreiseversion soll nächstens ins Programm aufgenommen werden.
Hersteller: Airbus Industrie, Blagnac, Frankreich bzw. Werk Hamburg-Finkenwerder, BRD.

Abmessungen: Spannweite 34,09 m, Länge 33,84 m, Höhe 11,80 m, Flügelfläche 122,40 m².

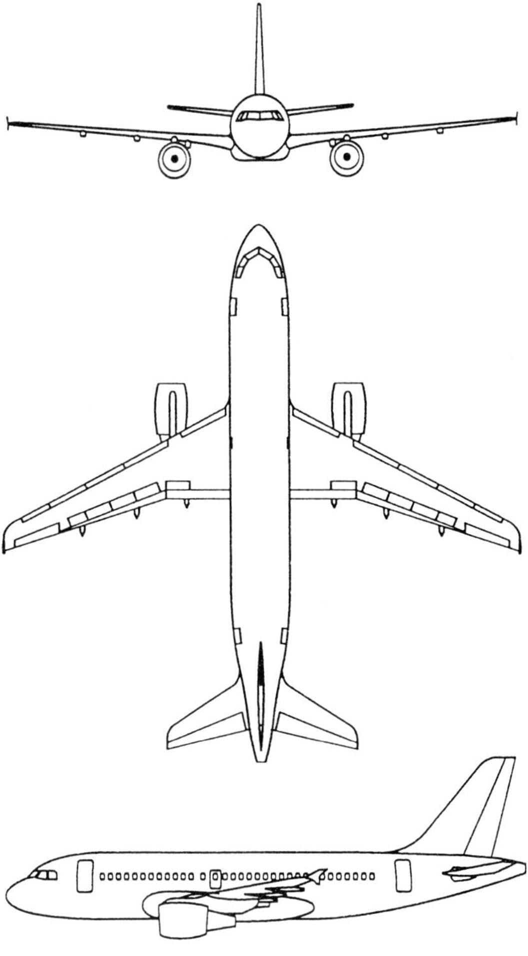

AIRBUS A330

Ursprungsland: Europäisches Konsortium.
Kategorie: Mittel- bis Langstrecken-Verkehrsflugzeug.
Triebwerke: Zwei Mantelstromtriebwerke General Electric CF6-80E, Pratt & Whitney PW4168 oder Rolls-Royce Trent von zwischen 28500 und 32700 kp (279,55 bis 320,75 kN) Standschub.
Leistungen: Max. Reisegeschwindigkeit 880 km/h auf 10060 m; ökonom. Reisegeschwindigkeit 861 km/h auf 11890 m; Dienstgipfelhöhe 12500 m; Reichweite mit 335 Passagieren 8800 km, bei höherem Abfluggewicht (Option) 9800 km.
Gewichte: Rüstgewicht 118000 kg; max. Startgewicht (Normalversion) 212000 kg, (Version mit auf Wunsch erhöhtem Abfluggewicht) 223000 kg.
Zuladung: Zwei Mann Cockpitbesatzung und bei üblicher Zweiklassenbestuhlung 30 Passagiere in der Ersten- und 305 in der Touristenklasse in Sechser- bzw. Achterreihen mit zwei Mittelgängen. Max. 440 Passagiere in Neunerreihen. Max. Nutzlast als Frachter 46149 kg.
Entwicklungsstand: Der Erstflug des Prototyps erfolgte im Oktober 1992. Die Auslieferungen begannen Ende 1993 (an Air Inter). Auch in diesem Jahr mussten einige Annullationen in Kauf genommen werden, so dass die Zahl der Bestellungen Ende 1995 auf rund 130 Einheiten von 16 Betreibern sank.
Bemerkungen: Die A330 verfügt über den gleichen bewährten Rumpfquerschnitt wie die anderen Modelle der A300-Familie (A300, A310 und A340). Der Rumpf ist gegenüber der Ursprungsausführung A300 wesentlich länger und entspricht jenem der A340-300. Mit der A340 gemeinsam sind auch der völlig neu konstruierte Flügel, das Seitenleitwerk, die Cockpitauslegung sowie alle übrigen Systeme. Folgende Weiterentwicklungen der A330 sind geplant: A330-300X mit einem auf 230 t gesteigertem max. Abfluggewicht; danach folgt eine Variante mit einem auf rund 70 m gestreckten Rumpf (A330-400X) und dafür verkürzter max. Reichweite und schliesslich eine stark verkürzte Ausführung A330-200 mit einer Reichweite von bis zu 11000 km.
Hersteller: Airbus Industrie, Blagnac, Frankreich.

Abmessungen: Spannweite 60,30 m, Länge 63,70 m, Höhe 16,83 m, Flügelfläche 363,10 m^2.

AIRBUS A340-300

Ursprungsland: Europäisches Konsortium.
Kategorie: Langstrecken-Verkehrsflugzeug.
Triebwerke: Vier Mantelstromtriebwerke CFM International CFM56-5C2 von je 14152 kp (138,8 kN) oder CFM56-5C3 von je 14765 kp (145 kN) Standschub; (-300E) CFM56-5C4 je 15420 kp (150 kN) Standschub.
Leistungen: Max. Reisegeschwindigkeit 914 km/h auf 10060 m; ökonom. Reisegeschwindigkeit 880 km/h auf 11890 m; Dienstgipfelhöhe 12500 m; Reichweite mit 295 Passagieren 12500 km, mit erhöhtem max. Abfluggewicht 13300 km (-300E).
Gewichte (-300): Rüstgewicht 126100 kg; norm. Startgewicht 257000 kg, maximal 271000 kg (-300E).
Zuladung: Zwei Mann Cockpitbesatzung und in einer Dreiklassenbestuhlung 18 Erstklasse-, 81 Businessklasse- und 196 Touristenklassepassagiere in Siebner-, Achter- und Neunerreihen. Max. 440 Passagiere in Neunerreihen. Max. Nutzlast 47127 kg.
Entwicklungsstand: Das erste Muster begann die Flugerprobung am 25. Oktober 1991. Bis Dezember 1995 waren 157 Einheiten von 25 Gesellschaften bestellt. Bisher einziger Kunde der Version -300E: SIA mit 17 Einheiten (+ 20 Optionen).
Bemerkungen: Die vierstrahlige A340 und die zweistrahlige A330 haben konstruktiv viele Gemeinsamkeiten. So sind Flügel, Cockpit, Heck sowie Rumpf bei beiden Modellen gleich. Einziger wesentlicher Unterschied ist die Zahl der Triebwerke und der damit zusammenhängenden Systeme. Die A340-200 ist die Ultra-Langstreckenversion, während die A340-300 dank des auf 63,66 m verlängerten Rumpfes mehr Passagiere (max. 440) zulasten der Reichweite transportieren kann. Eine weiter angebotene A340-300 Combi wird sechs Frachtpaletten und 194 Passagiere in Dreiklassenbestuhlung aufnehmen. Airbus arbeitet zurzeit an der Entwicklung weiterer Varianten: Ab Mitte 1997 wird eine auf dem Rumpf der -200 basierende Ultra-Langstreckenausführung A340-8000 angeboten mit Reichweitenleistungen bis 14800 km. Auch eine für relativ kurze Strecken verlängerte Version A340UHB mit im Unterdeck anstelle von Fracht für Passagiere eingerichteten Raumes ist in absehbarer Zeit zu erwarten.
Hersteller: Airbus Industrie, Blagnac, Frankreich.

Abmessungen (-200): Spannweite inkl. Winglets 60,30 m, Länge 59,39 m, Höhe 16,74 m, Flügelfläche 363,10 m^2.

AIRBUS BELUGA

Ursprungsland: Europäisches Konsortium.
Kategorie: Frachtflugzeug für den Transport von übergrossen Teilen.
Triebwerke: Zwei Mantelstromtriebwerke General Electric CF6-80C2A8 von je 26762 kp (262,4 kN) Standschub.
Leistungen (geschätzt): Max. Reisegeschwindigkeit 780 km/h; Dienstgipfelhöhe 11180 m; Reichweite bei max. Nutzlast 1700 km.
Gewichte: Max. Startgewicht 150000 kg.
Zuladung: Zwei Mann Cockpitbesatzung und im Frachtraum mit einer Länge von 37,70 m und einem Durchmesser von 7,40 m eine Nutzlast von max. 45500 kg.
Entwicklungsstand: Erstflug des ersten Modells am 13. September 1994. Vorläufig sind vier Maschinen für Airbus bestellt, die ab September 1995 in einer Kadenz von jährlich einem Exemplar abgeliefert werden.
Bemerkungen: Die anfänglich als Super Transporter bezeichnete Beluga basiert auf dem Grundmodell Airbus A300-600R, wobei der Rumpf völlig neu konzipiert ist. Mit diesem Modell soll die alternde Flotte der bisher verwendeten Super Guppies zum Transport der diversen Airbusteile zwischen den einzelnen Werken in Europa ersetzt werden. Zusätzlich wird die Beluga aber auch Dritten zum Kauf angeboten. Das Kabinenvolumen beträgt 1400 m^3. Der Rumpfdurchmesser von 7,40 m ist im Flugzeugbau bisher unerreicht. Die Beluga ist beispielsweise in der Lage, zwei Hubschrauber des Typs CH-53E ohne jegliche Demontage zu transportieren. Zum Ein- und Ausladen kann der gesamte vordere Teil oberhalb des Cockpits nach oben geschwenkt werden.
Hersteller: Airbus Industrie und SATIC, Blagnac, Frankreich.

Abmessungen: Spannweite 44,84 m, Länge 56,16 m, Höhe 17,25 m, Flügelfläche 260,00 m².

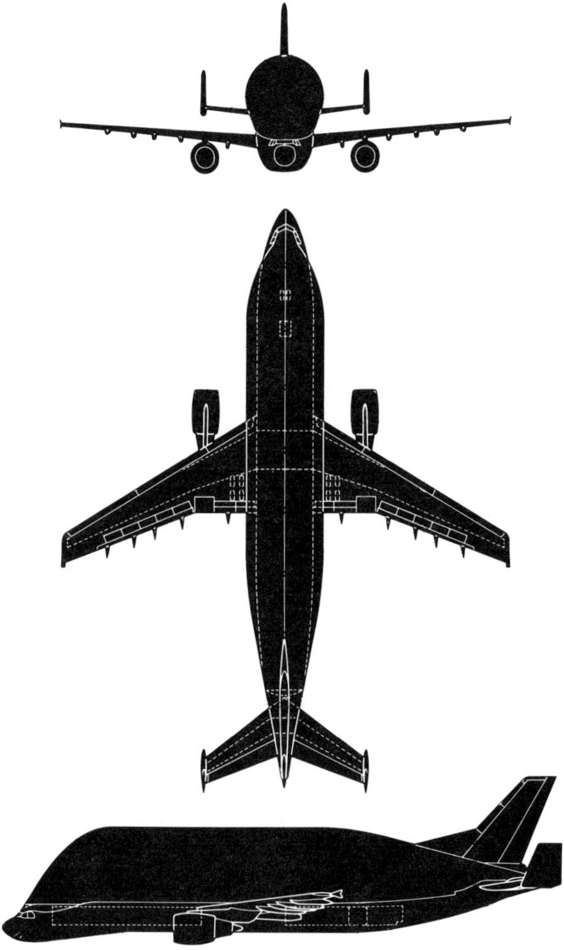

AIRTECH (CASA/IPTN) CN-235-200

Ursprungsland: Spanien und Indonesien.
Kategorie: Regionalverkehrsflugzeug und Mehrzwecktransporter, bzw. Militärfrachter (CN-235M) und Marine-Patrouillenflugzeug (CN-235MPA).
Triebwerke: Zwei Propellerturbinen General Electric CT7-9C von je 1750 WPS (1305 kW) Leistung.
Leistungen: Max. Reisegeschwindigkeit 460 km/h auf 4575 m; max. Anfangssteiggeschwindigkeit 7,75 m/Sek; Dienstgipfelhöhe 7620 m; Reichweite mit max. Nutzlast und 45 Min. Reserven 1773 km, mit 2400 kg und max. Treibstoffzuladung 3658 km.
Gewichte: Normales Rüstgewicht 9800 kg (CN-235M: 8600 kg); max. Startgewicht 15800 kg (CN-235M: 16500 kg).
Zuladung: Zwei Piloten und Standard-Innenausstattung für 40 oder 44 Passagiere in Viererreihen bzw. Nutzlast von 4300 kg, in der Kombiversion CN-235QC 18 Passagiere und zwei LD-3-Container. Als Militärtransporter (CN-235M) 53 Soldaten oder 46 Fallschirmjäger bzw. bis zu 6000 kg Fracht.
Entwicklungsstand: Der erste Prototyp flog erstmals am 11. November 1983 in Spanien, der zweite am 31. Dezember 1983 in Indonesien. Beginn der Kundenablieferungen am 15. Dezember 1986. Bis Dezember 1995 waren von der zivilen Version 126 und von der militärischen Variante 167 Einheiten bestellt; grösster Einzelkunde ist die Türkei mit 52 CN-235M (Lizenzbau). Details der weiteren Besteller siehe Ausgabe 1995.
Bemerkungen: Die CN-235 wird in Gemeinschaftsarbeit zwischen der spanischen CASA und der indonesischen IPTN auf der Basis 50:50 gebaut, wobei die einzelnen Bestandteile jeweils nur von einem Partner hergestellt werden, die Endmontage aber in beiden Werken erfolgt. Eine ASW/Marine-Patrouillenversion CN-235MPA (siehe Foto) mit einem 360°-Suchradar fliegt seit 1991 und wurde von Brunei, Indonesien, Irland, Spanien und Türkei bestellt. Sie besitzt sogar die Möglichkeit, bis zu zwei Antischiffs-Lenkwaffen AM-39 Exocet oder zwei Torpedos Mk. 46 mitzuführen. Eine um 3,18 m verlängerte Transportausführung mit Allison GMA2100- oder Pratt & Whitney PW150-Triebwerken wird zurzeit erwogen.
Hersteller: Airtech, Aircraft Technology Industries, Madrid, Spanien, Werke in Sevilla, Spanien und Bandung, Indonesien.

Abmessungen: Spannweite 25,81 m, Länge 21,35 m, Höhe 8,18 m, Flügelfläche 59,10 m^2.

AMX INTERNATIONAL AMX

Ursprungsland: Italien und Brasilien.
Kategorie: Einsitziger Erdkämpfer und doppelsitziger Einsatztrainer/Marinekampfflugzeug und ECM-Kampfflugzeug (AMX-E).
Triebwerke: Ein Mantelstromtriebwerk Rolls-Royce Spey Mk.807 von 5000 kp (49,1 kN) Standschub.
Leistungen: Höchstgeschwindigkeit 913 km/h oder Mach 0,86 auf 10975 m; max. Anfangssteiggeschwindigkeit 52 m/Sek; Einsatzradius (Einsatzprofil hoch-tief-hoch, 5 Min. Luftkampf und 10 % Reserven) 520 km mit 2720 kg Waffenlasten, oder 890 km mit 907 kg Waffenlasten; Überführungsreichweite mit Zusatztanks 3336 km.
Gewichte: Rüstgewicht 6700 kg; typisches Startgewicht 10750 kg; max. Startgewicht 13000 kg.
Bewaffnung: Eine 20-mm-Revolverkanone M61A1 (Italien), bzw. zwei 30-mm-Kanonen DEFA 553 (Brasilien). Zwei Luft-Luft-Lenkwaffen AIM-9L (oder ähnliche) an den Flügelspitzen, plus maximal 3800 kg Aussenlasten, verteilt unter fünf Aufhängepunkte.
Entwicklungsstand: Erstflug des ersten von insgesamt sieben Prototypen am 15. Mai 1984. Zwei davon sind in Brasilien gebaut worden. Der erste von zwei Prototypen der Doppelsitzer-Ausführung AMX-T nahm die Flugerprobung am 14. März 1990 auf. Aus Budgetgründen werden voraussichtlich nur rund 230 Maschinen gebaut (Italien ca. 135, Brasilien 93). 140 davon wurden bereits ausgeliefert.
Bemerkungen: Neu wird eine Ausführung für die elektronische Kriegsführung angeboten. Ausgerüstet mit einem Multifunktionsradar, einem Infrarot-Nachtsichtgerät FLIR und weiterer ECM-Elektronik soll sie besonders in der Lage sein, feindliche Fliegerabwehrradars zu stören und anschliessend zu bekämpfen. Für diese Aufgabe kann die AMX-E bis zu vier Anti-Radar-Lenkwaffen mitführen. Das Einsatzspektrum umfasst auch ELINT/COMINT-Aufgaben. Auch eine Aufklärungsvariante befindet sich in Entwicklung.
Hersteller: AMX International, London (GB). Mitgliedfirmen: Alenia, Turin, und Aermacchi SpA, Varese, Italien, sowie EMBRAER, Sao José dos Campos, Brasilien.

Abmessungen: Spannweite 8,87 m, Länge 13,57 m, Höhe 4,58 m, Flügelfläche 21,00 m².

ANTONOW AN-38

Ursprungsland: Ukraine.
Kategorie: Regionalverkehrsflugzeug und Mehrzwecktransporter.
Triebwerke: Zwei Propellerturbinen AlliedSignal Garrett TPE331-14GR-801 von je 1500 WPS (1118 kW) oder Omsk TVD-20 von etwa gleicher Leistung.
Leistungen (geschätzt): Normale Reisegeschwindigkeit 380 km/h; Reichweite mit 26 Passagieren und 45 Min. Reserven 600 km; max. Reichweite 2200 km.
Gewichte: Max. Startgewicht 8800 kg.
Zuladung: Zwei Piloten und je nach Inneneinrichtung bis zu 26 Passagiere in Dreierreihen. Als Frachter max. Nutzlast von 2500 kg.
Entwicklungsstand: Der Erstflug des mit TPE331-Triebwerken ausgestatteten Prototyps der An-38 erfolgte am 22. Juni 1994. Die für Mitte 1995 geplante Indienststellung ist offenbar mangels Aufträgen bisher nicht erfolgt; die Zulassung soll neu im ersten Quartal 1996 erfolgen. Zurzeit sind nur gerade 3 Bestellungen bekannt. Der Hersteller rechnet aber mit einem Bedarf von rund 600 Einheiten.
Bemerkungen: Die An-38 ist eine verlängerte und mit neuen Triebwerken ausgestattete Variante der An-28 (siehe Ausgabe 1984/85). Diese wurde noch in sowjetisch-polnischer Zusammenarbeit entwickelt. Der Prototyp des Ursprungsmuster An-28 nahm die Flugerprobung bereits 1972 in der Sowjetunion auf, die Produktion wurde dann aber auf PZL Mielec übertragen. An-28 wie An-38 sind sehr einfach und robust konstruierte Modelle und besonders geeignet auch für den Einsatz in entlegenen Gebieten. Nebst Passagiertransport sind sie auch für Fracht, Sanitäts- und Überwachungsaufgaben einsetzbar. Zur besseren Be- und Entladung verfügen sie über eine Heckladerampe.
Hersteller: OKB Oleg K. Antonow, Kiew, Ukraine bzw. Novosibirks Aircraft Production Association, Chkalow, Ukraine.

Abmessungen: Spannweite 22,06 m, Länge 15,67 m, Höhe 4,30 m.

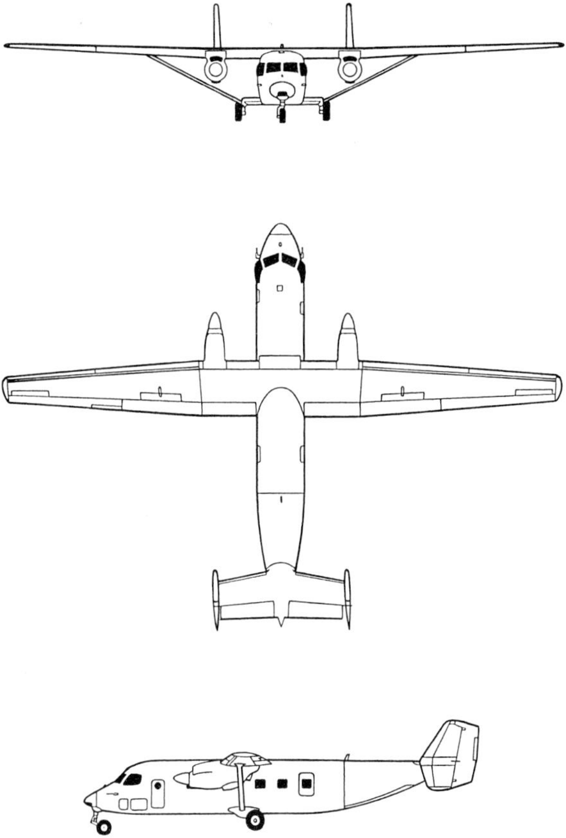

ANTONOW AN-74

Ursprungsland: Ukraine.
Kategorie: Ziviler und militärischer STOL-Transporter für Kurz- bis Mittelstrecken (An-72/74) bzw. Marine-Patrouillenflugzeug (AN-72P).
Triebwerke: Zwei Mantelstromtriebwerke ZMKB Lotarew D-36 von je 6500 kp (63,7 kN) Standschub.
Leistungen: Höchstgeschwindigkeit 705 km/h; normale Reisegeschwindigkeit 550 km/h auf 8000 bis 10000 m; Dienstgipfelhöhe 11800 m; Reichweite mit max. Nutzlast und üblichen Reserven 1150 km, mit 1500 kg Nutzlast und maximaler Treibstoffzuladung 5300 km.
Gewichte: Leergewicht 19050 kg; max. Startgewicht bei einer Startstrecke von 1000 m 27500 kg, bei 1800 m 34500 kg.
Zuladung: Drei Mann Besatzung im Cockpit und je nach Einsatzzweck und Innenausstattung bis zu 68 Personen auf Klappsitzen entlang der Kabinenwände oder 57 Fallschirmspringer. Als Sanitätsflugzeug 24 Bahren, 12 sitzende Verletzte und ein Pfleger. Max. Nutzlast 10000 kg.
Entwicklungsstand: Der erste von zwei Prototypen der Ursprungsversion An-72 (Coaler-A) flog am 22. Dezember 1977. Acht erheblich modifizierte Vorserienexemplare (Coaler-C) folgten 1985; zwei davon sind unter der Bezeichnung An-74 (Coaler-B) für Einsätze in der Arktis und Antarktis ausgelegt. Die Serienproduktion begann 1987 im Werk Kharkow und dauert weiterhin an. Sowohl die An-72 wie auch die An-74 werden noch angeboten. Bisher sind von allen Versionen mindestens 150 Exemplare hergestellt worden.
Bemerkungen: Die An-72/74 macht sich den sog. «Coanda-Effekt» zunutze, wobei die Triebwerkabgase die Flügeloberseite überströmen und damit den Auftrieb beträchtlich erhöhen. Dieser zusammen mit einem wirkungsvollen Klappensystem ermöglichen bemerkenswerte Kurzstart- und Landeeigenschaften. Die An-74, als neuere Ausführung der An-72, zeichnet sich vor allem durch eine Allwetterausrüstung und grössere Reichweitenleistungen aus. Eine Mehrzahl von Varianten für zivile wie militärische Zwecke wird angeboten. Die Marine-Patrouillenversion der An-72P wurde in der Ausgabe 1995 beschrieben.
Hersteller: OKB Oleg K. Antonow, Kiew, Werk Omsk, Ukraine.

Abmessungen: Spannweite 31,89 m, Länge 26,07 m, Höhe 8,65 m, Flügelfläche 98,62 m^2.

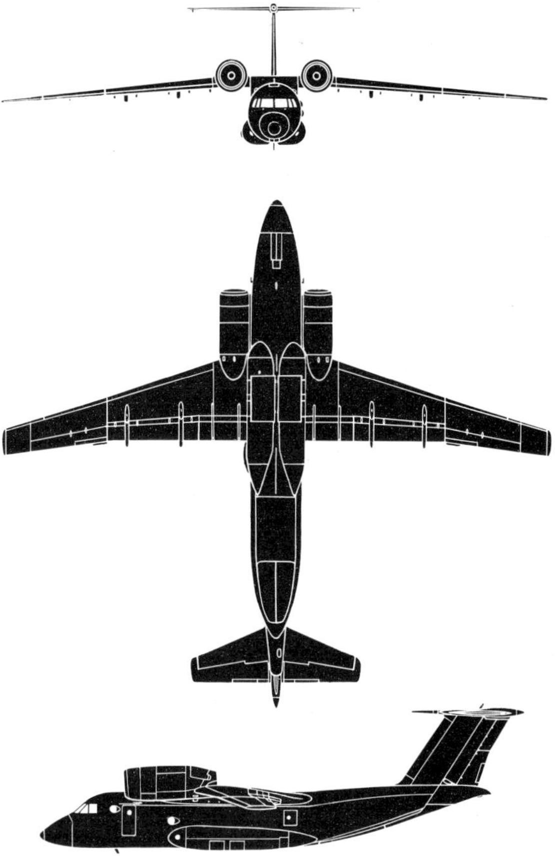

ANTONOW AN-70

Ursprungsland: Ukraine.
Kategorie: Militärischer und ziviler Mittel- und Langstreckenfrachter.
Triebwerke: Vier gegenläufige Propellerturbinen Progress D-27 von je 13800 WPS (10290 kW) Leistung.
Leistungen (geschätzt): Normale Reisegeschwindigkeit 750 km/h auf 9600 m; Reichweite mit maximaler Nutzlast 5000 km, bei erhöhtem Abfluggewicht sogar 5530 km.
Gewichte: Normales Startgewicht 112000 kg; max. Startgewicht 123000 kg.
Zuladung: Drei Mann Cockpitbesatzung und 30 Tonnen max. Nutzlast in einem druckbelüfteten Frachtraum von 18,60 m Länge, 4,00 m Breite sowie 4,10 m Höhe.
Entwicklungsstand: Der erste Prototyp nahm die Flugerprobung am 16. Dezember 1994 auf, stürzte aber bereits am 10. Februar 1995 bei einer Kollision mit einem Begleitflugzeug ab. Zurzeit wird ein zweiter Prototyp gebaut. Dieser sollte 1996 erstmals fliegen. Das erste Serienexemplar ist für Mitte 1997 geplant. Obwohl noch keine festen Bestellungen eingegangen sind, dürften sowohl die russische wie auch die ukrainische Luftwaffe die An-70 in namhaften Zahlen beschaffen.
Bemerkungen: Die An-70 wird sowohl als ziviler wie auch als militärischer Frachter angeboten. Bei der Konstruktion hat Antonow besonders auf niedrige Betriebskosten und hohe Zuverlässigkeit geachtet. Dank Verwendung von vielen Verbundwerkstoffen wird eine lange Lebensdauer angestrebt. Das interessanteste Konstruktionsteil sind die Triebwerke, welche in dieser Form erstmals in einem Serienflugzeug Verwendung finden würden. Die gegenläufigen Propeller haben vorn acht und hinten sechs Blätter. Die An-70 soll in der Lage sein, bei max. Abfluggewicht nach 1500 m abzuheben. Zurzeit wird unter der Bezeichnung An-77 eine Variante mit teilweise westlicher Ausrüstung in Betracht gezogen. Nach neuesten Informationen soll die Endmontage sowohl im russischen Samara wie auch im ukrainischen Kiew erfolgen.
Hersteller: OKB Oleg K. Antonow, Kiew, Ukraine.

Abmessungen: Spannweite 44,06 m, Länge 40,25 m, Höhe 16,10 m.

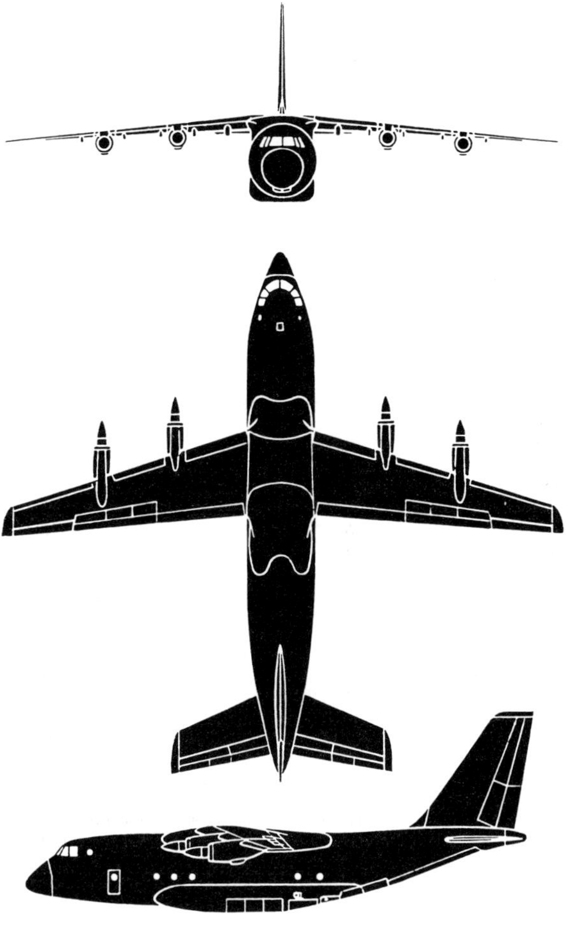

ANTONOW AN-124 RUSLAN

Ursprungsland: Ukraine.
Kategorie: Schwerer strategischer Transporter und ziviler Frachter.
Triebwerke: Vier Mantelstromtriebwerke ZMKB Progress D-18T von je 23430 kp (230 kN) Standschub.
Leistungen: Max. Reisegeschwindigkeit 865 km/h; Reisegeschwindigkeit 800 bis 850 km/h auf 10000 m; Reichweite mit einer Nutzlast von 120000 kg 4500 km; max. Reichweite 16500 km.
Gewichte: Rüstgewicht 172000 kg; max. Startgewicht 405000 kg.
Zuladung: Sechs Mann Besatzung. Hinter dem Cockpit befindet sich eine Kabine für 88 Personen, einschliesslich der Ersatzmannschaft. Der eigentliche Frachtraum (43,45 m lang, 6,68 m breit und 4,40 m hoch) vermag besonders sperrige und schwere zivile wie militärische Güter zu befördern. Max. Nutzlast 150000 kg.
Entwicklungsstand: Erstflug des ersten von drei Prototypen am 26. Dezember 1982. Beginn der Serienherstellung im Laufe von 1984. Bis Ende 1995 sind etwa 50 Einheiten hergestellt worden. Davon ging rund die Hälfte an die ex. sowjetische Luftwaffe. Wenn auch in geringen Stückzahlen, so soll die An-124 weiterhin gebaut werden.
Bemerkungen: Bis zum Erscheinen der An-225 (siehe Ausgabe 1991/92) war die An-124 das grösste und schwerste Flugzeug der Welt. Die Ruslan ist so konzipiert, dass sie gleichzeitig von vorn über den hochklappbaren Rumpfbug als auch von hinten beladen werden kann. Sie kann auch auf unvorbereiteten Pisten wie auch auf hartgefrorenem Schnee operieren. Zurzeit wird geprüft, einige An-124 mit westlichen Triebwerken auszustatten, da die D-18T weiterhin sehr störungsanfällig sind.
Hersteller: OKB Oleg K. Antonow, Kiew, Werk Uljanowsk, Ukraine.

Abmessungen: Spannweite 73,30 m, Länge 69,10 m, Höhe 20,78 m, Flügelfläche 628 m^2.

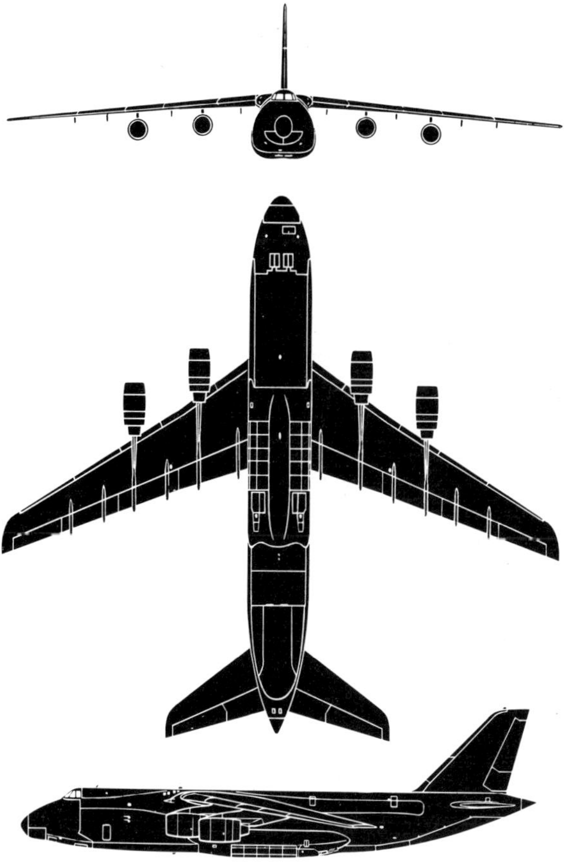

ATLAS CSH-2 ROOIVALK

Ursprungsland: Südafrika.
Kategorie: Zweisitziger Kampf- und Begleithubschrauber.
Triebwerke: Zwei Gasturbinen Topaz (Weiterentwicklung der Turboméca Makila) von je 2000 WPS (1492 kW) Leistung.
Leistungen: Höchstgeschwindigkeit 309 km/h; Marschgeschwindigkeit 278 km/h; max. Schrägsteiggeschwindigkeit 11,17 m/Sek; Schwebehöhe mit Bodeneffekt 5550 m, ohne Bodeneffekt 5030 m; max. Reichweite 700 km, mit Zusatztanks 1260 km; max. Flugdauer 3 Std. 30 Min.
Gewichte: Leergewicht 5910 kg; norm. Startgewicht 7500 kg, max. Startgewicht 8750 kg.
Bewaffnung: Eine 20-mm-Kanone GAF-1 in einem separaten Drehturm vorne unter dem Rumpf für bis zu 700 Schuss. An den Stummelflügeln seitlich am Rumpf acht oder 16 Panzerabwehrlenkwaffen unterschiedlichen Typs, vier Luft-Luft-Lenkwaffen V3B Kukri zur Selbstverteidigung oder 44 bis 88 ungelenkte 68-mm-Raketen in Behältern.
Entwicklungsstand: Der erste von zwei Prototypen nahm die Flugerprobung am 11. Februar 1990 auf. Die südafrikanische Luftwaffe hat bisher 16 Maschinen bestellt.
Bemerkungen: Der Rooivalk ist von der SA330 Puma abgeleitet und übernimmt mit Ausnahme der Triebwerksanordnung deren dynamische Komponenten. Rumpf, Waffensystem und Elektronik sind aber weitgehend Eigenentwicklungen. In seiner Auslegung orientiert er sich an den bekannten Vorbildern von Kampfhubschraubern. Die Elektronik ist besonders ausgefeilt: Ein Mil-Std.-1553B-Datenbus verbindet die einzelnen Systeme und die Navigation basiert auf einem Doppler-System inkl. GPS. Die Serienmaschinen sollen u. a. stärkere Triebwerke, eine etwas leichtere Zelle und moderne Bildschirmanzeigen erhalten.
Hersteller: Atlas Aircraft Corporation, Kempton Park, Transvaal, Südafrika.

Abmessungen: Rotordurchmesser 15,58 m, Rumpflänge inkl. Heckrotor 16,65 m, Höhe inkl. Rotorkopf 5,19 m.

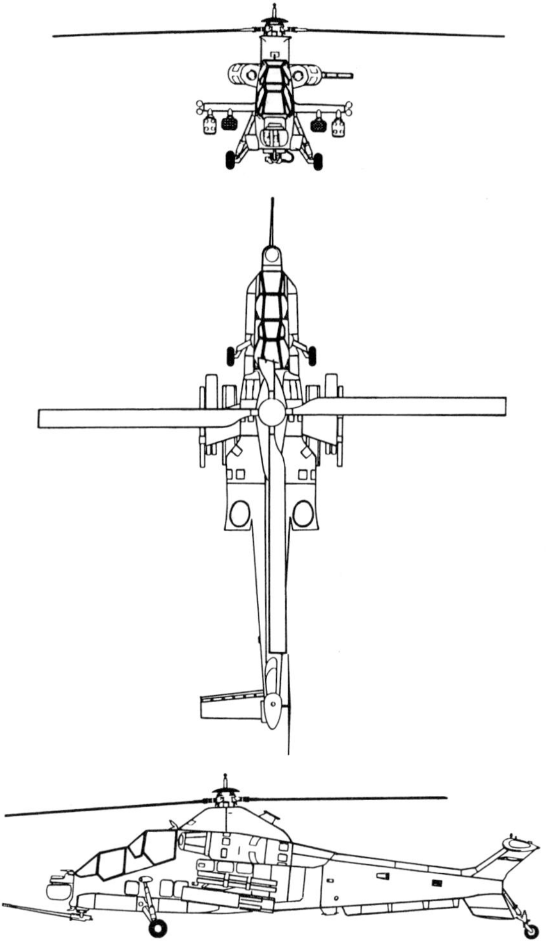

ATR (AEROSPATIALE/ALENIA) 42-500

Ursprungsland: Frankreich und Italien.
Kategorie: Regionalverkehrsflugzeug.
Triebwerke: Zwei Propellerturbinen Pratt & Whitney Canada PW121A von 2000 WPS (1490 kW) Leistung.
Leistungen: Max. Reisegeschwindigkeit 496 km/h auf 7620 m; ökonom. Reisegeschwindigkeit 450 km/h auf 7620 m; Reichweite mit 48 Passagieren und max. Gepäckzuladung 1700 km und ohne Nutzlast über 4000 km.
Gewichte: Rüstgewicht 10950 kg; max. Startgewicht 17400 kg.
Zuladung: Zwei Mann Cockpitbesatzung und verschiedene Innenausstattungen für max. 48 Passagiere in Viererreihen mit Mittelgang.
Entwicklungsstand: Erstflug der Ausführung ATR 42-400 am 12. Juli 1995. Die Ablieferungen begannen Ende 1995. Die leistungsfähigere ATR 42-500 (siehe Foto) fliegt seit 16. September 1994 und ging im August 1995 erstmals in kommerziellen Einsatz. Von allen ATR-42 und -72-Versionen sind bisher rund 450 Einheiten bestellt und zum grössten Teil ausgeliefert worden.
Bemerkungen: Die bereits zahlreiche ATR-Familie wurde durch die ATR 42-400 bereichert. Bei gleichen Abmessungen wie die früheren ATR-42-Versionen, stellt sie ein Mittelding zwischen der ATR 42-320 und der -500 dar. Das PW121A-Triebwerk treibt neu einen sechsblättrigen Propeller an. Um den Lärmpegel weiter zu verringern, wurde das Kabineninterieur überarbeitet. Ob die sich in Planung befindlichen weiteren Ausführungen ATR 42F Frachter mit grösserer seitlicher Ladetüre, ATR 52C mit einem gegenüber der ATR 42 um 1,92 m verlängerten Rumpf und Heckladerampe als Militärtransporter (max. Nutzlast 7635 kg) sowie ATR 82 für bis zu 80 Passagiere je realisiert werden, ist nach der Zusammenlegung der Aktivitäten mit British Aerospace noch offen. Die ATR 72-210 (siehe Silhouette) ist in Ausgabe 1995 beschrieben.
Hersteller: Avions de Transport Régional, Aérospatiale Toulouse-Blangnac (Frankreich) und Alenia (ex Aeritalia), Neapel (Italien).

Abmessungen: Spannweite 24,57 m, Länge 22,67 m, Höhe 7,59 m, Flügelfläche 54,50 m².

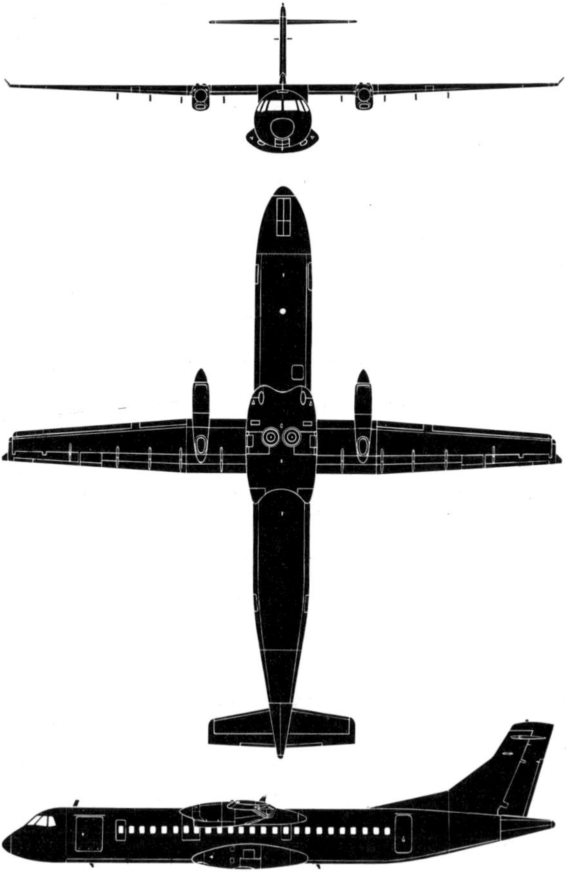

AVRO INTERNATIONAL RJ70/85/100/115

Ursprungsland: Grossbritannien.
Kategorie: Regionalverkehrsflugzeug.
Triebwerke: Vier Mantelstromtriebwerke Textron Lycoming LF507 mit reduzierter Leistung von je 2780 kp (27,3 kN) Standschub (RJ70) bzw. 3175 kp (31,15 kN) (RJ85/100/115).
Leistungen: Max. Reisegeschwindigkeit 800 km/h auf 8840 m; ökonom. Reisegeschwindigkeit 660 km/h; Dienstgipfelhöhe 9500 m; Reichweiten mit max. Passagierzuladung (RJ70) 2046 km, (RJ85/100) 2127 km, (RJ115) 2722 km.
Gewichte: Rüstgewichte (RJ70) 23781 kg, (RJ85) 24378 kg, (RJ100) 25365 kg, (RJ115) 26160 kg; max. Startgewichte (RJ70) 38102 kg, (RJ85) 42184 kg, (RJ100) 44225 kg, (RJ115) 46040 kg.
Zuladung: Zwei Piloten und bei typischer Bestuhlung Varianten zwischen (RJ70) 70 Passagiere in Fünferreihen bzw. (RJ85, siehe Foto und Silhouette) 80 – 85 Passagiere in Sechserreihen und (RJ100) 100 Passagiere in Fünferreihen bzw. (RJ115) 115 Passagiere in Sechserreihen; max. Nutzlasten (RJ70) 8650 kg, (RJ85) 11457 kg, (RJ100) 12059 kg, (RJ115) 11265 kg.
Entwicklungsstand: Der Erprobungsträger der RJ70 (eine modifizierte BAe 146-100) fliegt seit Herbst 1990, gefolgt vom ersten Serienflugzeug Mitte 1992. Die Ablieferungen begannen Mitte 1993. Von der RJ-Serie sind bis Ende 1995 97 Einheiten (+ 15 Optionen) bestellt und deren rund 45 ausgeliefert worden.
Bemerkungen: Die bereits umfangreiche Familie der früheren BAe 146 (siehe Ausgabe 1992/93) wurde in einigen wesentlichen Punkten überarbeitet. So hat man die Inneneinrichtung völlig überarbeitet, das Cockpit mit elektronischen Bildschirmanzeigen (EFIS) ausgerüstet sowie neue Triebwerke eingebaut, die zur Verlängerung der Lebensdauer mit tieferen Eintrittstemperaturen arbeiten. Weiterhin in Planung ist eine zweistrahlige Ausführung RJ-X für bis zu 125 Passagiere. Die RJ85 bzw. RJ100 sind auch als Combi-Frachter (QC) bzw. als Frachter (QT) erhältlich. Avro wird mit ATR seine Aktivitäten vorläufig unter dem Namen NewCo zusammenfassen.
Hersteller: Avro International, Woodford, Cheshire, Grossbritannien.

Abmessungen: Spannweite 26,21 m, Länge (RJ70/85) 26,20 m, (RJ100/115) 30,99 m, Höhe 8,61 m, Flügelfläche 77,30 m².

BELL/TRIDAIR 206 TWIN RANGER/GEMINI ST

Ursprungsland: USA.
Kategorie: Leichter Mehrzweck- und Transporthubschrauber.
Triebwerke: Zwei Gasturbinen Allison 250-C20R Dual Pac von je 450 WPS (335 kW) reduziert auf 370 WPS (276 kW) Dauerleistung.
Leistungen: Höchstgeschwindigkeit 241 km/h; max. Reisegeschwindigkeit 217 km/h; max. Schrägsteiggeschwindigkeit 7,9 m/Sek; Schwebehöhe mit Bodeneffekt 4815 m, ohne Bodeneffekt 1675 m; Reichweite mit max. Nutzlast und Treibstoffzuladung 643 km.
Gewichte: Leergewicht 1175 kg; max. Startgewicht mit externer Ladung 1928 kg.
Zuladung: Zwei Piloten und bis zu sieben Passagiere; als Ambulanzhubschrauber zwei liegende und zwei sitzende Patienten bzw. Pfleger. Max. Nutzlast extern 907 kg.
Entwicklungsstand: Der erste von drei Prototypen aus einer umgebauten LongRanger III nahm die Flugerprobung am 16. Januar 1991 auf. Die Zulassung erfolgte am 19. November 1993. Tridair bestellte vorerst bei Bell 25 neue einmotorige Rumpfzellen zum Umbau in zweimotorige Geminis. In der Zwischenzeit bietet auch Bell diese Ausführung für neue 206er an, während sich Tridair in Zukunft auf den Umbau von bestehenden JetRangers konzentriert.
Bemerkungen: Die Tridair initialisierte 1989 ein entsprechendes Umbaupaket in enger Zusammenarbeit mit Bell. Während der Rumpf grundsätzlich unverändert übernommen wird, sind sämtliche dynamischen Komponenten, das Getriebe, die Elektrik und das Treibstoffsystem neu für den Doppelturbinen-Antrieb ausgelegt. Bell/Tridair bieten Umbaupakete für die Versionen 206L-4 LongRanger, 206L-1 und 206L-3 (siehe Silhouette) an. Neu gebaute Modelle werden als 206LT Twin Ranger bezeichnet, Umbauten als Gemini ST.
Hersteller: Bell Helicopter Textron Inc., Canadian Division, Mirabel, Montreal, Kanada und Tridair Helicopters Inc., Costa Mesa, Kalifornien, USA.

Abmessungen: Rotordurchmesser 11,28 m, Rumpflänge inkl. Heckausleger 10,44 m, Höhe inkl. Rotorkopf 3,14 m.

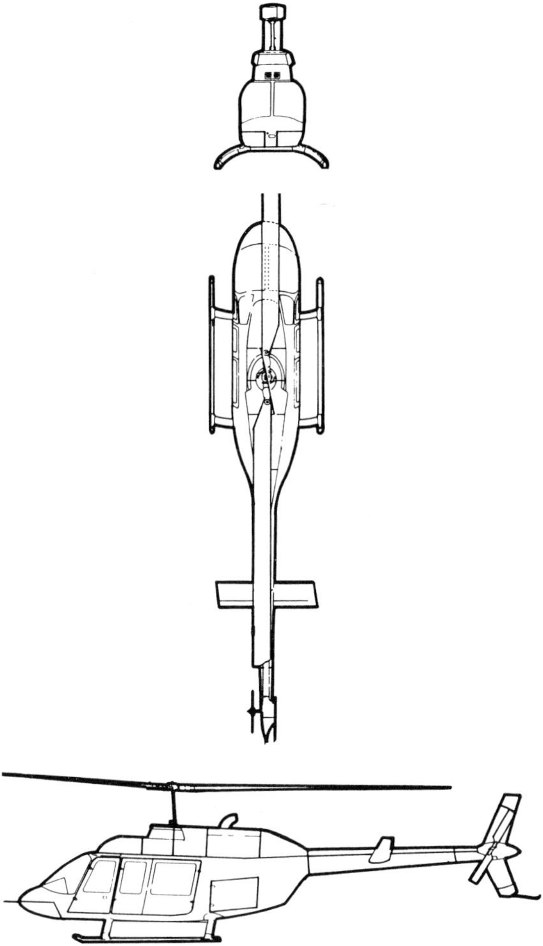

BELL 407/407T

Ursprungsland: USA.
Kategorie: Leichter Mehrzweckhubschrauber.
Triebwerke (407): Eine Gasturbine Allison 250-C47 von 791 WPS (590 kW) Leistung; (407T): Zwei Gasturbinen Allison 250-C22B von je 489 WPS (365 kW) Leistung.
Leistungen (geschätzt, 407): Max. Reisegeschwindigkeit 255 km/h, bei max. Nutzlast 240 km/h; max. Schrägsteiggeschwindigkeit 6,4 m/Sek; Dienstgipfelhöhe 4115 m; Schwebehöhe mit Bodeneffekt 3900 m, ohne Bodeneffekt 3200 m; Reichweite ohne Reserven 850 km.
Gewichte (407): Standard-Leergewicht 742 kg; max. Startgewicht 2270 kg.
Zuladung (407): Pilot und sechs Passagiere; max. externe Nutzlast 1360 kg.
Entwicklungsstand: Ein Erprobungsträger der 407 fliegt seit 21. April 1994. Der erste von zwei eigentlichen Prototypen nahm im Juni 1995 die Flugerprobung auf. Bell begann mit der Auslieferung noch 1995. Die 407T ist ab Ende 1996 erhältlich. Bisher sind mehr als 110 Exemplare bestellt worden. Die Produktion erfolgt in Mirabel neben der Bell 206, die in den verschiedenen Versionen weiterhin angeboten wird. Anfänglich sind vier Einheiten pro Monat geplant.
Bemerkungen: Die einmotorige Bell 407 und die zweimotorige 407T sollen mittelfristig die Erfolgsmodelle 206 JetRanger und TwinRanger ersetzen. Nebst deutlich stärkeren Triebwerken verfügen beide Ausführungen über einen von der OH-58D abgeleiteten Vierblattrotor aus Kunststoff. Auch das Dynamiksystem ist von diesem Muster übernommen. Schliesslich wird ein volldigitales Triebwerkmanagementsystem FADEC eingebaut. Dank dieser Massnahmen fliegen die 407 bzw. 407T wesentlich vibrationsärmer und kostengünstiger. Die Kabine ist bei beiden Ausführungen gleich, gegenüber der 206 aber um 18 cm breiter und verfügt über grössere Fenster und Türen.
Hersteller: Bell Helicopter Textron Inc., Canadian Division, Mirabel, Montreal, Kanada.

Abmessungen: Rotordurchmesser 10,16 m, Rumpflänge 9,50 m, Höhe inkl. Rotorkopf 2,91 m.

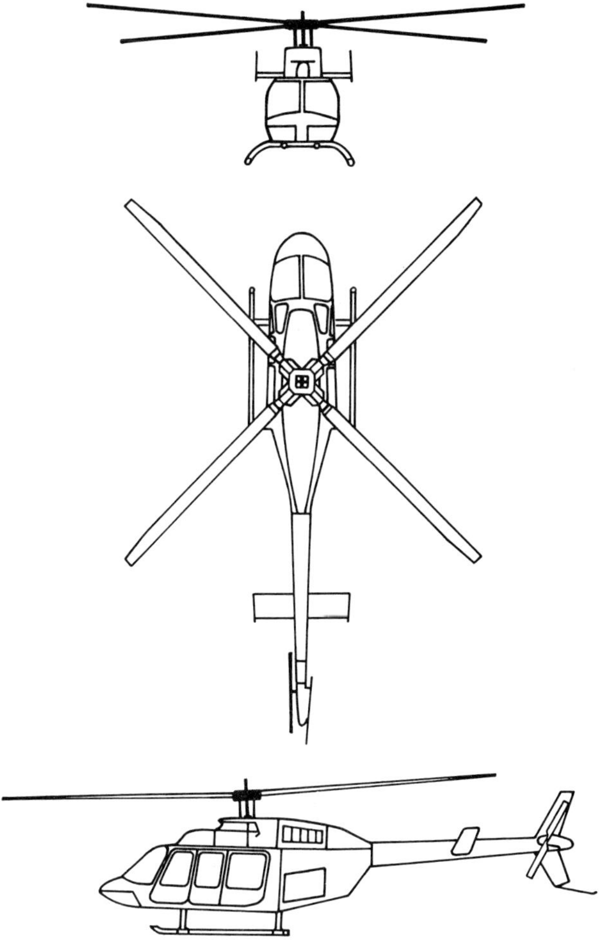

BELL 430

Ursprungsland: USA (Kanada).
Kategorie: Leichter Mehrzweck- und Transporthubschrauber.
Triebwerke: Zwei Gasturbinen Allison 250-C40 von je 715 WPS (533 kW) Leistung.
Leistungen (geschätzt): Höchstgeschwindigkeit 278 km/h; max. Reisegeschwindigkeit 259 km/h; Schwebehöhe mit Bodeneffekt 4750 m, ohne Bodeneffekt 2225 m; Reichweite 700 km.
Gewichte: Leergewicht 2340 kg; max. Startgewicht 3900 kg, spätere Ausführungen bis zu 4080 kg.
Zuladung: Ein bis zwei Piloten und sechs bis acht Passagiere; max. Nutzlast 1565 kg.
Entwicklungsstand: Die neueste Ausführung 430 nahm die Flugerprobung am 25. Oktober 1994 auf und soll ab November 1995 erhältlich sein. Bell erwartet, 1996 24 Maschinen absetzen zu können.
Bemerkungen: Mit der Bell 430 bietet der Hersteller eine deutlich leistungsfähigere Ausführung der Bell 230 an. Sie unterscheidet sich vom Vorgängermuster u.a. durch: Vibrationsarmer Vierblattrotor aus Kunststoff, um 0,45 m verlängerten Rumpf mit 23 % grösserem Kabinenvolumen und stärkeren Allison 250-C40-Triebwerken sowie Flüssigkristall-Displays im Cockpit von Rogerson. Ein Erprobungsträger fliegt mit einem Fenestrom-Heckrotor. Ob dieser in die Serienmaschinen Eingang findet, ist noch nicht klar. Wie bei der 230 kann der Kunde zwischen Kufen- oder Radfahrwerk wählen.
Hersteller: Bell Helicopter Textron Inc., Canadian Division, Mirabel, Montreal, Kanada.

Abmessungen: Rotordurchmesser 12,80 m, Rumpflänge 12,97 m, Höhe inkl. Rotorkopf (mit Kufenfahrwerk) 3,90 m.

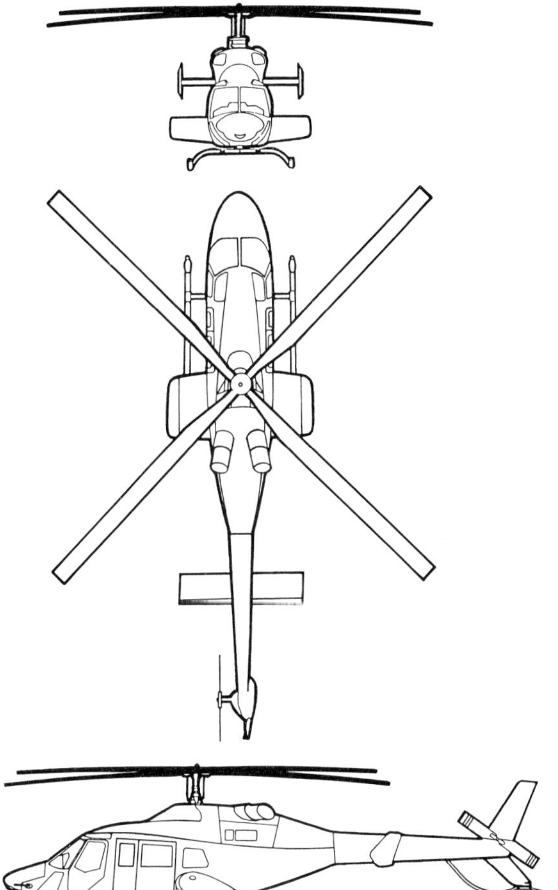

BELL 412HP

Ursprungsland: USA (Kanada).
Kategorie: Mehrzweck- und Transporthubschrauber.
Triebwerke: Eine Gasturbine Pratt & Whitney Canada PT6T-3BE-Turbo Twin Pac von 1600 WPS (1193 kW) Leistung.
Leistungen: Höchstgeschwindigkeit 259 km/h auf Meereshöhe; Reisegeschwindigkeit 230 km/h; max. Schrägsteiggeschwindigkeit 6,86 m/Sek; Dienstgipfelhöhe 5030 m; Schwebehöhe mit Bodeneffekt 3110 m bei 4762 kg, ohne Bodeneffekt 1585 m; max. Reichweite 745 km ohne Zusatztanks auf 1525 m.
Gewichte: Leer 2950 kg; max. Startgewicht 5397 kg.
Zuladung: Ein bis zwei Piloten und 13 bis 14 Passagiere; max. Nutzlast 2395 kg.
Entwicklungsstand: Die neueste Ausführung -HP erhielt die Zulassung im Februar 1991. Militärische Ausführungen der 412 von Bell bzw. Agusta haben 17 Länder erhalten, darunter Italien 14+, niederländische Marine 3, Kanada 100, Norwegen 18, Thailand 50. Neuester Besteller: Slowenien 5. Darüber hinaus ist eine unbekannte Anzahl ziviler 412 hergestellt worden. Die jährliche Produktionsrate soll rund 24 Einheiten betragen.
Bemerkungen: Die Bell 412HP ist das vorläufig neueste Modell der Bell 412. Sie verfügt über stärkere Triebwerke mit entsprechend angepasster Transmission und ein erhöhtes Abfluggewicht. Sie wird, abgesehen vom Bell-Werk in Mirabel, auch in Indonesien bei IPTN (100 Exemplare; Produktion zurzeit eingestellt) und bei Agusta, Italien, gebaut.
Hersteller: Bell Helicopter Textron Inc., Canadian Division, Mirabel, Montreal, Kanada.

Abmessungen: Rotordurchmesser 14,02 m, Rumpflänge 12,92 m.

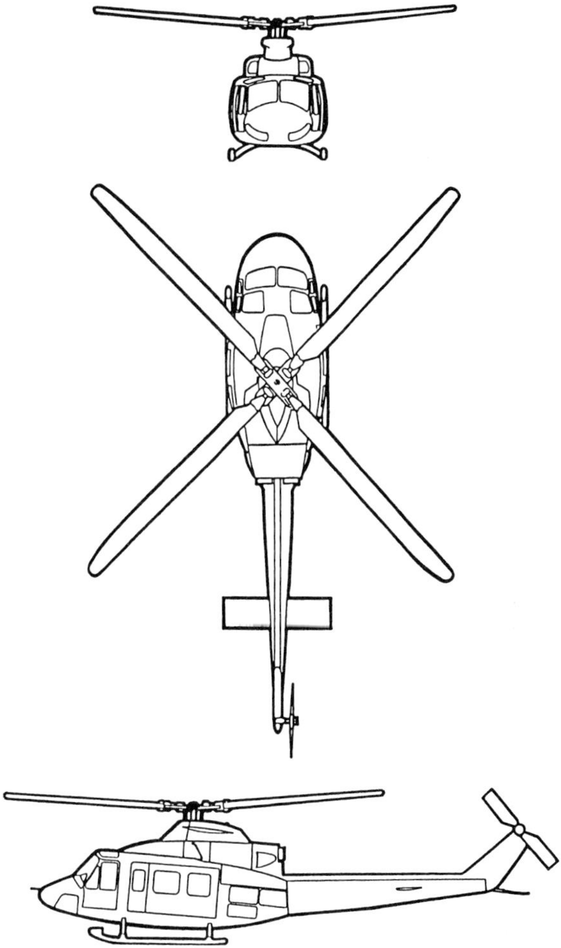

BELL AH-1W SUPERCOBRA

Ursprungsland: USA.
Kategorie: Zweisitziger Kampfhubschrauber.
Triebwerke: Zwei Gasturbinen General Electric T700-GE-401 von je 1625 WPS (1213 kW) Leistung.
Leistungen (bei einem Fluggewicht von 6690 kg): Höchstgeschwindigkeit 315 km/h auf Meereshöhe; max. Reisegeschwindigkeit 278 km/h; Schwebehöhe mit Bodeneffekt 4495 m, ohne Bodeneffekt 914 m; Reichweite ohne Zusatztanks 587 km auf Meereshöhe.
Gewichte: Leergewicht 4627 kg; max. Startgewicht 6690 kg.
Bewaffnung: Eine dreiläufige 20-mm-Revolverkanone und bis zu vier Luft-Luft-Lenkwaffen AIM-9L Sidewinder unter den Stummelflügeln. Weitere Bewaffnungsmöglichkeiten sind acht lasergelenkte Panzerabwehrraketen TOW oder Hellfire, 76 ungelenkte 70-mm-Raketen, zusätzliche Kanonenbewaffnung oder ungelenkte Zuni-Raketen.
Entwicklungsstand: Erstflug am 16. November 1983. Das USMC inkl. USMC-Reserve hat einen Bedarf von 230 Maschinen angemeldet. Der grösste Teil davon ist bereits ausgeliefert, bei einer jährlichen Kadenz von 12 Einheiten. Weitere Besteller dieser Ausführung: Taiwan 42, türkische Armee 10. Japan erhält bis 1997 84 von der etwas leistungsschwächeren, einmotorigen Version AH-1S. Die rumänische Luftwaffe beschafft ab 1999 96 gegenüber der Variante AH-1S aufdatierte Cobras AH-1F (Lizenzbau bei IAR Brasov).
Bemerkungen: Als Weiterentwicklung der AH-1T Sea Cobra mit erweitertem Leistungsspektrum wird sie durch das USMC hauptsächlich als Eskorte für Transporthubschrauber und Landungstruppen eingesetzt. Zusätzlich hat man alle überlebenden AH-1T auf diesen Standard gebracht. Ein Erprobungsmuster unter der Bezeichnung AH-1-4BW wurde mit einem Vierblattrotor ohne Gelenke und grösserem Durchmesser ausgerüstet. Ob diese Ausführung je in Produktion geht, ist noch ungewiss.
Hersteller: Bell Helicopter Textron Inc., Fort Worth, Texas, USA.

Abmessungen: Rotordurchmesser 14,63 m, Rumpflänge 13,87 m.

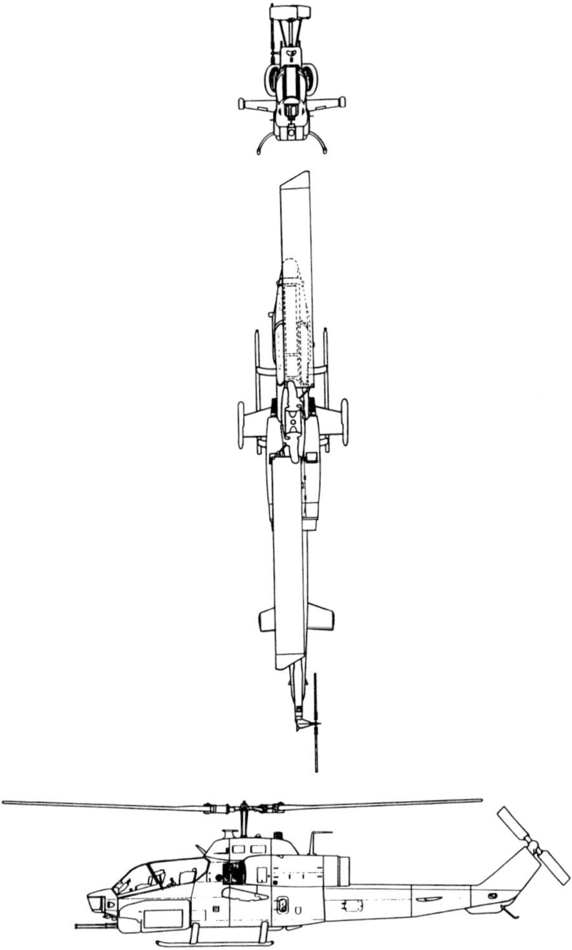

BELL-BOEING V-22 OSPREY

Ursprungsland: USA.
Kategorie: Mehrzweck-Kippflügelflugzeug.
Triebwerke: Zwei Propellerturbinen Allison T406-4D-400 von je 6150 WPS (4586,7 kW) Leistung.
Leistungen (Schätzungen des Herstellers): Max. Reisegeschwindigkeit als Flächenflugzeug 509 km/h auf Meereshöhe oder 550 km/h auf optimaler Höhe, in Helikopterkonfiguration 185 km/h auf Meereshöhe; max. Geschwindigkeit mit einer Aussenlast von 6804 kg 370 km/h; Reichweite bei Senkrechtstart und einer Nutzlast von 5443 kg 2224 km, bei Kurzstart und einer Nutzlast von 9072 kg 3336 km; Überführungsreichweite 3892 km.
Gewichte: Rüstgewicht 14800 kg; normales Startgewicht unter VTO-Bedingungen 23000 kg, STO-Bedingungen 24947 kg; max. STO-Gewicht 26310 kg.
Zuladung: Drei Mann Besatzung und bis zu 24 ausgerüstete Soldaten, 12 Tragbahren für Verletzte plus Pfleger, max. Nutzlast 9072 kg.
Entwicklungsstand: Der erste von sechs Prototypen nahm die Flugerprobung am 9. März 1989 auf, wobei zwei durch Absturz verloren gingen. Vier weitere, weitgehend dem Serienstandard entsprechende Ospreys fliegen ab Ende 1996. Die US-Streitkräfte werden voraussichtlich 523 V-22 beschaffen: USMC 425 MV-22, USN 48 HV-22, USAF 50 CV-22 für Spezialmissionen. Die ersten sollen 2001 den Streitkräften übergeben werden.
Bemerkungen: Diese Gemeinschaftsentwicklung von Bell und Boeing stellt das erste in der Welt einsatzbereit entwickelte Kippflügel-Modell dar. Zum platzsparenden Verstau auf Flugzeugträgern kann der gesamte Flügel um 90 Grad gedreht und die Rotoren gefaltet werden. Beide Rotoren sind untereinander mit einer Achse verbunden, so dass im Falle eines Triebwerkausfalls die V-22 weiterhin fliegen kann. Die V-22 soll Ausgangsmuster von mehreren verschiedenen Varianten werden, darunter auch für zivile Einsätze. Aufgrund der Erprobungsresultate wurde der Entwurf einer kritischen Überprüfung unterzogen und in einzelnen Bereichen überarbeitet.
Hersteller: Bell Helicopter Textron Inc., Fort Worth, Texas, USA, und Boeing Helicopter Company, Philadelphia, USA.

Abmessungen: Spannweite inkl. Rotoren 25,77 m, Länge 19,09 m, Höhe 5,38 m.

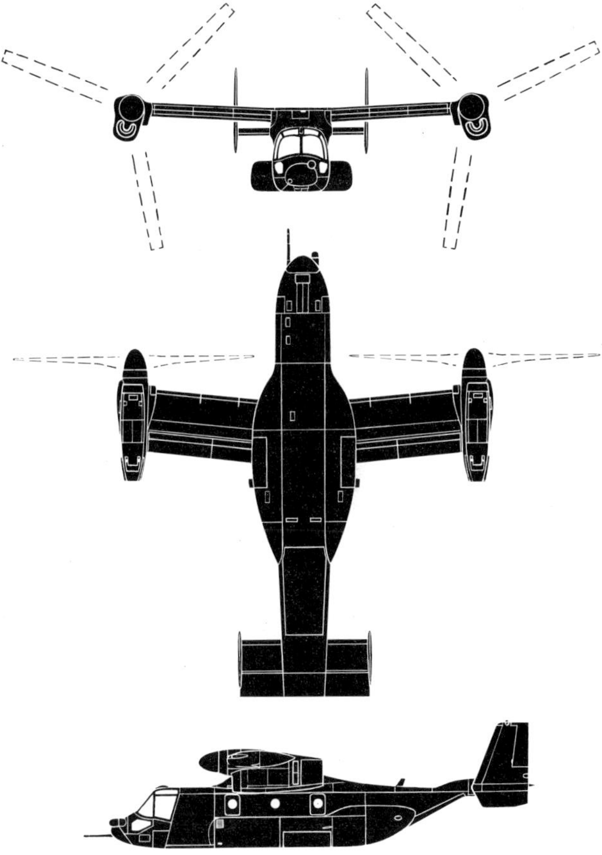

BOEING 737-600/-700/-800

Ursprungsland: USA.
Kategorie: Kurz- und Mittelstrecken-Verkehrsflugzeug.
Triebwerke: Zwei Mantelstromtriebwerke CFM International CFM56-7B18 (-600) von je 8391 kp (82,29 kN), CFM56-7B20 (-600/-700) von je 9071 kp (88,96 kN), CFM56-7B22 (-600/-700) von je 9978 kp (97,86 kN), CFM56-7B24 (-700/-800) von je 10886 kp (106,75 kN) oder CFM56-7B26 (-800) von je 11974 kp (117,43 kN) Standschub.
Leistungen: Reisegeschwindigkeit zwischen Mach 0.78 und 0.82; Dienstgipfelhöhe 12500 m; Reichweite mit 108 Passagieren (-600) 5940 km, 128 Passagieren (-700) 5940 km, 160 Passagieren (-800) 5380 km.
Gewichte: Rüstgewichte (-600) 36370 kg, (-700) 37640 kg, (-800) 41410 kg; max. Startgewichte (-600) 65090 kg, (-700) 69400 kg, (-800) 78204 kg.
Zuladung: Zwei Mann Cockpitbesatzung mit verschiedenen Kabinenausstattungen für normalerweise (-600) 108, (-700) 128, (-800) 160 Passagiere. Maximale Passagierzahl (-600) 132, (-700) 149, (-800) 189.
Entwicklungsstand: Als erster Typ dieser Folgegeneration der 737 wird die Version -700 frühestens Ende 1996 die Flugerprobung aufnehmen. Die Indienststellung ist für Oktober 1997 geplant. Bisher sind von den Versionen (-600/-700/-800) rund 225 Einheiten bestellt worden, darunter durch Southwest 69 (-700) + 63 Optionen, SAS 41 (-600) + 35 Optionen, HAPAG 18 -800. Mit einem Lieferumfang von über 3200 Einheiten ist die 737 das bisher erfolgreichste Düsenverkehrsflugzeug der Welt.
Bemerkungen: Die neueste Generation der 737 verfügt über verbesserte Triebwerke, die geringeren Lärm und wesentlich reduzierten Schadstoffausstoss verursachen und eine erhebliche Verbrauchsminderung ermöglichen. Zudem wird die Reisegeschwindigkeit deutlich gesteigert. Ein neuer Flügel mit einer um 5 m vergrösserten Spannweite ermöglicht grössere Reichweiten. Drei Ausführungen mit unterschiedlicher Rumpflänge werden erhältlich sein: -700 mit der fast gleichen Rumpflänge wie die -300, -800 mit gegenüber der -400 um 2,80 m verlängertem Rumpf sowie -600 mit der gleichen Rumpflänge wie die -500.
Hersteller: The Boeing Company, Commercial Airplane Company, Renton, Washington, USA.

Abmessungen: Spannweite 34,30 m, Länge (-600) 31,20 m, (-700) 33,60, (-800) 39,50 m, Höhe 12,50 m.

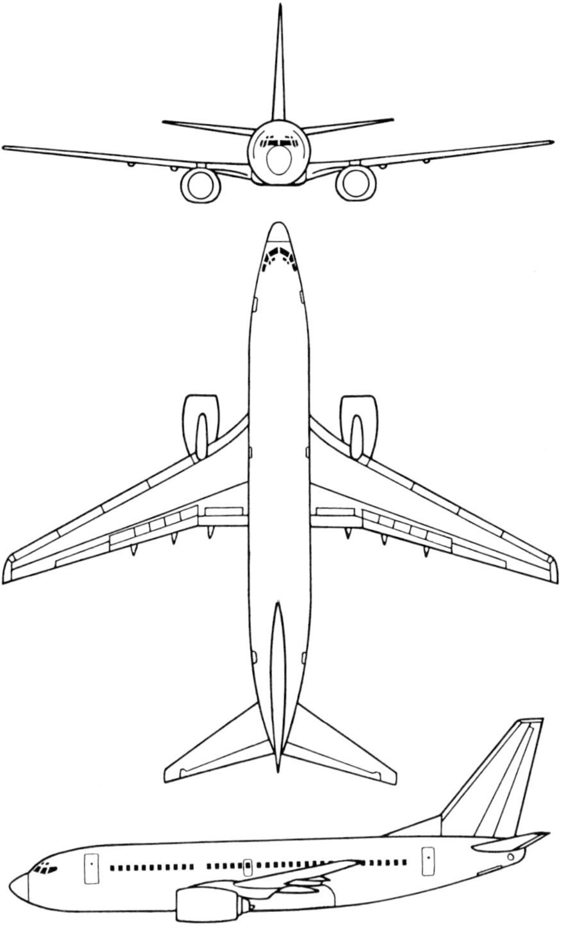

BOEING 747-400

Ursprungsland: USA.
Kategorie: Langstrecken-Verkehrsflugzeug.
Triebwerke: Wahlweise vier Mantelstromtriebwerke General Electric CF60-80C2B4 von 26263 kp (257,5 kN), Pratt & Whitney PW4256 von je 25742 kp (252,4 kN) oder Rolls Royce RB.211-524G von je 26309 kp (258 kN) Standschub.
Leistungen (RB.211): Höchstgeschwindigkeit 976 km/h auf 9150 m; max. Reisegeschwindigkeit 939 km/h auf 10670 m; Langstrecken-Reisegeschwindigkeit 907 km/h; Reichweite mit 412 Passagieren und üblichen Reserven 13528 km, mit max. Nutzlast als Frachter 8100 km; Reichweite mit max. Treibstoffzuladung 15412 km.
Gewichte (RB.211): Rüstgewicht 178661 kg; max. Startgewicht 362875 kg oder 397000 kg (Spezialversionen).
Zuladung: Zwei Mann Cockpitbesatzung und 450 Passagiere in drei Klassen. Maximalkapazität rund 550 Passagiere. Als Frachter -400F über 113000 kg Nutzlast.
Entwicklungsstand: Erstflug dieser Version am 29. April 1988. Beginn der Auslieferungen (an Northwest) am 26. Januar 1989. Von allen 747 sind bisher 1186 Einheiten bestellt worden.
Bemerkungen: Eine Kombiversion für Fracht und Passagiere 747-400M sowie eine Nurfrachtvariante 747-400F (siehe Silhouette) werden ebenfalls angeboten. Im Rahmen einer Weiterentwicklung soll in zwei Phasen bis Mitte 1996 das maximale Abfluggewicht auf 422700 kg gesteigert werden. Dadurch wären Reichweiten bei max. Nutzlast von bis zu 14800 km möglich. Nach langen Jahren der Unsicherheit zeichnen sich nun folgende zwei Weiterentwicklungen ab: 747-500X mit neuem gestreckten Flügel und gegenüber der -400 nur unwesentlich angehobener Passagierzahl, dafür aber für Reichweiten bis zu 14800 km geeignet; 747-600X mit dem gleichen Flügel der -500X und um rund 15 Metern verlängertem Rumpf für bis zu 700 Passagiere in einer Einheitsklasse.
Hersteller: The Boeing Company, Commercial Airplane Company, Everett, Washington, USA.

Abmessungen: Spannweite 64,31 m, Länge 70,67 m, Höhe 19,30 m, Flügelfläche 524,88 m^2.

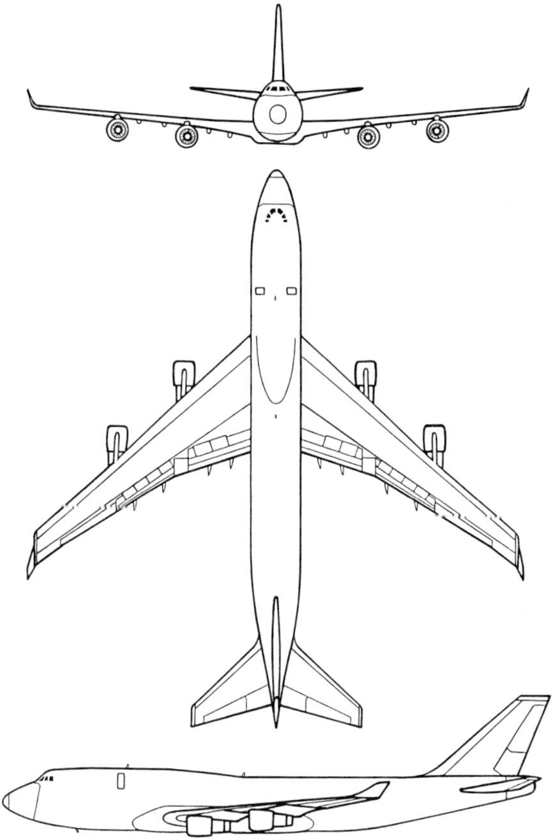

BOEING 757-200 (F)

Ursprungsland: USA.
Kategorie: Mittelstrecken-Verkehrsflugzeug bzw. Frachter.
Triebwerke: Wahlweise zwei Mantelstromtriebwerke Rolls-Royce RB.211-535C von 16965 kp (166,4 kN), zwei Pratt & Whitney PW2037 von 27327 kp (170 kN), oder zwei Rolls-Royce RB.211-535E4 von je 18190 kp (178,4 kN) Standschub.
Leistungen (RB.211-535E4): Max. Reisegeschwindigkeit 935 km/h auf 9150 m; ökonom. Reisegeschwindigkeit 850 km/h auf 11900 m; Dienstgipfelhöhe 11675 m; Reichweite mit max. Nutzlast 5890 km; max. Reichweite 8460 km.
Gewichte: Rüstgewicht 57180 kg; max. Startgewicht (Mittelstreckenausführung) 104325 kg, (Langstreckenausführung) 113395 kg.
Zuladung: Zwei Piloten und neun verschiedene Innenausstattungen für 178 bis 239 Passagiere. Typische Bestuhlung für 196 Touristenklasse- und 12 Erstklasspassagiere oder 170 Touristenklasse- und 16 Erstklasspassagiere. Max. Nutzlast als Frachter 36222 kg.
Entwicklungsstand: Erstflug der Boeing 757 am 19. Februar 1982. Beginn der Kundenlieferungen im Dezember 1982. Ende 1995 waren nach Inkaufnahme von Annullierungen noch rund 850 Flugzeuge bestellt und davon mehr als 690 abgeliefert. Die Produktionsrate wurde kontinuierlich von sieben auf drei Einheiten pro Monat gesenkt.
Bemerkungen: Zurzeit sind folgende Spezialversionen verfügbar: Die Boeing 757ER (Ablieferungsbeginn Mai 1986), die Boeing 757PF (Frachter, bisher 72 bestellt, darunter 65 von UPS, siehe Silhouette) und die Boeing 757-200M Combi, wovon letztere eine gemischte Passagier-/Frachtausführung mit eingebautem Frachttor im Vorderrumpf ist. Die Boeing 757PF kann als fensterloses Frachtflugzeug bis zu 15 Standard-Frachtpaletten aufnehmen. Von der 757-200 ist auch eine Ausführung als Firmenflugzeug erhältlich.
Hersteller: The Boeing Company, Commercial Airplane Company, Renton, Washington, USA.

Abmessungen: Spannweite 38,05 m, Länge 47,43 m, Höhe 13,56 m, Flügelfläche 185,25 m².

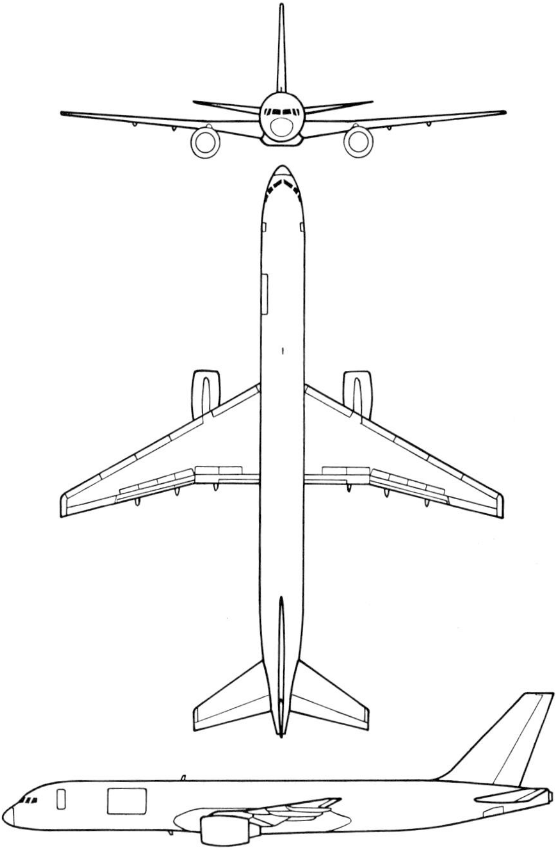

BOEING 767-300/AEW

Ursprungsland: USA.
Kategorie: Mittel- bis Langstrecken-Verkehrsflugzeug, (AEW): Frühwarnflugzeug und Kommandozentrale.
Triebwerke: Zwei Mantelstromtriebwerke Pratt & Whitney PW4050 von 22680 kp (222,4 kN) oder zwei General Electric CF6-80C2B2 von je 23815 kp (233,5 kN) Standschub.
Leistungen (CF6-80C2B2): Max. Reisegeschwindigkeit bei 117935 kg 906 km/h auf 11890 m; Langstrecken-Reisegeschwindigkeit 852 km/h auf 11890 m; Reichweite mit max. Nutzlast 5965 km, mit max. Treibstoffzuladung 9915 km.
Gewichte (CF6-80C2B2): Rüstgewicht 83461 kg; max. Startgewicht 156489 kg.
Zuladung: Zwei Piloten und, mit typischer Mehrklassen-Innenausstattung, 18 Erstklass-Passagiere in Sechserreihen und 198 Touristenklasse-Passagiere in Siebnerreihen. Als Alternative Einklassenausstattungen für 230, 242, 255 und 290 Passagiere in Siebnerreihen oder max. 325 Passagiere in Achterreihen. Max. Nutzlast 40825 kg.
Entwicklungsstand: Erstflug der Boeing 767 am 26. September 1981, erste Kundenlieferungen an United am 18. August 1982. Die Boeing 767-300 führte ihren Jungfernflug am 1. Februar 1986 aus; Übergabe der ersten Maschine an Japan Air Lines am 25. September 1986. Der Bestellungsstand belief sich Ende 1995 auf 712 Einheiten aller Versionen. Zurzeit werden monatlich vier Einheiten produziert.
Bemerkungen: Als derzeit neueste Ausführung bietet Boeing den Frachter 767-300F mit einer Nutzlast von 56000 kg an (Erstflug Juni 1995). United Parcel hat 30 davon bestellt (+ 30 Optionen). Sie kann im Hauptdeck bis zu 24 Container aufnehmen und verfügt auf der linken Rumpfseite über ein Frachttor von 3,40 m Breite x 2,67 m Höhe. CF6-80C2B7-Triebwerke mit einem Schub von je 27579 kp (269,6 kN) gelangen zum Einbau. Der erste Prototyp der militärischen AEW-Ausführung (siehe Silhouette), mit einem Rotordome über dem Rumpf, wurde im Oktober 1994 zum Einbau der Ausrüstung nach Boeing Wichita überführt. Sie steht für die Erprobung ab 1997 zur Verfügung. Die als E-767 bezeichnete Version basiert auf der 767-27C. Japan hat vier Einheiten bestellt. Als weitere militärische Varianten werden angeboten: Tanker-/Frachterausführung sowie Träger für das Joint-STARS-System.
Hersteller: The Boeing Company, Commercial Airplane Company, Everett, Washington, USA.

Abmessungen (-300): Spannweite 47,47 m, Länge 54,94 m, Höhe 15,85 m, Flügelfläche 283,3 m².

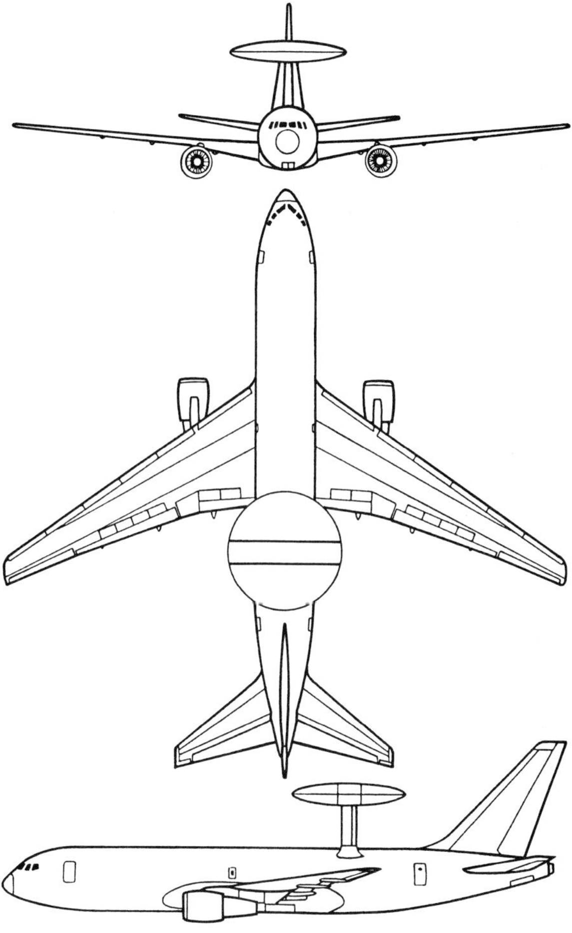

BOEING 777

Ursprungsland: USA.
Kategorie: Mittel- bis Langstecken-Verkehrsflugzeug.
Triebwerke (-200): Zwei Mantelstromtriebwerke Rolls-Royce Trent 870/ 877, Pratt & Whitney PW4073A/4077 oder General Electric GE-90-B3/5 von zwischen 32295 und 33792 kp (317 bis 331 kN) bzw. (-200IGW) Trent 884, GE-90-B4 oder PW4084 von zwischen 38283 und 40823 kp (375 bis 400 kN) Standschub.
Leistungen (-200IGW): Max. Reisegeschwindigkeit 924 km/h; Langstrecken-Reisegeschwindigkeit 892 km/h; Reichweite (-200) mit 375 Passagieren 7500 km, (-200IGW) mit 305 Passagieren 12400 km.
Gewichte: Leergewicht (-200) 135580 kg, (-200IGW) 138120 kg; max. Startgewicht (-200) 229520 kg, (-200IGW) 263085 kg, als Option bis 286900 kg, (-300) 260000 kg, als Option 299600 kg.
Zuladung: Zwei Piloten und je nach Innenausstattung in Zweiklassenkonfiguration zwischen (-200/-200IGW) 375 und 400 Passagiere, in Einklassenbestuhlung bis zu 440, -300 550 Passagiere. Max. Nutzlast 54600 kg.
Entwicklungsstand: Der erste Prototyp nahm die Flugerprobung am 12. Juni 1994 auf. Das erste Serienflugzeug wurde am 15. Mai 1995 der United Airlines übergeben. Von allen Versionen sind bis Ende 1995 230 Einheiten (+ 140 Optionen) (-200 100, -200IGW 94, -300 36) von 19 Gesellschaften bestellt worden.
Bemerkungen: Von Anfang an wurde eine ganze Familie dieses völlig neuentwickelten Typs vorgesehen: Mittel- bis Langsteckenversion 777-200 (ab 1997 auch als Combi erhältlich), Langstreckenvariante 777-200IGW mit erhöhtem Abfluggewicht sowie eine um ca. 10 m verlängerte 777-300 («Stretch») besonders für den asiatischen Raum. Weiter wird eine verkürzte Variante 777-100X («Shrink») geprüft, die mit 250 Passagieren Reichweiten bis 16700 km erzielen könnte. Struktur, Abfluggewicht und Triebwerkleistung wären bei der -300X und -100X in etwa gleich. Bei allen Versionen werden die neuesten technologischen Errungenschaften in die Konstruktion eingegliedert: Fly-by-wire-System, neuentwickeltes Flügelprofil, eine Alu-Legierung mit besten Druck- und Ermüdungseigenschaften, Seitenleitwerk weitestgehend aus Verbundmaterialien und modernste Avionik.
Hersteller: The Boeing Company, Commercial Airplane Company, Everett, Washington, USA.

Abmessungen: Spannweite 60,93 m (mit gefalteten Flügeln 47,29 m), Länge (-200/-200IGW) 63,73 m, (-300) 73,00 m, Höhe 18,44 m, Flügelfläche 427,80 m².

BOEING HELICOPTERS CH-47D CHINOOK

Ursprungsland: USA.
Kategorie: Mittelschwerer Transporthubschrauber.
Triebwerke: Zwei Gasturbinen Textron Lycoming T55-L-712SSB von je 4378 WPS (3264 kW) oder T55-L-714 von je 5028 WPS (3749 kW) Leistung.
Leistungen (L-714-Triebwerke bei 24494 kg): Höchstgeschwindigkeit 298 km/h auf Meereshöhe; Durchschnittsgeschwindigkeit 245 km/h; max. Schrägsteiggeschwindigkeit 7,73 m/Sek; Schwebehöhe ohne Bodeneffekt 2415 m; max. Flughöhe 4570 m; max. Einsatzradius 585 km.
Gewichte: Leer 10695 kg; normal beladen 22679 kg; max. Startgewicht 24494 kg.
Zuladung (CH-47D): Zwei Piloten und bis zu 45 Personen; als Ambulanzhubschrauber 24 Patienten plus zwei Pfleger. Max. 10334 kg Aussenlasten.
Entwicklungsstand: Erstflug der zurzeit aktuellsten Versionen CH-47D am 11. Mai 1979, der für Sondereinsätze bestimmten MH-47E am 1. Juni 1990. Neueste Besteller: Süd Korea 18+, Singapur 6 und Grossbritannien 14 zusätzliche HC Mk.2. Von allen Versionen inkl. Lizenzbau wurden bisher rund 1090 Chinooks hergestellt.
Bemerkungen: Die MH-47E stellt eine für die US Army bestimmte Ausführung für schwierige Einsätze der Spezialtruppen (siehe Ausgabe 1991/92) dar. Das Modell 414-100 International Chinook ist eine leistungsfähigere Variante der CH-47D, besonders auch für zivile Einsätze mit höheren Gewichten und stärkeren Triebwerken (Leistungen siehe oben). Eine Ableitung davon erhält Japan (Lizenzbau Kawasaki) als CH-47J. Unter der Bezeichnung CH-47F offeriert Boeing eine neue, leistungsfähigere Version mit Triebwerken der 5000-WPS-Klasse, neuen Vierblattrotoren, grösseren Treibstofftanks, modernisierter Avionik und max. Abfluggewicht von 26982 kg.
Hersteller: Boeing Helicopters, Philadelphia, Pennsylvania, USA.

Abmessungen: Durchmesser jedes der beiden Rotoren 18,29 m, Rumpflänge ohne Betankungsrohr 15,54 m.

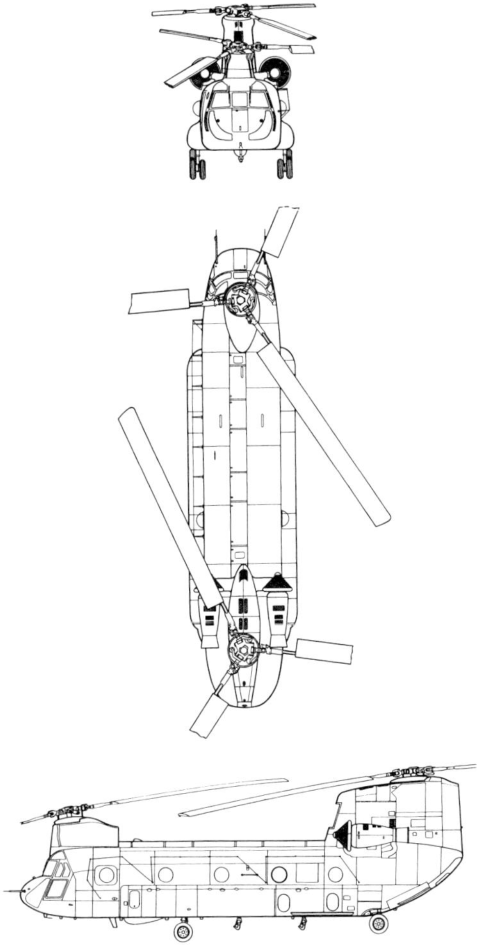

BOEING/SIKORSKY RAH-66 COMANCHE

Ursprungsland: USA.
Kategorie: Zweisitziger Stealth-Kampfhubschrauber.
Triebwerke: Zwei Gasturbinen LHTEC T800-LHT-800 von je 1344 WPS (1002 kW) Leistung.
Leistungen (geschätzt): Höchstgeschwindigkeit 328 km/h; vertikale Steiggeschwindigkeit 6 m/Sek; Überführungsreichweite 2335 km; normale Flugdauer mit internem Kraftstoff 2 Std. 30 Min.
Gewichte: Leer 3515 kg; normales Startgewicht 4587 kg; max. Startgewicht für Überführungen 7790 kg.
Bewaffnung: Eine dreiläufige 20-mm-Revolverkanone General Electric/Giat in einem Turm unter der Rumpfnase und bis zu sechs Antitank-Lenkwaffen Hellfire bzw. zwölf Flab-Lenkwaffen Stinger in zwei geschlossenen Waffenschächten. Weitere Waffen können an montierbaren Flügelstummeln angebracht werden.
Entwicklungsstand: Der erste von zwei Prototypen YRAH-66A hat die Flugerprobung am 4. Januar 1996 aufgenommen. Danach folgen sechs Vorserienmaschinen. Der Gesamtbedarf der US Army beläuft sich auf 1292 Comanches, wobei mit Kürzungen zu rechnen ist. Ein Produktionsentscheid soll erst 2004 fallen.
Bemerkungen: Die RAH-66 soll bei der US Army die Typen AH-1 Cobra und OH-58 Kiowa ersetzen. Für die Hauptaufgabe der bewaffneten Aufklärung ist die Comanche vollständig aus Radarstrahlen-absorbierenden Verbundwerkstoffen hergestellt. Zudem ist die Silhouette weitmöglichst nach sog. Stealth-Kriterien ausgelegt. So wird beispielsweise die Bewaffnung in internen, nach aussen klappbaren Waffenschächten mitgeführt. Das Fahrwerk ist vollständig einziehbar. Die Aufklärungselektronik gehört zum modernsten, was auf dem Markt angeboten wird und umfasst u.a. ein vorwärtsgerichtes Infrarot-Nachtsicht-Navigationsgerät der zweiten Generation kombiniert mit einer TV-Kamera im Rumpfbug, ein Millimeter-Wellenradar und diverse Sensoren. In späteren Produktions-Tranchen sollen auch ein Longbow-Feuerkontroll-Radar und Infrarot-Jammers eingeführt werden.
Hersteller: Boeing Helicopters und Sikorsky Aircraft, LH Program Office, Philadelphia, Pennsylvania, USA.

Abmessungen: Rotordurchmesser 11,90 m, Länge ohne Kanone 13,22 m, Höhe über Heckleitwerk 3,39 m.

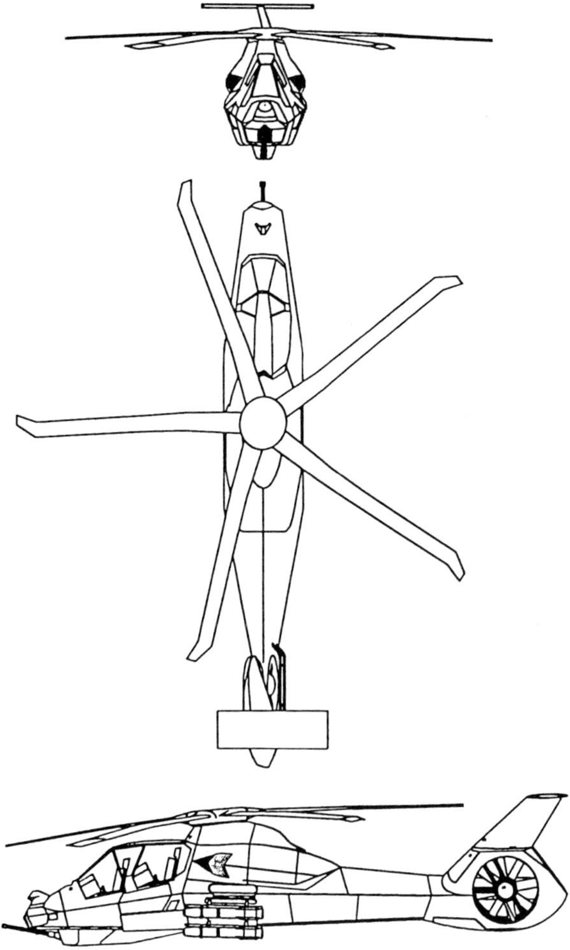

BOMBARDIER (CANADAIR) CL-415

Ursprungsland: Kanada.
Kategorie: Mehrzweck-Amphibium.
Triebwerke: Zwei Propellerturbinen Pratt & Whitney Canada PW123AF von je 2380 WPS (1775 kW) Leistung.
Leistungen: Max. Reisegeschwindigkeit bei 14741 kg 375 km/h auf 1525 m; normale Reisegeschwindigkeit 287 km/h; Patrouillengeschwindigkeit bei 15876 kg 204 km/h auf Meereshöhe; Anfangssteiggeschwindigkeit bei 20865 kg 7,0 m/Sek; Ueberführungsreichweite 2427 km.
Gewichte: Rüstgewicht für Mehrzweckaufgaben 11789 kg, als Wasserbomber 12043 kg; max. Startgewicht an Land 19800 kg, im Wasser 17100 kg; max. Fluggewicht nach Wasseraufnahme 21000 kg.
Zuladung: Zwei Mann Besatzung und, als Transporter, 32 bis 35 Passagiere. Maximale Nutzlast von 4790 kg in Mehrzweckkonfiguration, 6123 kg als Wasserbomber. Für Marine-Patrouillenaufgaben bestehen zwei weitere Stationen für Flugingenieur/Navigator und für zwei Beobachter.
Entwicklungsstand: Erstflug der ersten definitiven CL-415-Ausführung am 6. Dezember 1993. Die Auslieferungen begannen im Oktober 1994. Bisher sind 24 Einheiten bestellt worden: Sécurité Civile 12, Provinz von Quebec 8, SISAM Italien 4. Bisherige CL-215 mit Kolbenmotoren, wovon insgesamt 125 hergestellt wurden, können umgerüstet werden. Bisher haben die Provinz Quebec und die spanische Marine von dieser Möglichkeit Gebrauch gemacht.
Bemerkungen: Die CL-415 ist eine modifizierte, turbopropgetriebene Ausführung des Basismodells CL-215 (siehe Ausgabe 1987). Sie besitzt neben neuen Triebwerken ein verbessertes Wassertanksystem. Im übrigen wurden die Aerodynamik optimiert, u.a. durch Anbringen von sog. Winglets und ein EFIS-Cockpit installiert. Für zivile wie militärische Überwachungs- und Rettungseinsätze sowie für Passagier- und Frachttransporte bietet Bombardier die Version CL-415M an. Bisher sind aber für diese Ausführung keine Bestellungen eingegangen.
Hersteller: Bombardier (Canadair), Station Centreville, Montreal, Quebec, Kanada.

Abmessungen: Spannweite 28,60 m, Länge 19,82 m, Höhe (an Land) 8,98 m, Flügelfläche 100,33 m².

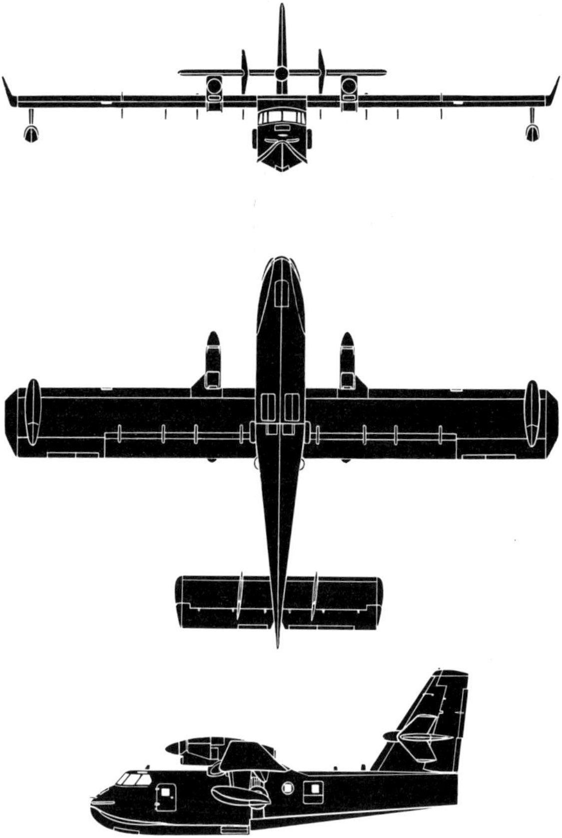

BOMBARDIER (CANADAIR) REGIONAL JET

Ursprungsland: Kanada.
Kategorie: Regionalverkehrsflugzeug.
Triebwerke: Zwei Mantelstromtriebwerke General Electric CF34-3A1 von je 3959 kp (38,83 kN) Leistung oder 4182 kp (41,0 kN) inkl. automatischem Reserveschub.
Leistungen: Max. Reisegeschwindigkeit 851 km/h auf 10975 m oder Mach 0,8; Langstrecken-Reisegeschwindigkeit 786 km/h auf 10975 m oder Mach 0,74; Anfangssteiggeschwindigkeit 17,8 m/Sek; Steigzeit auf 10670 m 23 Min; Dienstgipfelhöhe 12497 m; Reichweite mit max. Nutzlast 1566 km; max. Reichweite 2628 km, Version -100ER 2940 km.
Gewichte: Leergewicht 13655 kg; max. Startgewicht (RJ Series 100) 21635 kg, Version mit grösserer Reichweite (RJ Series 100ER) 23245 kg.
Zuladung: Zwei Piloten und in Standardausführung 50 Passagiere in Vierereihen. Max. Nutzlast von 6295 kg.
Entwicklungsstand: Die erste Vorserienmaschine nahm die Flugerprobung am 10. Mai 1991 auf. Die Auslieferungen begannen im vierten Quartal 1992 an Lufthansa Cityline. Bis Ende 1995 waren 132 fest bestellt (+ Optionen), 88 davon abgeliefert.
Bemerkungen: Der Regional Jet oder kurz RJ ist eine Abwandlung des Firmenflugzeugs Challenger. Der Rumpf ist um 3,25 m vor und 2,84 m hinter dem Flügel verlängert, die Flügelfläche vergrösserte man um rund 15 %. Verschiedene weitere Änderungen waren nötig, um aus einem Geschäftsreiseflugzeug ein Regionalverkehrsflugzeug zu machen. Die Grundausführung wird als Series 100, diejenige mit grösserer Reichweite als Series 100ER bezeichnet. Ebenfalls erhältlich sind eine Geschäftsreiseversion der 100ER sowie seit 1994 die Ausführung 100LR (Long Range) mit einem auf 23995 kg angehobenen Abfluggewicht und einer maximalen Reichweite von 3500 km. Noch in Planung befindet sich eine für 72 Passagiere verlängerte CRJ-X.
Hersteller: Bombardier (Canadair), Station Centreville, Montreal, Quebec, Kanada.

Abmessungen: Spannweite 21,44 m, Länge 26,95 m, Höhe 6,30 m, Flügelfläche 48,31 m^2.

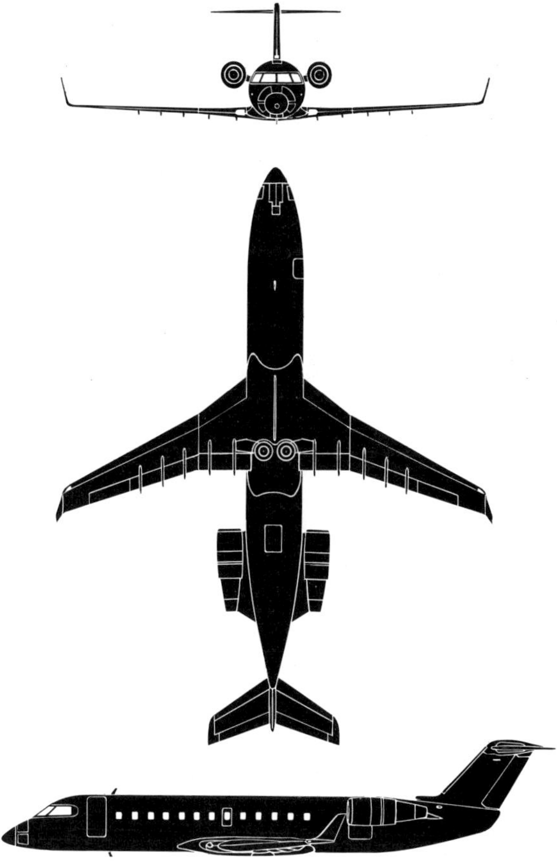

BOMBARDIER (CANADAIR) CHALLENGER 604

Ursprungsland: Kanada.
Kategorie: Firmenflugzeug.
Triebwerke: Zwei Mantelstromtriebwerke General Electric CF34-3B von je rund 4180 kp (41,0 kN) Standschub.
Leistungen (nach Schätzungen des Herstellers): Max. Reisegeschwindigkeit 880 km/h (Mach 0,83); Dienstgipfelhöhe 12500 m; Reichweite bei Mach 0,82 6150 km, bei optimaler Reisegeschwindigkeit bis zu 7500 km.
Gewichte: Leergewicht 12080 kg; max. Abfluggewicht 21860 kg.
Zuladung: Zwei Piloten sowie zwischen fünf und bis zu 19 Passagiere in Dreierreihen; max. Nutzlast 2435 kg.
Entwicklungsstand: Der erste Prototyp dieser weiterentwickelten Version der Challenger 601 nahm die Flugerprobung am 17. März 1995 auf. Erste Ablieferungen an Kunden im Februar 1996. Monatlich sollen zwei Maschinen hergestellt werden. Von den früheren Versionen der Challenger wurden bisher 331 gebaut: 84 600, 66 601-1A, 134 601-3A, 47 601-3R.
Bemerkungen: Gegenüber den Vorgängern ist die 604 strukturell verstärkt, um bei gleichen oder sogar besseren Start- und Landeleistungen erheblich weiter fliegen zu können. Dafür hat Canadair auch die Treibstoffkapazität erhöht und ein neues Fahrwerk vorgesehen mit verbessertem Antiblockiersystem. Die Avionik wurde ebenfalls aufdatiert und verfügt über sechs EFIS-Anzeigen. Auch die Wirtschaftlichkeit sowie die Wartung sollen verbessert sein. Unter den Geschäftsreiseflugzeugen der gleichen Kategorie hat die Challenger 604 die Kabine mit den grössten Innenmassen (Länge 8,61 m, Breite 2,49 m, Höhe 1,85 m).
Hersteller: Bombardier (Canadair), Station Centreville, Montreal, Quebec, Kanada.

Abmessungen: Spannweite 19,61 m, Länge 20,85 m, Höhe 6,30 m, Flügelfläche 41,82 m².

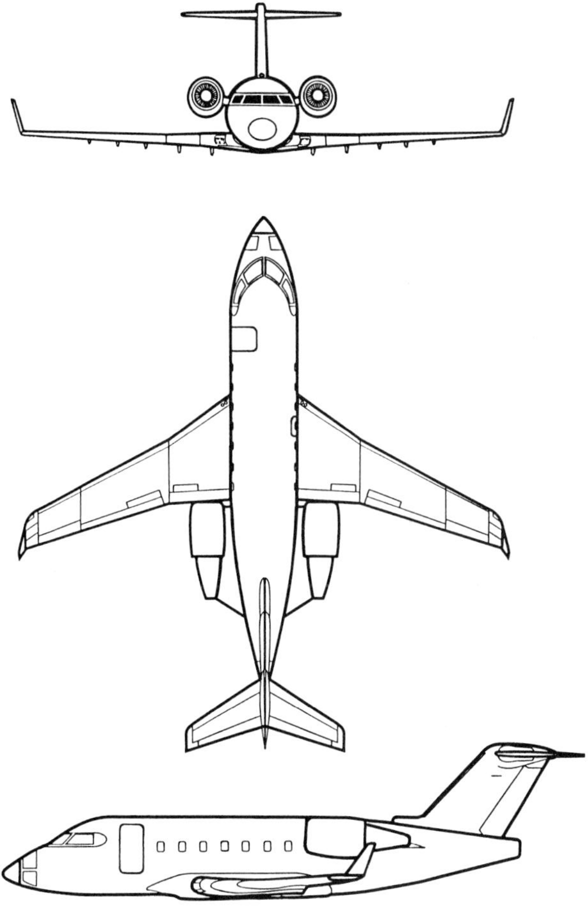

BOMBARDIER (CANADA) GLOBAL EXPRESS

Ursprungsland: Kanada.
Kategorie: Firmenflugzeug.
Triebwerke: Zwei Mantelstromtriebwerke BMW/Rolls-Royce BR710 von je 6690 kp (65,6 kN) Standschub.
Leistungen (geschätzt): Max. Reisegeschwindigkeit 935 km/h; Dienstgipfelhöhe 15545 m; max. Reichweite 12038 km.
Gewichte: Leergewicht 22000 kg; max. Startgewicht 41278 kg.
Zuladung: Zwei Piloten und je nach Innenausstattung 8, 15 oder 19 Passagiere; max. Nutzlast 3397 kg.
Entwicklungsstand: Der Erstflug des Prototyps ist für September 1996 vorgesehen. Mit den ersten Auslieferungen wird 1998 begonnen. Bisher sind rund 40 Einheiten bestellt worden.
Bemerkungen: Mit der Global Express deckt Bombardier das oberste Segment der jetgetriebenen Firmenflugzeuge ab. Nebst gegenüber der Challenger grösserer Kabine und Zuladung, wurde besonderes Gewicht auf bisher unübertroffene Reichweitenleistungen bei hoher Reisegeschwindigkeit gelegt. So kann beispielsweise die Strecke Buenos Aires – London non-stop zurückgelegt werden. Ein völlig neu konstruierter superkritischer Flügel mit einer Pfeilung von 35 Grad und einem sog. Walfischprofil zusammen mit weiteren Verfeinerungen am Rumpf verhelfen der Global Express zu besonders guter Aerodynamik.
Hersteller: Bombardier (Canadair), Station Centreville, Montreal, Quebec, Kanada.

Abmessungen: Spannweite 28,01 m, Länge 30,17 m, Höhe 7,62 m, Flügelfläche 94,94 m².

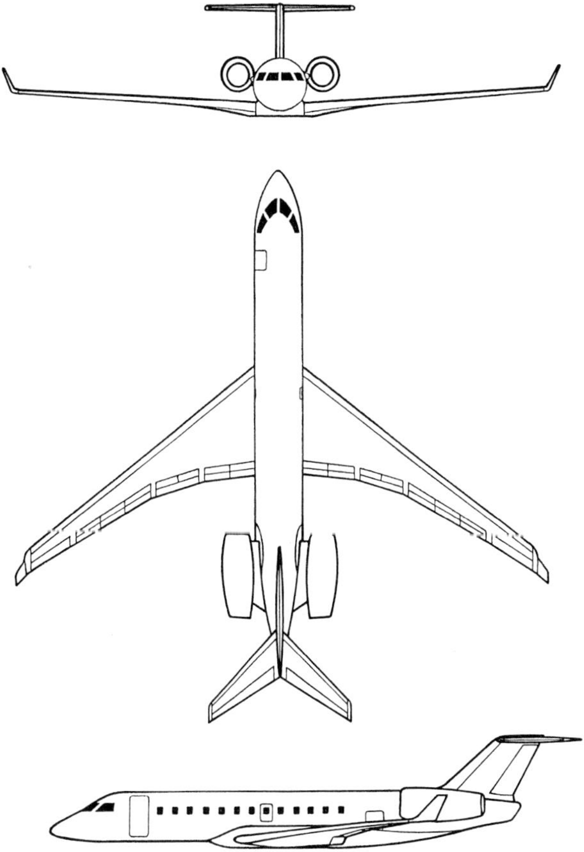

BOMBARDIER (DE HAVILLAND CANADA) DASH 8-300A

Ursprungsland: Kanada.
Kategorie: Regionalverkehrsflugzeug.
Triebwerke: Zwei Propellerturbinen Pratt & Whitney Canada PW123 von je 2380 WPS (1776 kW) oder als Option 2500 WPS (1864 kW) Leistung.
Leistungen: Max. Reisegeschwindigkeit bei 18530 kg 531 km/h auf 4575 m, 523 km/h auf 6100 m; ökonom. Reisegeschwindigkeit 444 km/h; max. Reiseflughöhe 7620 m; Anfangssteiggeschwindigkeit 9,1 m/Sek; Dienstgipfelhöhe 7620 m; Reichweite mit 50 Passagieren und IFR-Reserven 1556 km, als Option 2315 km.
Gewichte: Rüstgewicht 11657 kg; max. Startgewicht 18643 kg, als Option 19505 kg.
Zuladung: Zwei Piloten und Standard-Innenausstattung für 50 Passagiere in Viererreihen. Maximal 56 Passagiere. Max. Nutzlast 6505 kg.
Entwicklungsstand: Die erste Dash 8-300 fliegt seit 15. Mai 1987. Erste Ablieferung erfolgte am 27. Februar 1989. Die Variante -300A mit erhöhtem Abfluggewicht ist seit 24. August 1990 im Einsatz. Seither werden nur noch Flugzeuge dieser Version hergestellt, und zwar monatlich deren drei. Ende 1995 waren 447 Dash 8 bestellt und über 400 an mehr als 60 Kunden ausgeliefert.
Bemerkungen: Die Dash 8-300 unterscheidet sich von der Dash 8-100 hauptsächlich durch den längeren Rumpf, welcher durch Einsetzen eines 1,85 m messenden Rumpfsegments vor dem Flügel und eines solchen von 1,57 m hinter dem Flügel entstand. Verlängerte Flügelspitzen und stärkere Triebwerke sind weitere Merkmale. Das Grundmuster trägt die Bezeichnung Srs.301; die Srs.320B bzw. Combiversion 320C werden als Dash 8-300A angeboten und verfügen über ein höheres Abfluggewicht und verbesserte Inneneinrichtung. Ab Anfang 1997 fliegt die um 4,60 m gestreckte Variante -400 (siehe Fotomontage) für bis zu 70 Passagiere. Sie wird über leistungsfähigere Triebwerke vom Typ PW150 und über ein verstärktes Flügelmittelstück verfügen und Geschwindigkeiten bis zu 650 km/h erreichen. 12 Maschinen sind bereits bestellt.
Hersteller: Bombardier (The de Havilland Aircraft of Canada Ltd.), Downsview, Ontario, Kanada.

Abmessungen: Spannweite 27,43 m, Länge 25,68 m, Höhe 7,49 m, Flügelfläche 56,20 m^2.

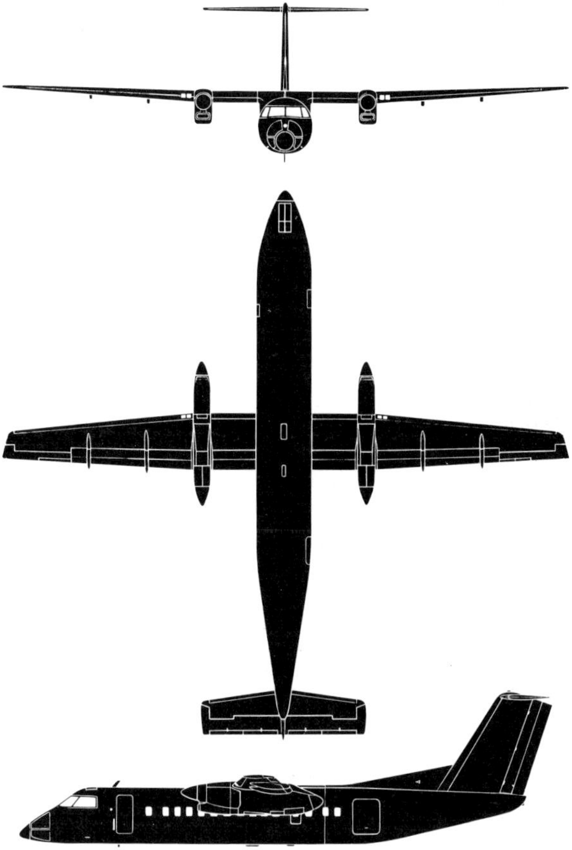

BOMARDIER (LEARJET) 60

Ursprungsland: USA.
Kategorie: Firmenflugzeug.
Triebwerke: Zwei Mantelstromtriebwerke Pratt & Whitney Canada PW305A von je 2090 kp (20,5 kN) Standschub.
Leistungen: Höchstgeschwindigkeit 884 km/h auf 9150 m (Mach 0,81); max. Reisegeschwindigkeit 858 km/h; ökonomische Reisegeschwindigkeit 843 km/h; Dienstgipfelhöhe 15550 m; max. Reichweite mit Langstreckengeschwindigkeit auf 13410 m Höhe und VFR-Reserven 5075 km; Reichweite mit vier Passagieren und IFR-Reserven 4450 km.
Gewichte: Rüstgewicht 6470 kg; max. Startgewicht 10319 kg, als Option 10480 kg.
Zuladung: Zwei Mann Besatzung und je nach Inneneinrichtung zwischen sechs und neun Passagiere. Nutzlast 1005 kg.
Entwicklungsstand: Erstflug des noch mit Garrett TFE731-Triebwerken ausgerüsteten Erprobungsträgers am 18. Oktober 1990 (Umbau des ursprünglichen Modell 55-Prototypen). Der Erstflug nach Umrüstung mit den PW305-Triebwerken erfolgte am 13. Juni 1991. Das erste Serienflugzeug nahm die Flugerprobung am 15. Juni 1992 auf. Beginn der Ablieferungen im Januar 1993. Bisher sind rund 30 Einheiten bestellt worden.
Bemerkungen: Die Learjet 60 ist das bisher grösste und leistungsfähigste Muster der Learjet-Familie und basiert auf der 55. Sie übernimmt von ihr den Flügel, das T-Leitwerk, die grossen Deltafinnen unter dem hinteren Rumpfausläufer sowie die Winglets. Der Rumpfdurchmesser bleibt gleich, hingegen ist die Kabine um 109 cm länger und wesentlich komfortabler eingerichtet. Dank abgesenktem Kabinenboden ist eine durchgehende Stehhöhe von 1,75 m möglich. Die Inneneinrichtung kann wesentlich flexibler den Kundenwünschen angepasst werden. Der hintere, nur von aussen zugängliche Gepäckraum ist erheblich grösser. Die Besatzung verfügt über ein vollintegriertes Glascockpit mit vier EFIS-Bildschirmen.
Hersteller: Bombardier (Learjet Inc.), Wichita, Kansas, USA.

Abmessungen: Spannweite 13,34 m, Länge 17,88 m, Höhe 4,47 m, Flügelfläche 24,57 m^2.

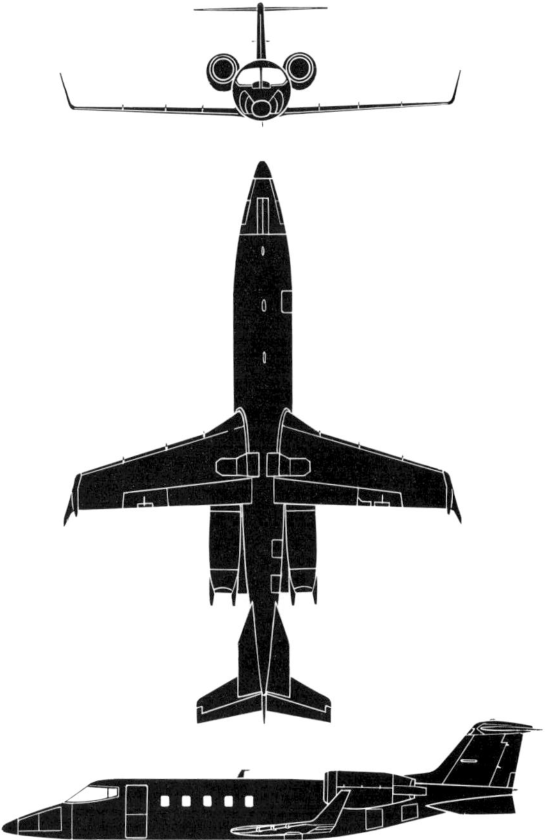

BOMBARDIER (LEARJET) 45

Ursprungsland: USA.
Kategorie: Firmenflugzeug.
Triebwerke: Zwei Mantelstromtriebwerke Garrett TEF731-20 von je 1590 kp (15,5 kN) Leistung.
Leistungen (geschätzt): Max. Reisegeschwindigkeit 859 km/h; Dienstgipfelhöhe 15545 m; max. Reichweite mit zehn Passagieren 4074 km.
Gewichte: Leergewicht 5307 kg; max. Startgewicht 8845 kg.
Zuladung: Zwei Piloten und in der Kabine normalerweise acht, maximal zehn Passagiere.
Entwicklungsstand: Der Erstflug der Learjet 45 fand am 7. Oktober 1995 statt. Mit der Zulassung wird im Herbst 1996 gerechnet. Bisher sollen bereits Bestellungen für 30 Einheiten eingegangen sein. Bombardier plant, 1997 32 Learjets 45 herzustellen.
Bemerkungen: Die Version 45 ist das erste unter der neuen Regie von Bombardier entwickelte Modell und wird in Co-Operation mit Shorts (Rumpf und Heck), de Havilland Canada (Flügel) und Learjet (Systeme und Endmontage) hergestellt. Grössenmässig ist sie zwischen der Learjet 31A und der Learjet 60 (siehe Seiten 80/81) angesiedelt. Der Hersteller versucht mit diesem Muster, eine optimale Kombination zwischen Preis, Flugleistungen, Kabinengrösse und Betriebskosten zu erzielen. Obwohl die Rumpflänge in etwa jener der Learjet 60 entspricht, ist die Kabine mit 6,02 m etwas länger, bietet aber mit 1,55 m nicht deren durchgehende Stehhöhe. Bei einer Bestuhlung für acht Fluggäste sind alle Sitze um 180 Grad drehbar. Dank des elektronischen Triebwerkmanagements (FADEC - Full Authority Digital Engine Control) kann bei um 15 Prozent gesteigerter Reiseleistung der spezifische Treibstoffverbrauch gleichzeitig um elf Prozent verringert werden. Zu diesen Leistungen verhilft auch ein völlig neu konstruierter Flügel.
Hersteller: Bombardier (Learjet Inc.), Wichita, Kansas, USA.

Abmessungen: Spannweite 14,56 m, Länge 17,68 m, Höhe 4,29 m.

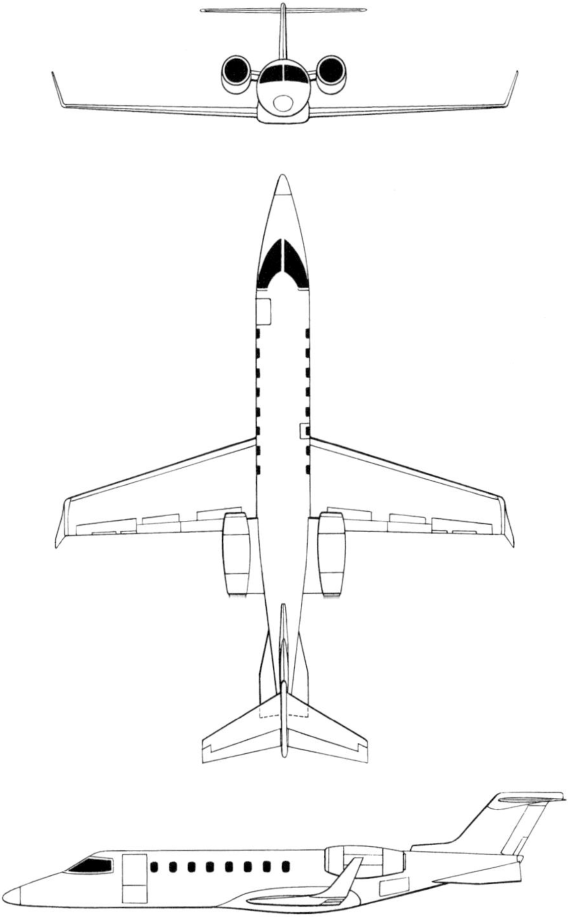

BRITISH AEROSPACE JETSTREAM 41

Ursprungsland: Grossbritannien.
Kategorie: Regionalverkehrsflugzeug.
Triebwerke: Zwei Propellerturbinen Garrett TPE331-14GR/HR von je 1650 WPS (1230 kW) Leistung.
Leistungen: Max. Reisegeschwindigkeit 475 km/h auf 3650 m; ökonom. Reisegeschwindigkeit 465 km/h auf 6100 m; Anfangssteiggeschwindigkeit 11,1 m/Sek; Dienstgipfelhöhe 7620 m, Reichweite mit 29 Passagieren und IFR-Reserven 1350 km.
Gewichte: Typisches Rüstgewicht 6990 kg; max. Startgewicht 11385 kg.
Zuladung: Zwei Piloten und bis zu 29 Passagiere ohne oder 27 Passagiere mit Bordküche in Dreierreihen. Als Geschäftsflugzeug wird eine 14plätzige Einrichtung angeboten. Grosser Gepäckraum im Heck des Flugzeuges, erreichbar mittels eines separaten Frachttores. Max. Nutzlast 3300 kg.
Entwicklungsstand: Das erste von drei Erprobungsmodellen flog erstmals am 25. September 1991. Beginn der Kundenauslieferungen Ende 1992. Die Bestellungen beliefen sich Ende 1995 auf 145 Maschinen für elf Kunden.
Bemerkungen: Als Weiterentwicklung der Jetstream Super 31 (siehe Ausgabe 1989/90) unterscheidet sie sich im wesentlichen durch einen um 4,88 m verlängerten Rumpf, verbesserten Passagierzugang und einen Flügel grösserer Spannweite, welcher im Gegensatz zu den früheren Varianten unter dem Rumpf verläuft. Ausserdem wurde der Gepäckraum wesentlich vergrössert. Dank stärkerer Triebwerke sind auch die Flugleistungen angehoben worden. Infolge eines Modifikationsprogrammes sind sowohl Nutzlast wie auch Reichweitenleistung gegenüber den ersten J41 leicht verbessert worden. Neu ist auch eine Geschäftsreiseversion für 12 bis 16 Passagiere erhältlich. Zusammen mit ATR und Avro soll die BAe-Tochter Jetstream Aircraft in eine neue Gesellschaft mit dem vorläufigen Namen «NewCo» eingebracht werden.
Hersteller: British Aerospace, Jetstream Aircraft Subsidiary, Prestwick Airport, Ayrshire, Grossbritannien.

Abmessungen: Spannweite 18,29 m, Länge 19,25 m, Höhe 5,74 m, Flügelfläche 32,59 m².

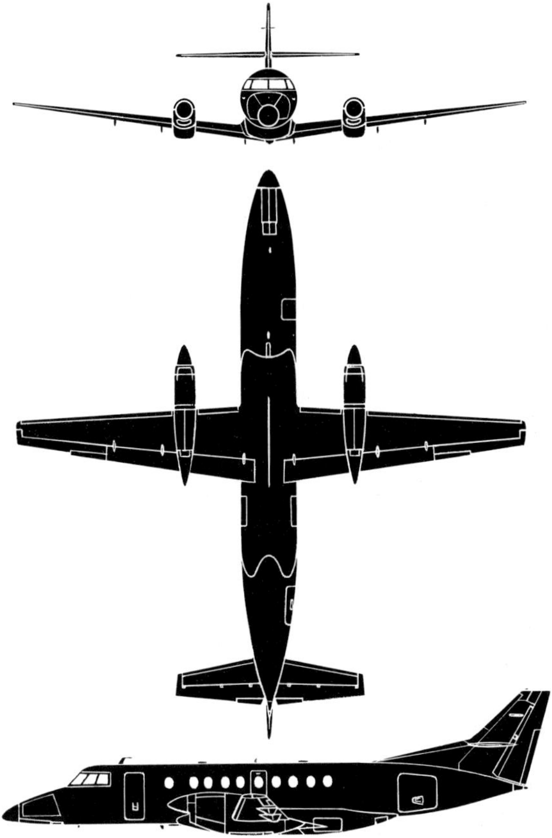

BRITISH AEROSPACE HARRIER GR MK.7

Ursprungsland: Grossbritannien und USA.

Kategorie: Einsitziges V/STOL-Erdkampfflugzeug und taktischer Aufklärer, zweisitziger Einsatztrainer.

Triebwerke: Ein Schwenkdüsen-Mantelstromtriebwerk Rolls-Royce Pegasus Mk.105 von 9866 kp (96,7 kN) Standschub.

Leistungen: Höchstgeschwindigkeit ohne Aussenlasten 1065 km/h oder Mach 0,87 auf Meereshöhe bzw. 966 km/h oder Mach 0,91 auf 10970 m; taktischer Einsatzradius mit 12 Mk.82-Bomben und einer Stunde Aufenthalt im Zielgebiet 167 km (Einsatzprofil hoch-tief-hoch), mit zwei 1136-l-Zusatztanks und sieben Mk.82-Bomben, aber ohne Reserven im Zielgebiet 889 km; Überführungsreichweite mit vier 1136-l-Zusatztanks unter den Flügeln 3243 km.

Gewichte: Rüstgewicht 6350 kg; max. Startgewicht für Senkrechtstart 8595 kg, für Kurzstart 14061 kg.

Bewaffnung: Zwei 25-mm-Kanonen an Stationen unter dem Rumpf und bis zu 16 Mk.82- oder sechs Mk.83-Bomben, sechs BL-755 Bombenbehälter, vier Maverick Luft-Boden-Lenkwaffen oder zehn Lenkwaffenbehälter an sechs Flügelstationen. Max. Waffenladung 4173 kg.

Entwicklungsstand: Aufnahme der Flugerprobung der GR Mk.7 (eine umgebaute GR Mk.5) am 29. November 1989. Die Auslieferung der ersten von 34 neu bestellten GR Mk.7 an die RAF begann Anfang 1991. Danach wurden die bisher gelieferten 58 GR Mk.5 entsprechend umgebaut. Der zweisitzige Einsatztrainer T Mk.10 startete am 7. April 1994 zum Erstflug. 13 Einheiten hat die RAF bestellt. Eventuell beschafft auch Japan eine kleine Anzahl von T Mk.10.

Bemerkungen: Die Harrier GR Mk.7 ist mit der GR Mk.5 weitgehend identisch, verfügt aber für Nacht- und Schlechtwettereinsätze über eine verbesserte Ausrüstung. Die Harrier T Mk.10 ist zusätzlich mit einem nach vorne wirkenden Infrarot- und Nachtsichtsystem ausgerüstet.

Hersteller: British Aerospace PLC, Warton Aerodrome, Preston, Lancashire, Grossbritannien und McDonnell Douglas Corp., St. Louis, Missouri, USA.

Abmessungen: Spannweite 9,24 m, Länge 14,12 m, Höhe 3,55 m, Flügelfläche 22,18 m².

BRITISH AEROSPACE HAWK 100/200

Ursprungsland: Grossbritannien.
Kategorie (100): Zweisitziger Fortgeschrittenentrainer und leichter Erdkämpfer; (200): Einsitziges Mehrzweckkampfflugzeug.
Triebwerke: Ein Mantelstromtriebwerk Rolls-Royce/Turboméca Adour 871 von 2650 kp (26,0 kN) Standschub.
Leistungen (200): Höchstgeschwindigkeit 1021 km/h oder Mach 0,83; max. Reisegeschwindigkeit 1019 km/h auf Meereshöhe; ökonom. Reisegeschwindigkeit 796 km/h auf 12500 m; max. Anfangssteiggeschwindigkeit 58,5 m/Sek; Dienstgipfelhöhe 15250 m; taktischer Einsatzradius 322 km mit acht 227-kg-Bomben; Überführungsreichweite mit zwei 860-l- und einem 590-l-Zusatztank 3606 km, ohne Zusatztank 892 km.
Gewichte: Leer (100) 3970 kg, (200) 4510 kg; max. Startgewicht (100) 8500 kg, (200) 9101 kg.
Bewaffnung (200): Zwei 25-mm-Aden- oder zwei 27-mm-Mauser-Kanonen und maximal 3493 kg externe Waffenlasten, verteilt auf vier Flügel- und eine Rumpfstation.
Entwicklungsstand: Erstflug des Prototypen der Version 200 am 19. Mai 1986, des technisch gleichwertigen, bereits dem Serienstandard entsprechenden Doppelsitzers 100 1990. Bis Ende 1995 sind folgende Bestellungen für beide Versionen (100/200) eingegangen: Abu Dhabi 18 (100), Brunei 8/8, Indonesien 8/16 + Optionen, Oman 4/8, Malaysia 10/18, Saudi Arabien 20/0. Von allen Varianten (inkl. T-45, siehe Seiten 214/215) sind rund 770 Exemplare von 15 Luftwaffen bestellt worden.
Bemerkungen: Die Hawk 200 (siehe Foto), (Version 100 siehe auch Ausgabe 1992/93 und Silhouette daneben) ist eine spezialisierte Erdkampf- und Mehrzweckversion des zweisitzigen Basis- und Fortgeschrittenentrainers Hawk und vereinigt in sich die für die Hawk 100 geleistete Entwicklungsarbeit und damit auch 80 % aller Bauteile des Doppelsitzers. Die Instrumentierung umfasst eine Inertial-Navigationsanlage, einen Laser-Entfernungsmesser und ein computergesteuertes Feuerleitgerät. Ein Demonstrator Hawk 200RDA fliegt seit dem 13. Februar 1992 mit einem Westinghouse APG-66H-Mehrzweckradar.
Hersteller: British Aerospace PLC, Military Aircraft Division, Warton, Preston, Lancashire, Grossbritannien.

Abmessungen: Spannweite inkl. Lenkwaffen 9,94 m, Länge 11,38 m, Höhe 4,16 m, Flügelfläche 16,69 m^2.

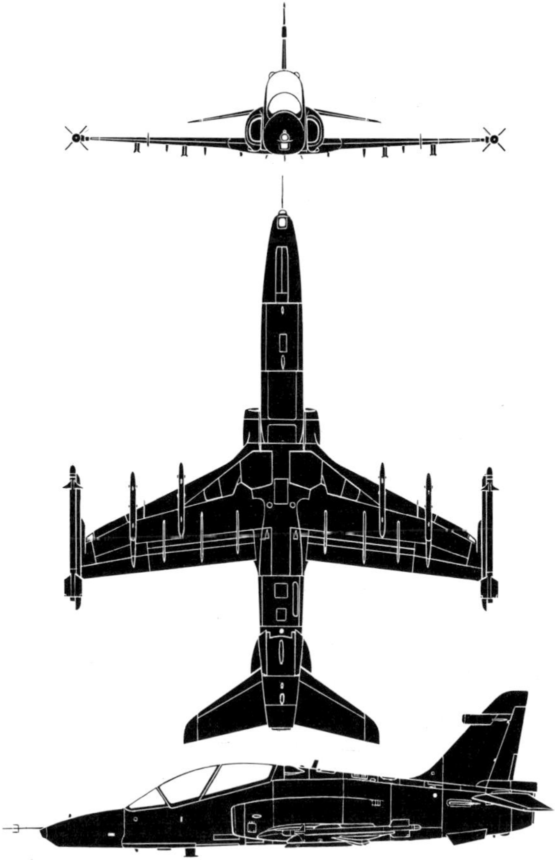

CESSNA 208 GRAND COMMANDER

Ursprungsland: USA.
Kategorie: Mehrzweckflugzeug.
Triebwerke: Eine Propellerturbine Pratt & Whitney Canada PT6A-114A von 675 WPS (503 kW) Leistung.
Leistungen: Max. Reisegeschwindigkeit 337 km/h auf 3050 m, 295 km/h auf 6095 m; Anfangssteiggeschwindigkeit 4,9 m/Sek; Dienstgipfelhöhe 7620 m; max. Reichweite mit 45 Min. Reserven 1677 km auf 3050 m.
Gewichte: Leergewicht 1861 kg; max. Startgewicht 3969 kg.
Zuladung: Pilot und in der Standardausführung neun Passagiere oder 1587 kg Fracht.
Entwicklungsstand: Der Prototyp der 208 flog erstmals am 9. Dezember 1982; Beginn der Kundenablieferungen im Februar 1985. Die militärische Variante U-27A wurde 1986 eingeführt. Die verbesserte Version 208B nahm am 3. März 1986 die Flugerprobung auf, gefolgt von der Grand Commander 1991. Bis Ende 1995 sind rund 720 Caravans aller Versionen geliefert worden. Hauptabnehmerin ist die Federal Express mit 266 Einheiten (davon 235 der Version 208B).
Bemerkungen: Die neueste Variante der um 1,22 m verlängerten Cessna 208B, die Grand Commander, verfügt über ein stärkeres Triebwerk und entsprechend verbesserte Flugleistungen. Cessna entwickelt zurzeit eine Variante für Feuerlöscheinsätze, die einen Wasserbehälter von 1800 Litern unter dem Rumpf aufweist. Die Soloy Corp. hat eine Cessna 208B mit zwei Propellerturbinen Pratt & Whitney PT6A-25 von zusammen 1330 WPS (990 kW) ausgerüstet (Erstflug am 13. September 1995), die über ein gemeinsames Untersetzungsgetriebe auf einen einzigen Propeller wirken. Gleichzeitig wird diese als Caravan 208B Dual Pac bezeichnete Ausführung um 1,80 m verlängert und das Abfluggewicht auf 4772 kg erhöht.
Hersteller: Cessna Aircraft Company, Wichita, Kansas, USA.

Abmessungen: Spannweite 15,87 m, Länge 12,67 m, Höhe 4,52 m, Flügelfläche 25,96 m².

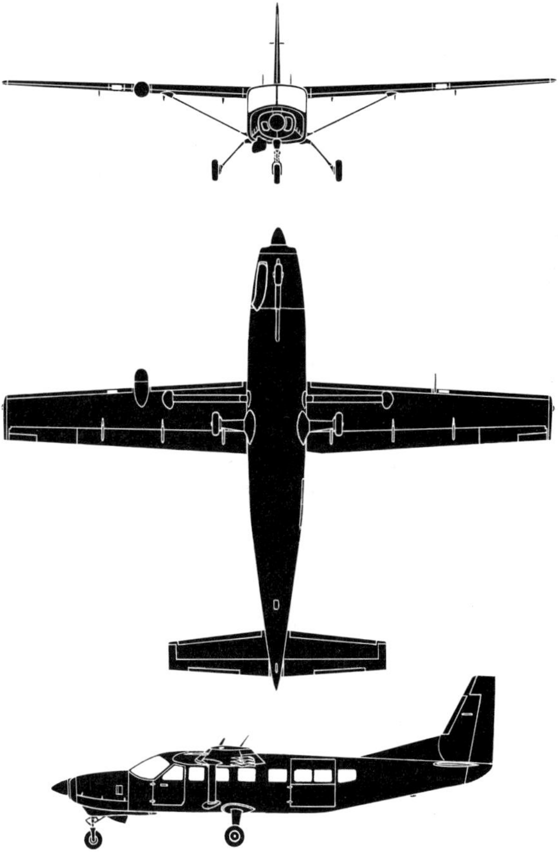

CESSNA 525 CITATIONJET

Ursprungsland: USA.
Kategorie: Firmenflugzeug.
Triebwerke: Zwei Mantelstromtriebwerke Williams International FJ44 von je 861 kp (8,45 kN) Standschub.
Leistungen: Max. Reisegeschwindigkeit 704 km/h auf 10670 m; ökonom. Reisegeschwindigkeit 570 km/h auf 11885 m; Anfangssteiggeschwindigkeit 18 m/Sek; Dienstgipfelhöhe 12495 m; Reichweite mit max. Nutzlast und 45 Min. Reserven 1992 km, mit max. Treibstoffzuladung und IFR-Reserven 2600 km.
Gewichte: Leergewicht 2599 kg; max. Startgewicht 4536 kg.
Zuladung: Pilot und Copilot/Passagier im Cockpit und in der Standardausführung fünf Passagiere in vier Einzelsitzen vis-à-vis und einem Sitz quer zur Flugrichtung.
Entwicklungsstand: Die erste 525 CitationJet nahm die Flugerprobung am 29. April 1991 auf, die zweite, bereits dem Serienstandard entsprechende Maschine, folgte am 20. November 1991. Nach Erhalt der FAA-Zulassung am 16. Oktober 1992 begannen die ersten Ablieferungen im März 1993. Bisher sind über 200 Einheiten bestellt. Von den Vorgängern Citation 500 und Citation I wurden insgesamt 352 bzw. 345 Maschinen produziert.
Bemerkungen: Die 525 soll die Nachfolge der Citation I übernehmen, die seit 1985 nicht mehr hergestellt wird. Von der weiterentwickelten Citation II übernimmt sie die ganze Struktur des Vorderrumpfes, während Flügel, Rumpfheck und Höhenleitwerk völlig neu konstruiert sind. Die Flügel wurden in Zusammenarbeit mit Boeing und der NASA entwickelt. Gegenüber der Citation I weist sie bei einem um 840 kg kleineren Leergewicht ein höheres Kabinenvolumen auf. Trotz geringerem Treibstoffbedarf kann sie dank verbesserter Aerodynamik schneller und weiter fliegen.
Hersteller: Cessna Aircraft Company, Wichita, Kansas, USA.

Abmessungen: Spannweite 14,26 m, Länge 12,98 m, Höhe 4,18 m, Flügelfläche 22,30 m².

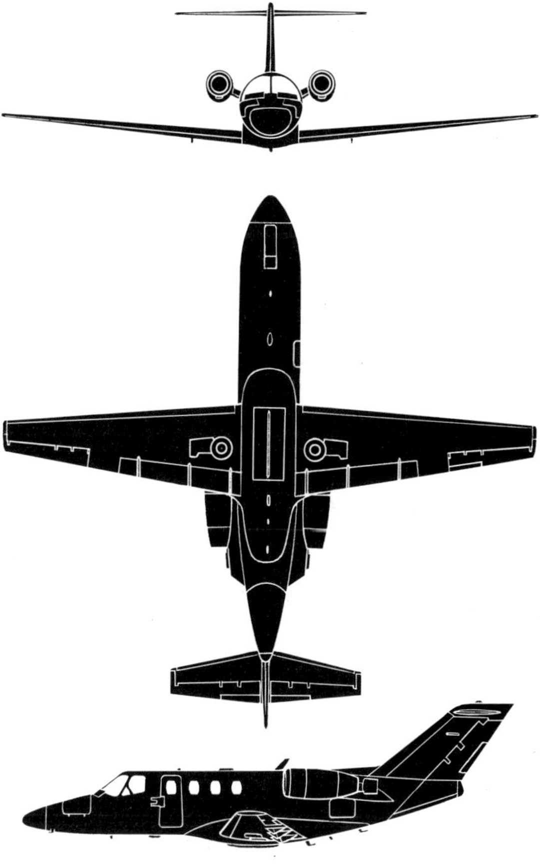

CESSNA 560 CITATION ULTRA/BRAVO

Ursprungsland: USA.
Kategorie: Firmenflugzeug.
Triebwerke: Zwei Mantelstromtriebwerke Pratt & Whitney (Ultra) JT15D-5D von je 1380 kp (13,54 kN) bzw. (Bravo) PW530A von je 1250 kp (12,00 kN) Standschub.
Leistungen (Ultra): Max. Reisegeschwindigkeit bei einem Fluggewicht von 5897 kg 791 km/h auf 10060 m; max. Anfangssteiggeschwindigkeit 18,54 m/Sek; Gipfelhöhe 13700 m; Steigzeit auf 13110 m 29 Min; Reichweite bei ökonom. Reisegeschwindigkeit mit sechs Passagieren und 45 Min. Reserven 3558 km.
Gewichte (Ultra): Leergewicht 4060 kg; max. Startgewicht 7390 kg.
Zuladung: Pilot und Copilot/Passagier im Cockpit und Standard-Innenausstattung für acht, max. neun Passagiere.
Entwicklungsstand: Die Citation 5 Ultra fliegt seit September 1994, die Bravo seit 19. April 1995. Die Ultra befindet sich bereits im Dienst; die Bravo dürfte ab Juni 1996 in Einsatz gelangen.
Bemerkungen: Die Ultra basiert auf der Citation 5, die wiederum eine um rund 0,60 m verlängerte und leistungsfähigere Weiterentwicklung der Citation S/II (siehe Ausgabe 1984/85, rund 840 produziert) darstellt. Nebst den stärkeren Triebwerken und der damit verbundenen höheren Zuladung und Reichweitenleistung wurde ein neues Interieur konzipiert. Zudem ist das Cockpit mit drei EFIS-Anzeigen Honeywell Primus 1000 ausgerüstet. Auch die kleinere Citation II wird einer Modellpflege unterworfen. Unter dem Namen Bravo entstand eine Ausführung, die im Rumpf mehr Kopf- und Beinfreiheit offeriert und dank stärkerer Triebwerke auch deutliche Leistungssteigerungen ermöglicht. Sie verfügt über das gleiche Digital-Cockpit der Ultra.
Hersteller: Cessna Aircraft Company, Wichita, Kansas, USA.

Abmessungen: Spannweite 15,90 m, Länge 14,90 m, Höhe 4,75 m, Flügelfläche 31,70 m².

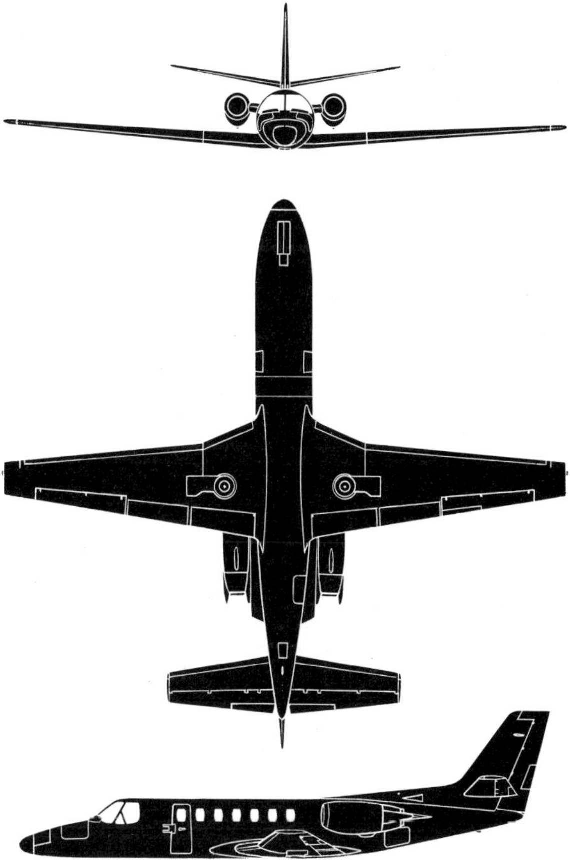

CESSNA 660 CITATION VII/EXCEL

Ursprungsland: USA.
Kategorie: Firmenflugzeug.
Triebwerke: Zwei Mantelstromtriebwerke (VII) Garrett TFE731-3B-100S von je 1655 kp (16,24 kN) oder TFE731-4R-2S von je 1814 kp (17,79 kN) bzw. (Excel) Pratt & Whitney Canada PW545A von je 1650 kp (16,1 kN) Standschub.
Leistungen (Citation VII): Max. Reisegeschwindigkeit auf 10670 m und 8165 kg 885 km/h; Langstrecken-Reisegeschwindigkeit 806 km/h; Anfangssteiggeschwindigkeit 18,8 m/Sek; Dienstgipfelhöhe 15545 m; Reichweite mit 45 Min. Reserven 4077 km.
Gewichte (VII): Standard-Leergewicht 5300 kg, (Excel) 4945 kg; max. Startgewicht (VII) 10850 kg, (Excel) 8480 kg.
Zuladung: Zwei Mann Cockpitbesatzung und normalerweise sechs Passagiere in Einzelsitzen. Max. Zuladung bis neun Passagiere.
Entwicklungsstand: Ein Erprobungsträger Citation VII flog erstmals im Februar 1991. Ende Januar 1992 erhielt die dem Serienstandard entsprechende Version die Zulassung. Von diesen Ausführungen wurden bisher rund 100 Exemplare hergestellt. Die Excel soll im März 1996 die Flugerprobung aufnehmen und ab Ende 1997 einsatzbereit sein. Bereits sind über 70 Exemplare bestellt worden.
Bemerkungen: Die Familie der Citation Jets wird immer grösser. Abgeleitet von der Citation III (siehe Ausgabe 1991/92) verfügt die Citation VII über stärkere Triebwerke und weist deshalb bei gleichen Dimensionen bessere Flugleistungen und grössere Nutzlast auf. Unter dem Namen Excel hat Cessna ein Zwischenmuster entwickelt. Der ungepfeilte Flügel wurde von der Citation V Ultra übernommen (um ca. 1,20 m verlängert) und mit dem verkürzten Rumpf der Citation X kombiniert. Die Excel ist das einzige ungepfeilte Firmenflugzeug, welches den Passagieren in der Kabine durchwegs Stehhöhe ermöglicht. Dank stärkeren Triebwerken ist das Leistungsspektrum wesentlich erweitert.
Hersteller: Cessna Aircraft Company, Wichita, Kansas, USA.

Abmessungen: Spannweite (VII) 16,31 m, (Excel) 17,10 m, Länge (VII) 16,90 m (Excel) 15,50 m, Höhe 5,12 m, Flügelfläche 29,0 m².

CESSNA 750 CITATION X

Ursprungsland: USA.
Kategorie: Firmenflugzeug.
Triebwerke: Zwei Mantelstromtriebwerke Allison GMA 3007C von je 2900 kp (28,5 kN) Standschub.
Leistungen: Max. Reisegeschwindigkeit auf 11275 m 934 km/h oder Mach 0,88; Langstrecken-Reisegeschwindigkeit 851 km/h; Anfangssteiggeschwindigkeit 22,4 m/Sek; Dienstgipfelhöhe 15545 m; Reichweite mit 45 Min. Reserven 6115 km.
Gewichte: Leer 8618 kg; max. Startgewicht 14422 kg.
Zuladung: Zwei Mann Cockpitbesatzung und normalerweise acht, maximal aber bis zu 12 Passagiere in Einzelsitzen und einer dreiplätzigen Couch.
Entwicklungsstand: Das erste von drei Erprobungsmustern nahm die Flugtests am 21. Dezember 1993 auf. Mit den Kundenauslieferungen soll im Juni 1996 begonnen werden. Bis jetzt sind mehr als 10 Bestellungen und 40 Kaufabsichtserklärungen für die Citation X eingegangen.
Bemerkungen: Mit dem Ausgangsmuster Citation III hat die Citation X nur noch den Rumpfquerschnitt gemeinsam. Im übrigen handelt es sich um eine völlig neue Konstruktion. Das Flugzeug soll die höchste Reisegeschwindigkeit aller Zivilflugzeuge ausser der Concorde erreichen. Es ist deshalb mit einem neuartigen und hochentwickelten Flügel versehen, der eine Pfeilung von 35° aufweist, gegenüber 25° bei der Citation III, VI und VII. Als erstes Cessna-Flugzeug verfügt sie über eine servounterstützte Flugsteuerung. Der Rumpfquerschnitt erlaubt durchgehend Stehhöhe. Das Cockpit ist mit dem digitalen EFIS-System Honeywell Primus 2000 ausgerüstet. Die Citation X soll bei Cessna das oberste Segment im Angebot von düsengetriebenen Firmenflugzeugen abdecken.
Hersteller: Cessna Aircraft Company, Wichita, Kansas, USA.

Abmessungen: Spannweite 19,50 m, Länge 19,66 m, Höhe 5,09 m.

DAIMLER-BENZ AEROSPACE (DORNIER) 328-120

Ursprungsland: Bundesrepublik Deutschland.
Kategorie: Regionalverkehrsflugzeug.
Triebwerke: Zwei Propellerturbinen Pratt & Whitney Canada PW119B von je 2180 WPS (1625 kW) Leistung.
Leistungen: Max. Reisegeschwindigkeit 620 km/h auf 7620 m; Anfangssteiggeschwindigkeit 12,34 m/Sek; Dienstgipfelhöhe 9450 m; Reichweite mit max. Nutzlast 1850 km; max. Reichweite mit 16 Passagieren 2780 km.
Gewichte: Rüstgewicht 9175 kg; max. Startgewicht 13990 kg.
Zuladung: Zwei Piloten und 30 bis 33 Passagiere in Dreierreihen mit Mittelgang. Max. Nutzlast 3690 kg.
Entwicklungsstand: Der Erstflug des ersten von vier Erprobungsmustern erfolgte am 6. Dezember 1991. Das erste Serienmuster wurde am 21. Oktober 1993 der Air Engadina übergeben. Bis Ende 1995 sind Aufträge für 77 Einheiten (plus 75 Optionen) von 17 Bestellern (u.a. Horizon Air, Jetstream/US Air) eingegangen.
Bemerkungen: Die Do 328 ist für ihre Klasse eine extrem schnelle Maschine und in der Auslegung des kreisförmigen Rumpfes mit Druckkabine sehr auf Komfort der Passagiere bedacht. Sie weist einen superkritischen Flügel neuester Technologie auf. Dies ermöglicht es ihr, von kurzen und unvorbereiteten Pisten starten und landen zu können. Die Do 328 ist das erste kommerzielle Flugzeug, welches über einen Druckspant aus Kunststoff verfügt (Kevlar kombiniert mit karbonverstärktem Plastik). Die Version -120 erzielt dank eines um 10 cm vergrösserten Propellerdurchmessers und einiger aerodynamsicher Verfeinerungen Leistungsverbesserungen von rund 5 %, insbesondere mit Bezug auf die Start- und Landeeigenschaften. Sie wurde im Mai 1995 zugelassen. Ein Erprobungsträger mit Wasserstoffantrieb soll Ende 1998 fliegen. Zurzeit prüft Dornier, ob die bereits einmal fallengelassenen Pläne für eine gestreckte, 48plätzige Variante, wieder aufgenommen werden sollen.
Hersteller: Daimler-Benz Aerospace/Dornier GmbH, Wessling, BRD.

Abmessungen: Spannweite 20,98 m, Länge 21,28 m, Höhe 7,20 m, Flügelfläche 40,00 m².

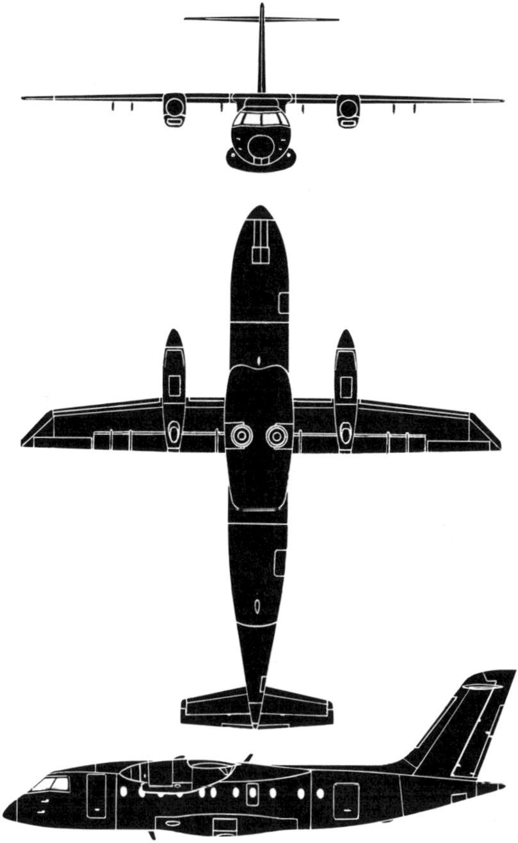

DASSAULT FALCON 900EX

Ursprungsland: Frankreich.
Kategorie: Firmenflugzeug.
Triebwerke: Drei Mantelstromtriebwerke AlliedSignal TFE731-60 von je 2270 kp (22,13 kN) Standschub.
Leistungen: Höchstgeschwindigkeit bei 12250 kg 924 km/h auf 10975 m (Mach 0,87); max. Reisegeschwindigkeit 893 km/h auf 11890 m (Mach 0,84); Langstrecken-Reisegeschwindigkeit 797 km/h auf 11275 m (Mach 0,75); Dienstgipfelhöhe 15550 m; Reichweite mit acht Passagieren 8300 km.
Gewichte: Rüstgewicht 10615 kg; max. Startgewicht 22000 kg.
Zuladung: Zwei Piloten und je nach Innenausstattung 8 bis 15 Passagiere. Maximale Passagierkapazität 19 Personen in Dreierreihen.
Entwicklungsstand: Erstflug des ersten Prototypen des Falcon 900 am 21. September 1984, gefolgt vom ersten Serienflugzeug im März 1986. Die Ablieferungen begannen am 19. Dezember 1986. Die Version 900EX flog erstmals am 1. Juni 1995 und wird ab Mitte 1996 (bei Sony Corp.) in Einsatz gelangen. Bisher sind rund 150 Falcons 900 beider Versionen in Auftrag gegeben worden.
Bemerkungen: Die Falcon 900 ist das grösste Modell in der Mystère-Falcon-Familie von Geschäftsreiseflugzeugen und wird u.a. von mehreren Nationen für Regierungsaufträge eingesetzt, so z.B. Australien, Frankreich, Malaysia, Nigeria, und Spanien. Zwei Exemplare für Seeüberwachungsaufgaben setzt die Japanese Maritime Safety Agency ein. Mit der neuen Version EX bietet Dassault ein Modell mit nochmals erweiterter Reichweitenleistung an. Um das durch die grössere Treibstoffzuladung erhöhte Abfluggewicht aufzufangen, sind etwas stärkere Triebwerke eingebaut. Zudem gelangt ein neuer Avionik-Kit Honeywell Primus 2000 zur Anwendung. Dieser kann als Option mit einem Head-up-Display ergänzt werden.
Hersteller: Avions Marcel Daussault-Breguet Aviation, Vaucresson, Frankreich.

Abmessungen: Spannweite 19,33 m, Länge 20,21 m, Höhe 7,55 m, Flügelfläche 49,03 m^2.

DASSAULT FALCON 2000

Ursprungsland: Frankreich.
Kategorie: Firmenflugzeug.
Triebwerke: Zwei Mantelstromtriebwerke General Electric/Garrett CFE 738 von je 2721 kp (26,7 kN) Standschub.
Leistungen: Max. Reisegeschwindigkeit auf 11890 m 903 km/h (Mach 0,85); Anfangssteiggeschwindigkeit 17,4 m/Sek; Dienstgipfelhöhe 14300 m; Reichweite mit acht Passagieren, maximale Treibstoffzuladung und NBAA-Reserven 5550 km, mit maximaler Nutzlast rund 1850 km.
Gewichte: Rüstgewicht 9435 kg; max. Startgewicht 16239 kg.
Zuladung: Zwei Piloten im Cockpit und je nach Innenausstattung acht bis zwölf Passagiere in der Kabine, bei enger Bestuhlung sogar 19 Passagiere.
Entwicklungsstand: Das Programm wurde noch unter der Bezeichnung Falcon X im Juni 1989 öffentlich bekannt. Der eigentliche Programmstart erfolgte am 4. Oktober 1990, gefolgt vom Erstflug des Erprobungsmusters am 4. März 1993. Zulassung und Beginn der Ablieferungen an Kunden im Februar 1995. Bisher sind etwa 50 Bestellungen/Optionen eingegangen. Monatlich sollen zwei Maschinen hergestellt werden.
Bemerkungen: Die Falcon 2000 verfügt über den gleichen komfortablen Rumpfquerschnitt mit durchgehender Stehhöhe wie die Falcon 900/900B (siehe Seiten 102/103). Dank nur zwei Triebwerken kann sie deutlich wirtschaftlicher betrieben werden. Das Cockpit ist mit vier CRT EFIS-Displays des Typs Collins Pro Line 4 ausgerüstet. Als Option ist ein Head-up Display (HUD) erhältlich. Neu werden alle Falcon 2000 mit Schubumkehr ausgerüstet. Der Flügel ist mit wenigen Modifikationen von der Falcon 20/200 übernommen. Entgegen der ursprünglichen Absicht, soll die Falcon 2000 nicht die Familie der Falcon 10/100 bzw. 20/200 ersetzen, sondern vielmehr die Angebotslücke zwischen diesen und der dreistrahligen Falcon 50/900 schliessen.
Hersteller: Avions Marcel Dassault-Breguet Aviation, Vaucresson, Frankreich.

Abmessungen: Spannweite 19,33 m, Länge 20,23 m, Höhe 7,10 m, Flügelfläche 49,02 m².

DASSAULT MIRAGE 2000-5

Ursprungsland: Frankreich.
Kategorie: Ein- oder zweisitziges Mehrzweckkampfflugzeug.
Triebwerke: Ein Mantelstromtriebwerk SNECMA M53-P2 von 6558 kp (64,3 kN) Standschub ohne und 9700 kp (95,1 kN) mit Nachbrenner.
Leistungen: Kurzzeitig erreichbare Spitzengeschwindigkeit 2390 km/h oder Mach 2,25 auf über 11000 m; Höchstgeschwindigkeit über längere Zeit 2230 km/h oder Mach 2,1 auf über 11000 m, bzw. 1118 km/h oder Mach 0,912 im Tiefflug mit acht 250-kg-Bomben und zwei Magic Luft-Luft-Lenkwaffen ohne Nachbrenner; max. Anfangssteiggeschwindigkeit 305 m/Sek; Steigzeit auf 15000 m und Beschleunigung auf Mach 2,0 4 Min; Reichweite mit max. interner und externer Treibstoffzuladung 3355 km; taktischer Einsatzradius mit zwei abwerfbaren 1700-l-Zusatztanks, 1000 kg Waffen und zwei Magic-Lenkwaffen 1500 km.
Gewichte: Leergewicht 7500 kg; Startgewicht ohne Aussenlasten 9500 kg; max. Startgewicht 17000 kg.
Bewaffnung: Als Abfangjäger typischerweise zwei 30-mm-DEFA-Kanonen, zwei Kurzstrecken-Luft-Luft-Lenkwaffen Magic und vier mit einem Aktivradar ausgerüstete Mittelstrecken-Luft-Luft-Lenkwaffen Mica. Als Erdkämpfer Waffenlasten bis zu 6500 kg, verteilt auf fünf Rumpf- und vier Flügelstationen.
Entwicklungsstand: Der erste zweisitzige Prototyp der Mirage 2000-5-Version flog erstmals am 24. Oktober 1990, gefolgt vom einsitzigen Muster am 27. April 1991. Taiwan hat 60 Einheiten, Oman bis zu 20 bestellt, Frankreich wird 37 heutige Mirage 2000 in diese Version umbauen. Eventuell gibt Pakistan in naher Zukunft 40 Maschinen in Auftrag. Von allen Mirage 2000-Varianten sind bisher etwa 570 Einheiten fest bestellt worden.
Bemerkungen: Die Mirage 2000-5 ist eine verbesserte Mehrzweckvariante mit neuem Multifunktionsradar RPY und modernisiertem Cockpit. Dank dieser Ausrüstung können im Luftkampf gleichzeitig acht Ziele kontinuierlich verfolgt werden. Weiter verfügt diese Ausführung über hochentwickelte EloKa-Geräte, die sowohl gegnerische Radare wie auch den Start von Abwehrraketen erkennen und bekämpfen können. Schliesslich wurde die Struktur verstärkt, um höhere Belastungen auszuhalten.
Hersteller: Avions Marcel Dassault-Breguet Aviation, Vaucresson, Frankreich.

Abmessungen: Spannweite 9,13 m, Länge 14,36 m, Höhe 5,02 m, Flügelfläche 41,00 m².

DASSAULT MIRAGE 2000D

Ursprungsland: Frankreich.
Kategorie: Zweisitziges Tiefangriffsflugzeug.
Triebwerke: Ein Mantelstromtriebwerk SNECMA M53-P2 von 6500 kp (63,74 kN) Standschub ohne und 9700 kp (95,1 kN) mit Nachbrenner.
Leistungen: Kurzzeitig erreichbare Spitzengeschwindigkeit 2390 km/h oder Mach 2,25 auf über 11000 m bzw. Mach 1,4 auf Meereshöhe; Höchstgeschwindigkeit über längere Zeit 2230 km/h oder Mach 2,1 auf über 11000 m; max. Anfangssteiggeschwindigkeit 300 m/Sek; Reichweite mit max. interner und externer Treibstoffzuladung 3355 km; taktischer Einsatzradius mit zwei abwerfbaren 1700-l-Zusatztanks, 1000 kg Waffen und zwei Magic-Lenkwaffen 1500 km.
Gewichte: Leergewicht 7750 kg; Startgewicht ohne Aussenlasten 10800 kg; max. Startgewicht 17300 kg.
Bewaffnung: Bis zu 6300 kg Waffenlasten verteilt auf fünf Rumpf- und sechs Flügelstationen, z.B. konventionelle oder lasergesteuerte Bomben, Apache-Marschflugkörper und andere Lenkwaffen.
Entwicklungsstand: Die Mirage 2000D startete am 19. Februar 1991 zum Erstflug. Die französische Luftwaffe erhält zwischen 1993 und 1999 rund 90 Maschinen dieser Version.
Bemerkungen: Abgeleitet vom Nuklearträger Mirage 2000N (siehe Ausgabe 1989/90) ist die 2000D für konventionelle Tiefangriffe inkl. der Zerstörung von gegnerischen Radars optimiert und verfügt auch über begrenzte Abfangfähigkeiten. Dazu besitzt sie eine verbesserte ECM-Ausrüstung sowie ein GPS. Neu ist auch das Antilope 5-Radar von Dassault Electronique. Eine vereinfachte Ableitung Mirage 2000S für den Export wird ebenfalls angeboten.
Hersteller: Avions Marcel Dassault-Breguet Aviation, Vaucresson, Frankreich.

Abmessungen: Spannweite 9,13 m, Länge 14,55 m, Höhe 5,15 m, Flügelfläche 41,00 m^2.

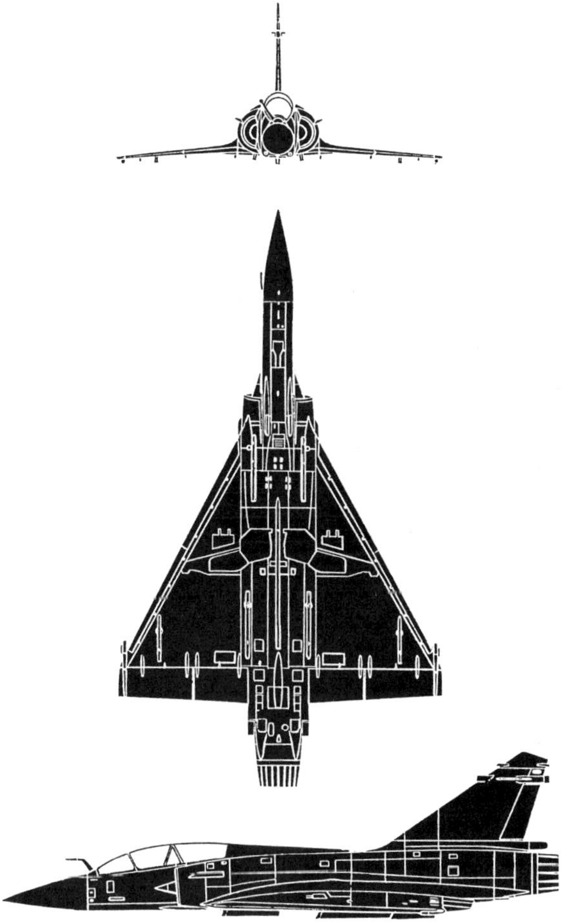

DASSAULT RAFALE B/M

Ursprungsland: Frankreich.
Kategorie: Zweisitziges Mehrzweckkampflugzeug/Einsatztrainer (B) bzw. einsitziger, bordgestützter Abfangjäger und Mehrzweckkampfflugzeug (M).
Triebwerke: Zwei Mantelstromtriebwerke SNECMA M88-2 von je 4966 kp (48,7 kN) Standschub ohne und 7438 kp (72,9 kN) mit Nachbrenner.
Leistungen (geschätzt): Höchstgeschwindigkeit 2124 km/h über 10975 m (Mach 2,0), 1390 km/h im Tiefflug (Mach 1,15); taktischer Einsatzradius in Abfangmission mit acht Mica Luft-Luft-Lenkwaffen, einem Zusatztank von 1700 l unter dem Rumpf und je einem von 1300 l unter den Flügeln 1853 km, bei einem Einsatzprofil hoch-tief-tief-hoch mit 12 250-kg-Bomben, vier Mica-Lenkwaffen und Zusatztanks von insgesamt 4300 l 1093 km.
Gewichte: Rüstgewicht (B) 8600, (M) 9800 kg; max. Startgewicht 19500 bis 21500 kg.
Bewaffnung: Eine 30-mm-GIAT-DEFA-Kanone und eine Waffenlast von 6000 kg, max. 8000 kg, verteilt auf 13 Aufhängepunkte unter Rumpf und Flügeln sowie an den Flügelenden.
Entwicklungsstand: Erstflug des ersten von vier Prototypen (Rafale C) am 19. Mai 1991, des zweiten als Marineversion Rafale M (siehe Silhouette) am 12. Dezember 1991. Der Doppelsitzer-Prototyp Rafale B folgte im Frühjahr 1993. Der vierte Prototyp Rafale M 02 schliesslich fliegt seit 8. November 1993. Nach heutiger Planung erhält die französische Luftwaffe 235 Rafale B erst nach dem Jahr 2000, während für die französische Marine 78 ? Rafale M vorgesehen sind, die ab 1997 geliefert werden. Abgesehen von den Prototypen sind vorläufig aber erst acht Rafales bestellt worden.
Bemerkungen: Die Marineversion Rafale M ist mit den Landversionen Rafale B (Doppelsitzer) und C (Einsitzer) strukturell zu 95 % identisch. Um den harten Einsatz ab Flugzeugträgern auszuhalten, wurden aber einzelne Elemente der Version M verstärkt, so dass das Leergewicht um rund 750 kg höher liegt. Völlig neu und wesentlich kräftiger ausgelegt ist das Fahrwerk für Katapultkräfte von bis zu 120 t!
Hersteller: Avions Marcel Dassault-Breguet Aviation, Vaucresson, Frankreich.

Abmessungen: Spannweite inkl. Lenkwaffen an den Flügelspitzen 10,90 m, Länge 15,30 m, Höhe 5,18 m, Flügelfläche 45,00 m².

EH INDUSTRIES EH 101

Ursprungsland: Grossbritannien und Italien.
Kategorie: U-Boot-Jäger sowie ziviler und militärischer Transporthubschrauber.
Triebwerke: Drei Gasturbinen (RN) Rolls-Royce-Turboméca RTM 322 von je 2312 WPS (1566 kW) oder (italienische Marine) General Electric T700-GE-T6A von je 1714 WPS (1278 kW) oder (NSA) CT7-6A1 von je 2000 WPS (1491 kW) Leistung.
Leistungen (CT7-6): Max. Fluggeschwindigkeit 308 km/h; typische Reisegeschwindigkeit 272 km/h; ökonom. Reisegeschwindigkeit 267 km/h; Schwebehöhe mit Bodeneffekt 2745 m, ohne Bodeneffekt 1675 m; max. Flughöhe 4600 m; Reichweite mit 30 Passagieren und üblichen Reserven 926 km; Überführungsreichweite mit Zusatztanks 1760 km.
Gewichte: Rüstgewichte ASW-Ausführung 9275 kg, Militärversion 9000 kg, Zivilausführung 8993 kg; max. Startgewicht ASW-Ausführung 13530 kg, übrige 14288 kg.
Zuladung: Zwei Piloten und bis zu 30 Passagiere; max. Nutzlast 6700 kg.
Bewaffnung: Zwei Leichtgewichttorpedos Stingray und die Möglichkeit, Antischiffslenkwaffen der Exocet-Harpoon-Klasse mitzuführen.
Entwicklungsstand: Die erste von neun Entwicklungs- und Versuchsmaschinen flog erstmals am 9. Oktober 1987. Grossbritannien hat bisher 66 (44 ASW für RN, 22 Mehrzweckversion für RAF), Italien 16 für die Marine (+ 8 Optionen; 8 ASW, 4 AEW und 4 Mehrzweckversion) bestellt. Erste Auslieferungen sind für 1998/99 vorgesehen.
Bemerkungen: Obwohl noch nicht einmal im Einsatz, stellt die Royal Navy bereits Überlegungen für eine aufdatierte ASW-Version an. Nebst Verbesserungen an der Zellenstruktur soll die Missions- und Abwehrfähigkeit erhöht werden. Die Mehrzweckversion verfügt über eine Laderampe am Heck.
Hersteller: EH Industries Ltd., London, Grossbritannien.

Abmessungen: Rotordurchmesser 18,59 m, Rumpflänge 19,51 m, Höhe inkl. Rotorkopf 5,21 m.

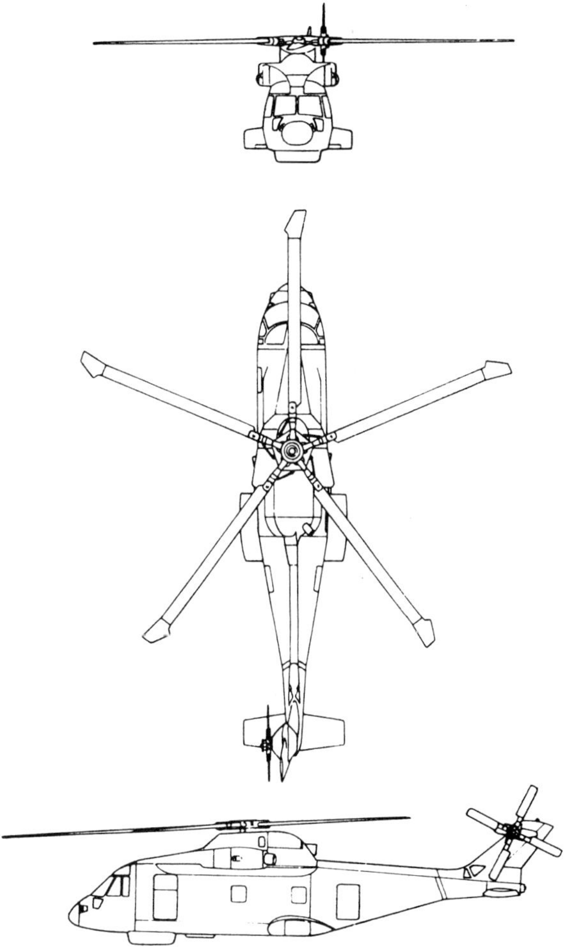

EMBRAER EMB-120ER BRASILIA

Ursprungsland: Brasilien.

Kategorie: Regionalverkehrs- und Firmenflugzeug.

Triebwerke: Zwei Propellerturbinen Pratt & Whitney Canada PW118A von je 1800 WPS (1342,9 kW) Leistung.

Leistungen: Höchstgeschwindigkeit 608 km/h auf 6100 m; max. Reisegeschwindigkeit 574 km/h auf 7620 m; Langstrecken-Reisegeschwindigkeit 483 km/h auf 7620 m; Anfangssteiggeschwindigkeit 10,77 m/Sek; Dienstgipfelhöhe 9755 m; max. Reichweite mit der max. Nutzlast von 30 Passagieren 1460 km.

Gewichte: Leergewicht 7070 kg; max. Startgewicht 11990 kg.

Zuladung: Zwei Piloten und Innenausstattungen für 24, 26 oder 30 Passagiere in Dreierreihen mit versetztem Mittelgang. Kombinierte Passagier-/Frachtversion für 24 oder 26 Passagiere und 900 kg Fracht. Als Frachter 4000 kg.

Entwicklungsstand: Drei Prototypen, die am 27. Juli 1983, am 21. Dezember 1983 und am 9. Mai 1984 erstmals flogen. Beginn der Ablieferungen im August 1985. Das erste Firmenflugzeug wurde an UTC im September 1986 geliefert. Ende 1995 waren von 27 verschiedenen Bestellern rund 340 Maschinen in Auftrag gegeben. Die 300. Brasilia wurde im Oktober 1995 geliefert.

Bemerkungen: Die oben beschriebene Ausführung für grössere Reichweiten EMB-120ER wird seit 1991 angeboten und ist ebenfalls als Nachrüstsatz für ältere Maschinen erhältlich. 1994 wurde die erste Kombiversion EMB-120QC (Quick Change) ausgeliefert. Diese kann innert kürzester Zeit vom Passagier- zum Frachtflugzeug umgerüstet werden. Auch eine reine Frachtversion EMB-120 Cargo ist erhältlich. Die Bezeichnung EMB-120ERX steht für die neueste Ausführung, die eine Fülle von Detailverbesserungen aufweist, u.a. bezüglich Passagierkomfort, Wirtschaftlichkeit und Wartung sowie Aerodynamik. Schliesslich wird neu für die brasilianische Luftwaffe eine AEW-Version entwickelt, ausgerüstet mit dem Frühwarnradar Ericsson Erieye (fünf Exemplare bestellt).

Hersteller: EMBRAER (Emprêsa Brasileira de Aeronautica SA), Sao José dos Campos, Brasilien.

Abmessungen: Spannweite 19,78 m, Länge 20,00 m, Höhe 6,35 m, Flügelfläche 39,43 m².

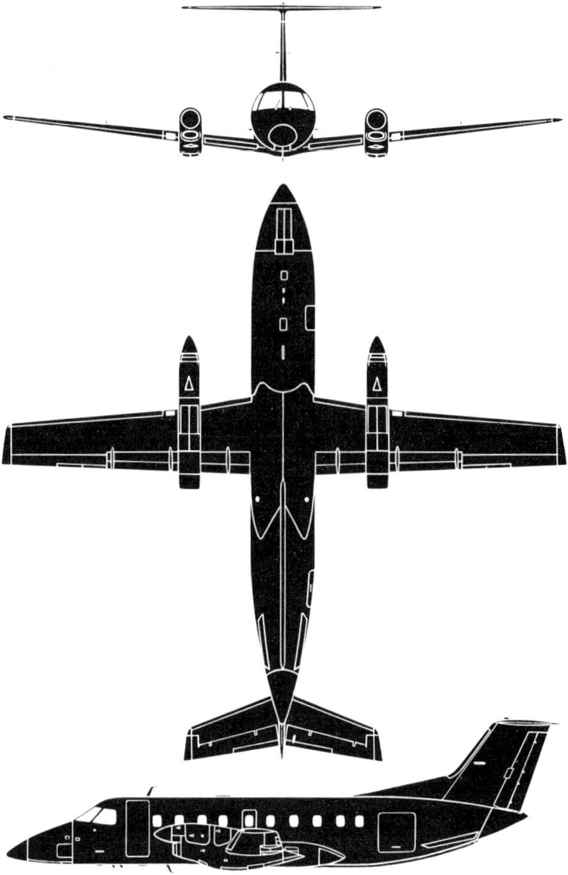

EMBRAER EMB-145 AMAZON

Ursprungsland: Brasilien.
Kategorie: Regionalverkehrsflugzeug.
Triebwerke: Zwei Mantelstromtriebwerke Allison GMA 3007A von 3391 kp (33,00 kN) Standschub.
Leistungen: Max. Reisegeschwindigkeit 800 km/h auf 10668 m; Dienstgipfelhöhe 11270 m; Zeit um 9100 zu erreichen 16 Min; Reichweite mit max. Treibstoffzuladung 2648 km, max. Passagierzuladung 1482 km, Version -ER mit 50 Passagieren bis zu 2220 km.
Gewichte: Leergewicht 11585 kg; max. Startgewicht 19300 kg, (-ER 20600 kg).
Zuladung: Zwei Piloten und je nach Innenausstattung bis zu 50 Passagiere in Dreierreihen mit Mittelgang. Max. Nutzlast 5515 kg.
Entwicklungsstand: Der erste Prototyp nahm die Flugerprobung am 11. August 1995 auf, gefolgt vom ersten von drei Vorserienmaschinen am 17. November 1995. Die Einsatzbereitschaft wird für Ende 1996 erwartet. Bisher sind 18 Bestellungen, 16 Optionen und rund 127 Kaufsabsichten von 16 Airlines für die EMB-145 eingegangen.
Bemerkungen: Ähnlich wie beim Regional Jet (siehe Seiten 72/73) soll die EMB-145 auch im Regionalverkehr den Düsenantrieb einführen, damit längere Steckenabschnitte, beispielsweise in dünnerbesiedelten Regionen, schneller und komfortabler bedient werden können. Mehrere Firmen auf der ganzen Welt partizipieren an der Entwicklung. Die Rumpfgrundkonstruktion sowie andere Elemente sind von der EMB-120 übernommen, während es sich in den anderen Bereichen um eine völlige Neukonstruktion handelt. Generell wurde auf einfache, kostengünstige Auslegung geachtet, um den Verkaufspreis niedrig zu halten. Von Anfang an wird auch eine Version für grössere Reichweiten EMB-145ER (Extended Range) angeboten.
Hersteller: EMBRAER (Emprêsa Brasileira de Aeronautica SA), Sao José dos Campos, Brasilien.

Abmessungen: Spannweite 20,04 m, Länge 29,87 m, Höhe 6,71 m, Flügelfläche 51,18 m^2.

EMBRAER EMB-312 ALX

Ursprungsland: Brasilien.

Kategorie: Leichtes einsitziges (A-29) bzw. zweisitziges (AT-29) Erdkampf- und Überwachungsflugzeug.

Triebwerke: Eine Propellerturbine Pratt & Whitney Canada PT6A-68 von 1600 WPS (1190 kW) Leistung.

Leistungen (EMB-312H Super Tucano): Höchstgeschwindigkeit 563 km/h; max. Reisegeschwindigkeit 535 km/h; Anfangssteiggeschwindigkeit 22 m/Sek; Dienstgipfelhöhe 11600 m; Reichweite auf 9140 m mit 30 Min. Reserven 1500 km; max. Flugdauer 4 Std. 40 Min.

Gewichte (EMB-312 H Super Tucano): Leergewicht 2390 kg; max. Startgewicht unbewaffnet 3160 kg, mit Waffenlast 3790 kg.

Bewaffnung: Fünf Aufhängestationen unter dem Rumpf und unter den Flügeln für eine Vielzahl von verschiedenen Waffenlasten.

Entwicklungsstand: Die beiden Erprobungsträger EMB-312H Super Tucano werden in ALX-Prototypen umgebaut. Der erste nimmt die Flugerprobung im 2. Quartal 1996 auf. Die brasilianische Luftwaffe plant, etwa 100 ALX (Ein- und Zweisitzer) zu beschaffen.

Bemerkungen: Die ALX wurde auf privater Initiative von EMBRAER aus der im JPATS-Wettbewerb ausgeschiedenen Super Tucano (siehe Foto) entwickelt. Sie unterscheidet sich von ihr hauptsächlich durch eine missionsbezogene Ausrüstung: Angriffs- und Navigationselektronik, GPS, Head-up-Display, Multifunktionsbildschirme, punktuell verstärkte Zellenstruktur. Das Cockpit ist gepanzert und druckbelüftet. Die Besatzung kann mit Night-vision-goggles (NVG) ausgestattet werden. Der Zweisitzer AT-29 verfügt zusätzlich über ein nach vorne gerichtetes FLIR-Gerät. So ausgerüstet, soll die ALX primär zur Bekämpfung von Drogenschmugglern und Guerillas in der Amazonasregion eingesetzt werden.

Hersteller: EMBRAER, Sao José dos Campos, Brasilien.

Abmessungen: Spannweite 11,14 m, Länge 11,42 m, Höhe 3,90 m, Flügelfläche 19,40 m².

EURAVIATION ST-50

Ursprungsland: USA und Israel.
Kategorie: Leichtes Sport- und Reiseflugzeug.
Triebwerke: Eine Propellerturbine Pratt & Whitney Canada PT6A-135/7 von 500 WPS (370 kW) Leistung.
Leistungen: Reisegeschwindigkeit auf 9448 m 518 km/h; Anfangssteiggeschwindigkeit 9 m/Sek; Dienstgipfelhöhe 9448 m; Reichweite mit 45 Min. Reserven 2000 km.
Gewichte: Leergewicht 1383 kg; max. Startgewicht 2268 kg.
Zuladung: Fünf Plätze inkl. Pilot.
Entwicklungsstand: Der erste Prototyp fliegt seit 7. Dezember 1994 und wurde im Auftrag von Israviation durch Cirrus in Duluth, Minnesota, USA, gebaut. Israviation baut anschliessend zwei dem Produktionsstandard entsprechende ST-50. Die Zulassung und Auslieferung der ersten bestellten Exemplare wird für Ende 1996 erwartet.
Bemerkungen: Zelle mit Druckkabine und Flügel der ST-50 bestehen vollständig aus Verbundwerkstoffen, was sich sehr günstig auf das Leergewicht auswirkt. Interessant ist auch die Anordnung des Schubpropellers am Heck, der durch eine Fernwelle mit dem Triebwerk verbunden wird. Das Cockpit verfügt über vier Flüssigkristallanzeigen, die Teil der integrierten ICDS-2000-Avionik von Arnav Systems sind. In der ganzen Konzeption wurde besonders darauf geachtet, die Anschaffungs- und Betriebskosten möglichst günstig zu halten. Mit der Idee eines neuartigen Miteigentums-/Mitbenützungsrechtsmodells Verschiedener an einem Flugzeug, hofft die Verkaufsorganisation Euraviation auf einen besonderen Markterfolg der ST-50.
Hersteller: Israviation Ltd., Upper Galilee, Israel; Vertrieb: Euraviation S.A., Genf, Schweiz.

Abmessungen: Spannweite 11,88 m, Länge 7,92 m, Höhe 3,55 m, Flügelfläche 15,34 m².

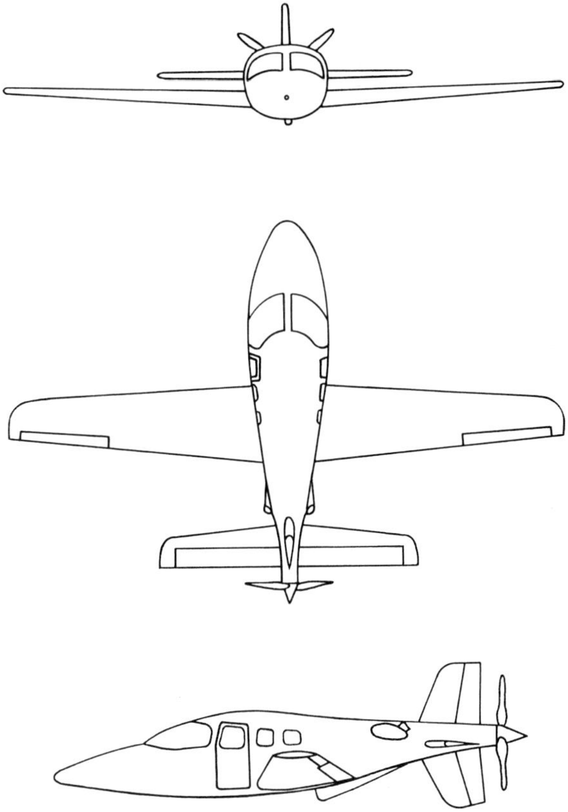

EUROCOPTER TIGER/GERFAUT

Ursprungsland: Frankreich und Bundesrepublik Deutschland.
Kategorie: Zweisitziger Panzerabwehr- und Erdkampfunterstützungs-Hubschrauber.
Triebwerke: Zwei Gasturbinen MTU/Rolls-Royce/Turboméca MTR 390 von je 1285 WPS (958 kW) Leistung.
Leistungen: Höchstgeschwindigkeit 315 km/h; max. Reisegeschwindigkeit 280 km/h; normale Reisegeschwindigkeit 250 km/h; max. Schrägsteiggeschwindigkeit 10 m+/Sek; Dienstgipfelhöhe 3960 m; Schwebehöhe ohne Bodeneffekt 2000 m+; Flugdauer inkl. 20 Min. Reserven 2,85 Std.
Gewichte: Leer 3300 kg; Startgewicht zwischen 5300 und 6000 kg.
Bewaffnung (HAP): 30-mm-Kanone, ungelenkte Raketen und vier Mistral-Luft-Luft-Lenkwaffen; (HAC/PAH-2): Acht Panzerabwehrlenkwaffen HOT und zwei Luft-Luft-Lenkwaffen Mistral oder Stinger.
Entwicklungsstand: Fünf Prototypen werden gebaut, wovon der erste am 27. April 1991 erstmals flog und der letzte 1995 die Flugerprobung aufgenommen hat. Von der Tiger werden drei Versionen gebaut: HAP (Hélicoptère d'Appui Protection = Feuerunterstützung) und HAC (Hélicoptère Anti-Char = Panzerabwehrhubschrauber) für die französische Armee (115 bzw. 100 Einheiten) und PAH-2 (Panzerabwehr- und Gefechtshubschrauber) für die deutsche Armee, welche voraussichtlich 212 als Uhu bezeichnete Einheiten beschaffen wird.
Bemerkungen: Die Zelle besteht zu über 75 % aus Verbundwerkstoffen. Zur Abschirmung von elektromagnetischen Einflüssen und zum Blitzschutz sind grosse Teile des Rumpfes mit einem Kupfer-Bronze-Gitter versehen. Die Panzerabwehrversion erhält ein auf dem Rotormast montiertes Visier mit Kamera und Infrarotsensor sowie Laser-Entfernungsmesser.
Hersteller: Eurocopter Hubschrauber GmbH, München, BRD (Aérospatiale, France, und Deutsche Aerospace (MBB), Helicopter Division, BRD).

Abmessungen: Rotordurchmesser 13,00 m, Rumpflänge 14,00 m.

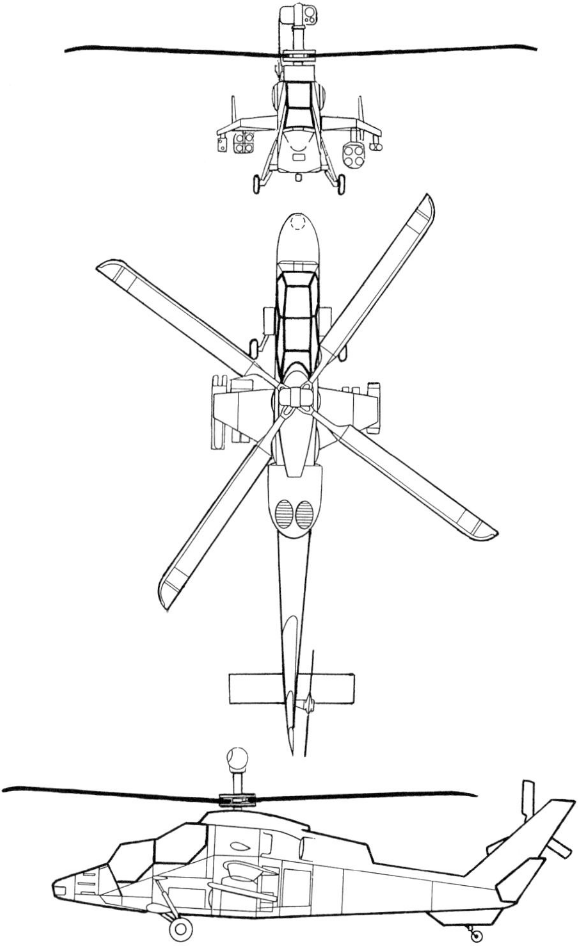

EUROCOPTER AS 332 SUPER PUMA MK.II / AS 532 COUGAR MK. II

Ursprungsland: Frankreich.
Kategorie: Mittelschwerer ziviler (AS 332) und militärischer (AS 532) Mehrzweckhubschrauber.
Triebwerke: Zwei Gasturbinen Turboméca Makila 1A2 von je 1959 WPS (1461 kW) Leistung.
Leistungen (AS 532): Höchstgeschwindigkeit 315 km/h; Reisegeschwindigkeit 276 km/h auf Meereshöhe; max. Schrägsteiggeschwindigkeit 6,5 m/Sek; Schwebehöhe mit Bodeneffekt 2500 m, ohne Bodeneffekt 1600 m; Reichweite mit Standardtreibstoffzuladung 647 km.
Gewichte: Leer 4650 kg; max. Startgewicht 9500 kg, mit Aussenlast 10000 kg.
Zuladung: Zwei Piloten und 24 Passagiere oder 29 Soldaten (AS 532). Max. Nutzlast 4140 kg.
Entwicklungsstand: Von allen Super Puma-Varianten sind bis heute rund 490 Maschinen in Auftrag gegeben worden, davon rund zwei Drittel durch 31 militärische bzw. paramilitärische Organisationen. Neueste Besteller: Niederlande 17, Thailand 3, Türkei 50, Schweden zusätzliche 2, Frankreich zusätzliche 4 Einheiten. Die AS 332/532 wird in Indonesien in Lizenz gebaut.
Bemerkungen: Die AS 332 Super Puma Mk.II ist die zivile und die AS 532 Cougar Mk.II die militärische Ausführung des gleichen Ausgangsmusters, welches in Prototypform am 6. Februar 1987 erstmals flog. Gegenüber der Mk.I-Version unterscheidet sich die Mk.II-Variante durch etwas längere Hauptrotorblätter und einen verlängerten Heckkonus. Die gegenwärtig produzierte Zivilausführung heisst AS 332L2 und wurde im April 1992 zuerst an Bristow Helicopters geliefert. Weitere Ausführungen: AS 532MC für SAR-Aufgaben und AS 532SC für ASW-Einsätze, AS 532UC für taktische Einsätze, ausgerüstet mit 20-mm-Kanonen und Raketenwerfer sowie Transportversion AS 532U2, welche auch zur Evakuation von Verwundeten geeignet ist (sechs liegende und sechs sitzende Verletzte).
Hersteller: Eurocopter (Aérospatiale), Werk Marignane, La Courneuve, Frankreich.

Abmessungen: Rotordurchmesser 16,20 m, Rumpflänge inkl. Heckrotor 16,79 m.

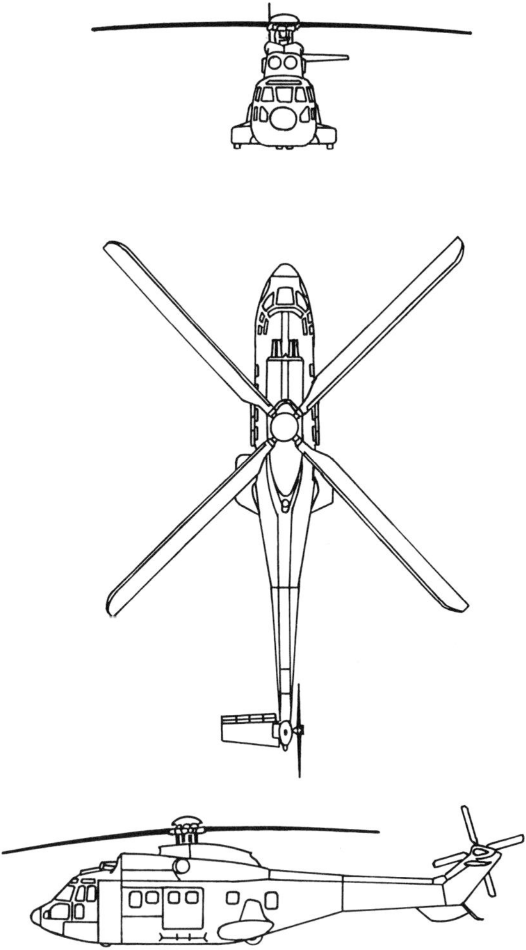

EUROCOPTER AS 350 ECUREUIL/AS 550 FENNEC

Ursprungsland: Frankreich.
Kategorie: Leichter ziviler und militärischer Mehrzweckhubschrauber.
Triebwerke: Eine Gasturbine Turboméca Arriel 1D1 von 740 WPS (540 kW) Leistung.
Leistungen (AS 550 bei 2200 kg): Höchstgeschwindigkeit 287 km/h; Reisegeschwindigkeit 249 km/h auf Meereshöhe; max. Schrägsteiggeschwindigkeit 10,1 m/Sek; Schwebehöhe mit Bodeneffekt 4050 m, ohne Bodeneffekt 3400 m; Reichweite mit normaler Treibstoffzuladung 686 km.
Gewichte: Leer 1180 kg; max. Startgewicht 2350 kg, mit Aussenlast 2500 kg.
Zuladung: Sechs Personen. Max. Nutzlast 1115 kg.
Bewaffnung (AS 550A2): 20-mm-GIAT-Kanone, zwei 7,62-mm-Maschinengewehr- bzw. 68-mm-Raketenbehälter; (AS 550C2): HeliTow-Antitank-Lenkwaffensystem Saab/Emerson.
Entwicklungsstand: Die gegenwärtig neueste Ausführung AS 350BA wird seit 1992 angeboten. Von den zahlreichen bisher entwickelten Varianten sind rund 1800 Exemplare bestellt und zum grössten Teil ausgeliefert worden. Lizenzbau in Brasilien bei Helibras als HB 350.
Bemerkungen: Die AS 350 Ecureuil ist die zivile, die AS 550 Fennec die militärische Variante des gleichen Grundmusters. In den USA wird unter der Bezeichnung Astar eine Ausführung mit Textron Lycoming LTS 101-600A-3-Triebwerk sowie die SuperStar mit dem Arriel-1D-Triebwerk angeboten. Von der militärischen Fennec sind erhältlich: AS 550U2 Mehrzwecktransporter; AS 550A2 Feuerunterstützungs- und Nahkampfversion; AS 550C2 Panzerbekämpfer. Bei der AS 550M2 bzw. AS 550S2 handelt es sich um eine unbewaffnete bzw. bewaffnete Marineausführung. Ab 1997 wird eine leistungsfähigere Ausführung AS350B3 mit Arriel 2-Triebwerk von 858 WPS (639 kW) Leistung erhältlich sein. Die zweimotorige AS355 wurde in der Ausgabe 1995 beschrieben.
Hersteller: Eurocopter (Aérospatiale), Werk Marignane, La Courneuve, Frankreich.

Abmessungen: Rotordurchmesser 10,69 m, Rumpflänge inkl. Heckrotor 12,94 m.

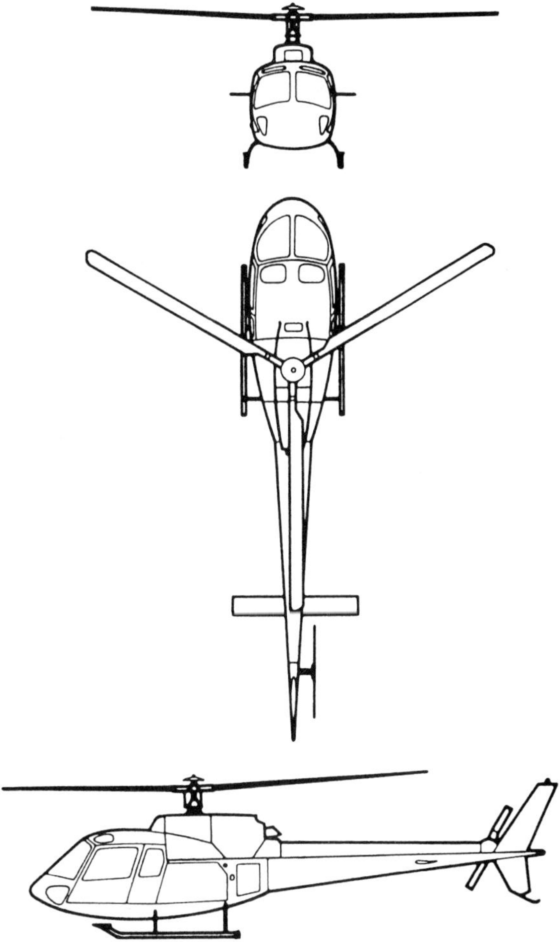

EUROCOPTER AS 365N2 DAUPHIN 2/AS 565 PANTHER

Ursprungsland: Frankreich.
Kategorie: Ziviler und militärischer Mehrzweckhubschrauber.
Triebwerke: Zwei Gasturbinen Turboméca (AS 365N2) Arriel 1C2 von je 733 WPS (547 kW) bzw. (AS 565) Arriel 1M1 von je 783 WPS (584 kW) Leistung.
Leistungen (AS 365N2): Höchstgeschwindigkeit 296 km/h; max. Durchschnittsreisegeschwindigkeit 283 km/h auf Meereshöhe; ökonom. Reisegeschwindigkeit 260 km/h; max. Schrägsteiggeschwindigkeit 7,0 m/Sek; Schwebehöhe mit Bodeneffekt 2550 m, ohne Bodeneffekt 1800 m; Reichweite 897 km auf Meereshöhe.
Gewichte (AS 365N2): Leer 2254 kg; max. Startgewicht 4250 kg.
Zuladung: Ein Pilot und max. 13 Passagiere; max. Nutzlast 2010 kg.
Bewaffnung (AS 565AA): Zwei 20-mm-GIAT-M621-Kanonen in Behältern, Mistral-Luft-Luft-Lenkwaffen oder Behälter mit ungelenkten 68-mm bzw. 2,75-inch-Raketen.
Entwicklungsstand: Die derzeitige Produktionsversion AS 365N2 ist seit 1990 erhältlich. Bis heute sind von allen Varianten inkl. Lizenzbau rund 640 Einheiten bestellt worden.
Bemerkungen: Die derzeitige Produktionsversion ist die AS 365N2 (siehe Silhouette) mit stärkeren Triebwerken, höherem Abfluggewicht und neugestalteten Türen. Auch von diesem Muster ist eine Mehrzahl von militärischen Ausführungen erhältlich. In naher Zukunft soll die Variante SA 365N3 verfügbar sein, ausgerüstet mit Arriel 2-Triebwerken, einem fünfblättrigen Spheriflex-Rotor sowie EFIS-Systemen.
Hersteller: Eurocopter (Aérospatiale), Werk Marignane, La Courneuve, Frankreich.

Abmessungen: Rotordurchmesser 11,94 m, Rumpflänge inkl. Heckrotor 11,63 m.

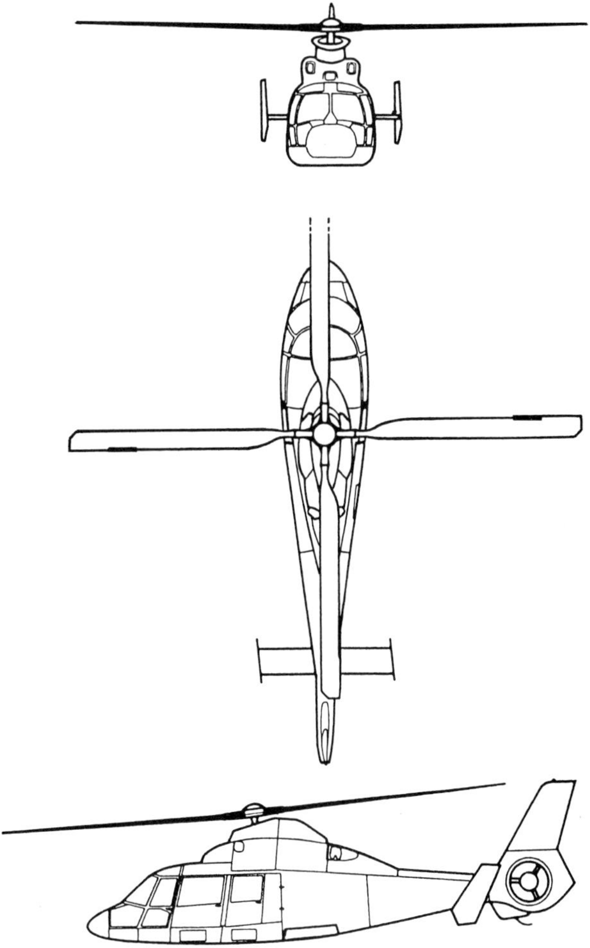

EUROCOPTER EC 120

Ursprungsland: Frankreich, Volksrepublik China und Singapur.
Kategorie: Leichter ziviler Mehrzweckhubschrauber.
Triebwerke: Eine Gasturbine Turboméca Arrius 1F von 503 WPS (375 kW) Leistung.
Leistungen (geschätzt): Max. Reisegeschwindigkeit 240 km/h; Dienstgipfelhöhe 4875 m; Reichweite 700 km.
Gewichte: Max. Startgewicht 1550 kg.
Zuladung: Pilot und vier Passagiere. Max. Nutzlast 700 kg.
Entwicklungsstand: Für die Erprobung sind drei Prototypen vorgesehen, deren erster am 9. Juni 1995 in die Luft ging.
Bemerkungen: An der Gemeinschaftsentwicklung EC 120 nehmen teil: Eurocopter als technischer Leiter mit 61 % Anteil (Konzeption, Elektronik, dynamische Komponenten, Endmontage und Zertifizierung), CATIC/HAMC 24 % (ganze Rumpfstruktur) und Singapore Technologies 15 % (Rotorheck, Verbundwerkstoffstruktur, Kabinentüren). Die Zelle dieses nach neuesten Erkenntnissen konstruierten Hubschraubers besteht weitgehend aus Verbundwerkstoffen. Dank des Spheriflex-Hauptrotors und des neu entwickelten ummantelten Fenestron-Heckrotors werden ausgezeichnete Flugleistungen bei geringem Geräuschpegel erwartet. Mit der EC 120 will man das untere Ende des Hubschraubermarktes abdecken und erhofft sich dank tiefem Anschaffungspreis und sehr günstigen Betriebskosten eine grosse Abnehmerzahl.
Hersteller: Eurocopter (Aérospatiale), CATIC/HAMC (China National Aero-Technology Import an Export Corp./Harbin Aircraft Manufacturing Comp.) und Singapore Aerospace, Paris, Frankreich.

Abmessungen: Rotordurchmesser 10,20 m, Rumpflänge 11,54 m, Höhe 3,27 m.

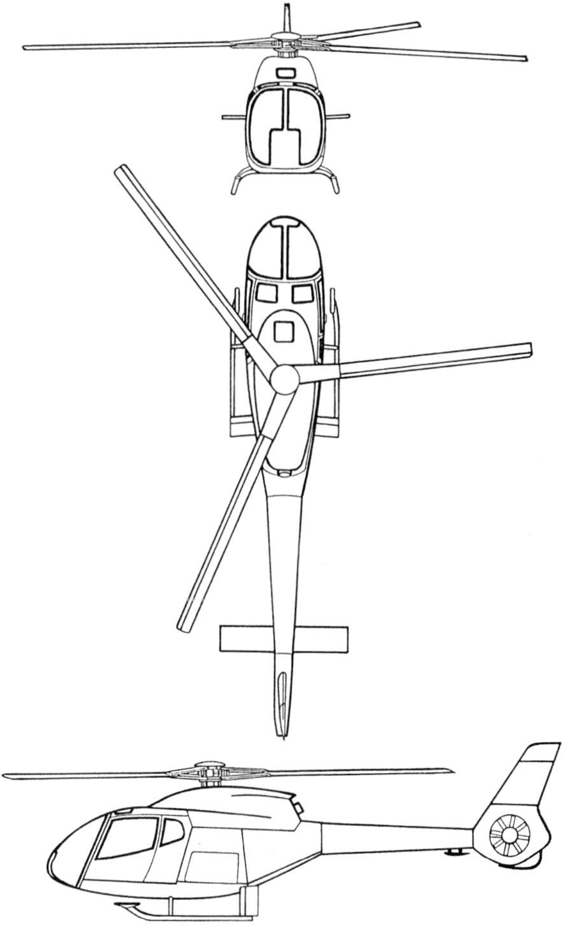

EUROCOPTER (MBB) EC 135

Ursprungsland: Bundesrepublik Deutschland.
Kategorie: Leichter Mehrzweckhubschrauber.
Triebwerke: Zwei Gasturbinen Turboméca TM 319-1B1 Arrius von je 510 WPS (380 kW) oder Pratt & Whitney Canada PW206B von je 506 WPS (377 kW) Leistung.
Leistungen: Höchstgeschwindigkeit 287 km/h; max. Reisegeschwindigkeit 270 km/h; ökonom. Reisegeschwindigkeit 240 km/h; max. Schrägsteiggeschwindigkeit 9,23 m/Sek; Dienstgipfelhöhe 6096 m; Schwebehöhe mit Bodeneffekt 4750, ohne 4100 m; max. Reichweite 855 km.
Gewichte: Leer 1300 kg; max. Startgewicht mit Aussenlast 2700 kg.
Zuladung: Sechs bis sieben Personen; max. Nutzlast 1250 kg.
Entwicklungsstand: Der erste eigentliche Prototyp EC 135 fliegt seit 15. Februar 1994, gefolgt vom zweiten, mit PW206B-Triebwerken ausgerüstet am 16. April 1994. Die Markteinführung ist für 1996 vorgesehen. Bisher sind acht Bestellungen bekanntgegeben worden, u.a. von der deutschen ADAC als Rettungshubschrauber. Anfänglich sollen jährlich 30 EC 135 produziert werden.
Bemerkungen: Die EC 135 ist eine direkte Weiterentwicklung und zugleich die Serienausführung des Erprobungsträgers für neueste Technologien Bo 108 (siehe Ausgabe 1992/93). Sie weist folgende wesentlichen Neuentwicklungen auf: Haupt- und Heckrotor aus Faserverbundwerkstoffen ohne jegliche Gelenke; Übertragungswelle mit speziellen Vibrationsdämpfern, Zellenstruktur aus Kunststoff, Fenestron-Heckrotor usw. Der Rotorkopf besitzt keine Blattlager mehr. Die Verstellung der einzelnen Rotorblätter geschieht durch elastische Verformung der Kunststoff-Blattwurzel. Rotornabe und Rotormast sind in einem einzigen Stück geschmiedet. Gegenüber der Vorgängerin Bo 105LS verfügt die EC 135 über um 15 % höhere Nutzlast, 45 % mehr Reichweite, geringeres Lärmniveau und um 23 % reduzierte Betriebskosten.
Hersteller: Eurocopter Hubschrauber, MBB Division, München, BRD.

Abmessungen: Rotordurchmesser 10,20 m, Rumpflänge 10,02 m, Höhe inkl. Rotorkopf 3,23 m, Höhe über alles 3,90 m.

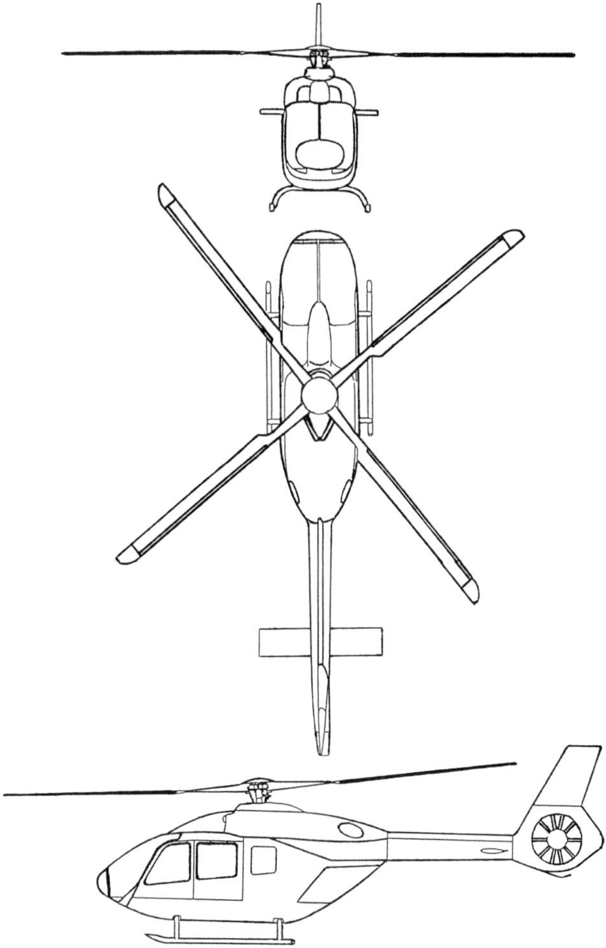

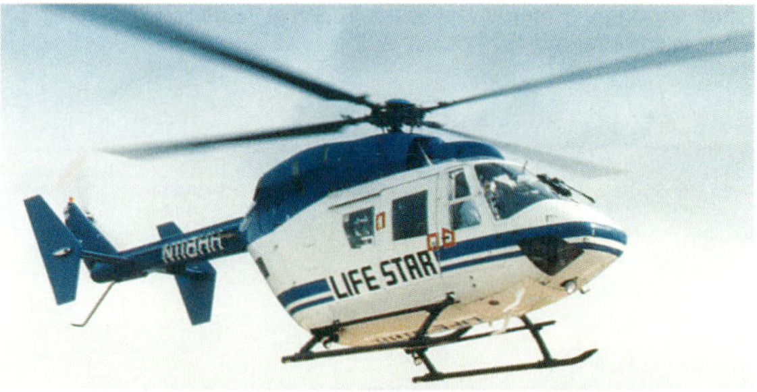

EUROCOPTER (MBB/KAWASAKI) BK 117

Ursprungsland: Bundesrepublik Deutschland und Japan.
Kategorie: Mehrzweckhubschrauber.
Triebwerke: Zwei Gasturbinen Textron Lycoming LTS101-750B-1 von je 592 WPS (441,5 kW) oder Turboméca Arriel 1-E von je 660 WPS (492 kW) Leistung.
Leistungen (bei einem Fluggewicht von 3200 kg mit LTS101-750B-1): Höchstgeschwindigkeit 278 km/h auf Meereshöhe; max. Reisegeschwindigkeit 248 km/h; max. Schrägsteiggeschwindigkeit 9,7 m/Sek; Schwebehöhe mit Bodeneffekt 2925 m, ohne Bodeneffekt 2285 m; Reichweite mit normaler Treibstoffzuladung 570 km; Überführungsreichweite mit 200-l-Zusatztank 740 km.
Gewichte: Leer 1727 kg; max. Startgewicht 3200 kg.
Zuladung: Acht bis zwölf Personen; max. Nutzlast 1510 kg.
Entwicklungsstand: Erstflug des Ausgangsmusters am 13. Juni 1979. Beginn der Auslieferungen der Serienversion BK 117 A-1 anfangs 1981. Bis heute sind über 300 BK 117 weltweit im Einsatz. Mitte 1992 begann die Auslieferung der BK 117 C-1 mit Arriel-Triebwerken.
Bemerkungen: Die BK 117 entstand in zweijähriger gemeinsamer Entwicklungsarbeit zwischen MBB (BRD) und Kawasaki (Japan) und wird zusammen so produziert, dass jeder Partner die Bauteile, die er entwickelt hat, auch serienmässig herstellt – die Teile werden dann untereinander ausgetauscht und die einzelnen Hubschrauber dort zusammengebaut, wo sie verkauft werden. Neben den Endmontagen in der BRD und in Japan findet ein Zusammenbau auch bei MBB Helicopter Canada in Fort Erie (Kanada) und, unter Lizenzvertrag, bei IPTN in Indonesien (als NBK 117) statt. Die heutige Standardversion ist die BK 117 B-1. Seit Ende 1994 ist die BK 117 B-2 erhältlich, welche über verbesserte Lycoming LTS101-750B-1-Triebwerke, ein überarbeitetes Kühlsystem und über einen neuen Heckrotor verfügt.
Hersteller: Eurocopter Hubschrauber, MBB Division, München, BRD, sowie Kawasaki Heavy Industries Ltd, Gifu, Japan.

Abmessungen: Rotordurchmesser 11,00 m, Rumpflänge 9,91 m, Höhe inkl. Rotorkopf 3,36 m.

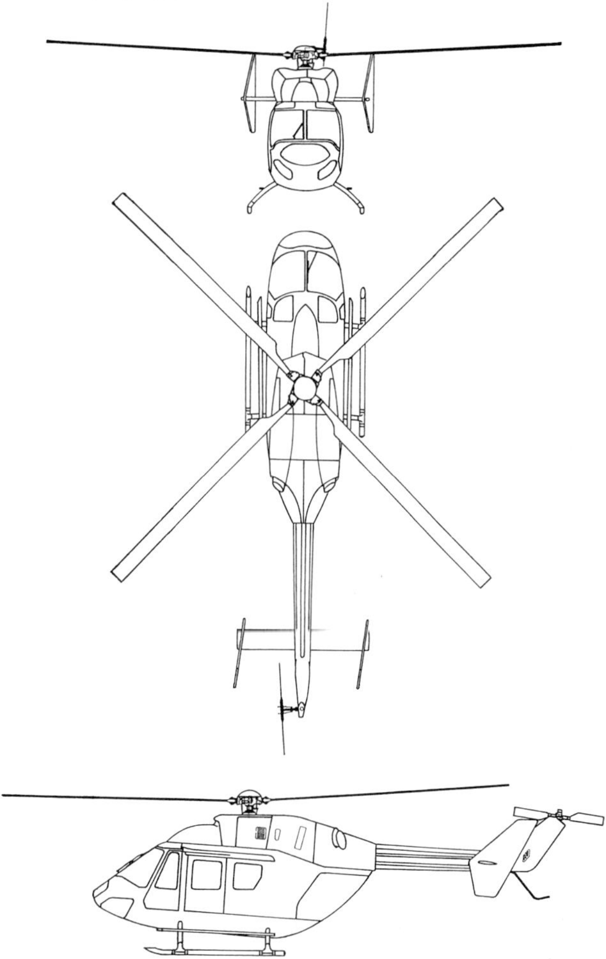

EUROFIGHTER EFA

Ursprungsland: Großbritannien, BRD, Italien und Spanien.
Kategorie: Einsitziger Abfang- und Luftüberlegenheitsjäger.
Triebwerke: Zwei Mantelstromtriebwerke Eurojet EJ200 von je rund 6100 kp (60 kN) Standschub ohne und 9185 kp (90 kN) mit Nachbrenner.
Leistungen (geschätzt): Höchstgeschwindigkeit über 10975 m 1915 - 2020 km/h oder Mach 1,8 bis 1,9; Aktionsradius mit je zwei Luft-Luft-Lenkwaffen AIM-120 und AIM-132 565 km.
Gewichte (geschätzt): Leer 9750 kg; max. Startgewicht 21000 kg.
Bewaffnung: Eine 27-mm-Mauser-Kanone im Rumpf und eine Zusammensetzung von sechs Kurzstrecken-Luft-Luft-Lenkwaffen AIM-132 und vier Mittelstrecken-Luft-Luft-Lenkwaffen AIM-120. Max. Waffenlast 6500 kg.
Entwicklungsstand: Der erste (deutsche) Prototyp nahm am 27. März 1994, der zweite (britische) am 6. April 1994 die Flugerprobung auf. Das dritte (italienische) Versuchsmuster flog erstmals am 4. Juni 1995. Sie ist die erste Maschine, die mit dem neuen EJ2000-Mantelstromtriebwerk ausgerüstet ist. Insgesamt beteiligen sich sieben Maschinen an der Erprobung. Die ersten Serienflugzeuge stehen nach neuester Planung im Jahr 2000 zur Verfügung. Folgende Beschaffungszahlen sind zurzeit vorgesehen: Grossbritannien 250, Bundesrepublik Deutschland 180, Italien 120, Spanien 76.
Bemerkungen: Die EFA (European Fighter Aircraft) wird als Ein- wie als Doppelsitzer durch ein Konsortium, bestehend aus Grossbritannien (British Aerospace 33 %), Deutschland (DASA 33 %), Italien (Alenia 21 %) und Spanien (CASA 13 %), entwickelt. Die ersten zwei Prototypen sind noch mit Turbo Union RB199-122-Triebwerken ausgestattet. Die Prototypen zwei und sieben werden Doppelsitzer sein (Hersteller DASA und CASA). Die Muster fünf und sechs (Hersteller DASA und BAe) sind die eigentlichen Avionik-Erprobungsträger.
Hersteller: EFA, München, Bundesrepublik Deutschland.

Abmessungen: Spannweite 10,95 m, Länge 15,96 m, Höhe ca. 4,00 m, Flügelfläche 50,00 m².

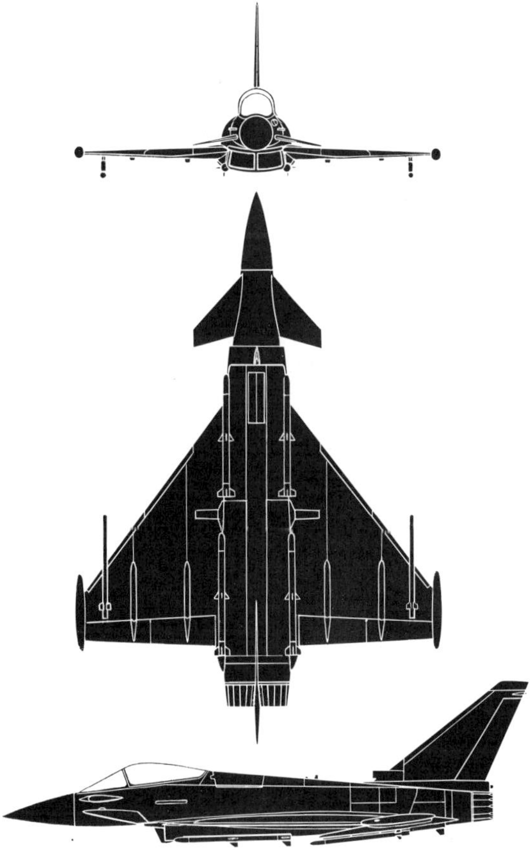

FOKKER 50/60

Ursprungsland: Niederlande.
Kategorie (50): Regionalverkehrs- und Mehrzweckflugzeug bzw. (60) militärischer Mehrwecktransporter.
Triebwerke: Zwei Propellerturbinen Pratt & Whitney Canada (50) PW125B von je 2500 WPS (1864 kW) bzw. (50-300 High Performance, 60) PW127 von je 2750 WPS (2051 kW) Leistung.
Leistungen (50-300 High Performance): Max. Reisegeschwindigkeit auf 5500 m 526 km/h, Langstreckenreisegeschwindigkeit auf 7620 m 442 km/h; Dienstgipfelhöhe 7620 m; Reichweite mit 50 Passagieren und 45 Min. Reserven 2033 km, als Option 2818 km.
Gewichte: Leergewicht (50-100/-300) 12520 kg, (60) 12648 kg; max. Startgewicht (50-100/-300) 19950, als Option 20820 kg, (60) 21950 kg.
Zuladung (50): 2 Piloten und normalerweise 50 Passagiere, max. 68 Passagiere in Viererreihen; max. Nutzlast 6840 kg, als Frachter (60) 8052 kg.
Entwicklungsstand: Erstflug des Ausgangsmusters Fokker 50 am 28. Dezember 1985 mit Ablieferungen an Kunden ab 7. August 1987. Bisher erhielt Fokker Aufträge für 212 Flugzeuge (zusätzlich Optionen). Die niederländische Luftwaffe hat vier Fokker 60 Utility (Erstflug 2. November 1995) für militärische Einsätze, Singapur vier Marine-Patrouillenflugzeuge Maritime Enforcer Mk.2 bestellt (Beschreibung der Enforcer siehe Ausgabe 1995).
Bemerkungen: Zurzeit werden zwei zivile Varianten angeboten: Die Basisausführung 50-100 und die 50-300, die dank stärkeren Triebwerken besonders geeignet für Einsätze in hochgelegenen, heissen Regionen ist. Beide Modelle sind auch als Combifrachter oder als Frachter erhältlich. Die Militärtransporter-Ausführung 60 zeichnet sich durch einen um 1,60 m längeren Rumpf sowie ein Frachttor von der Grösse 3,05 x 1,78 m an der rechten Rumpfseite aus. Der Rumpfboden ist zudem verstärkt.
Hersteller: Fokker BV, Schiphol-Oost, Amsterdam, Niederlande.

Abmessungen: Spannweite 29,00 m, Länge 25,25 m, Höhe 8,32 m, Flügelfläche 70,00 m^2.

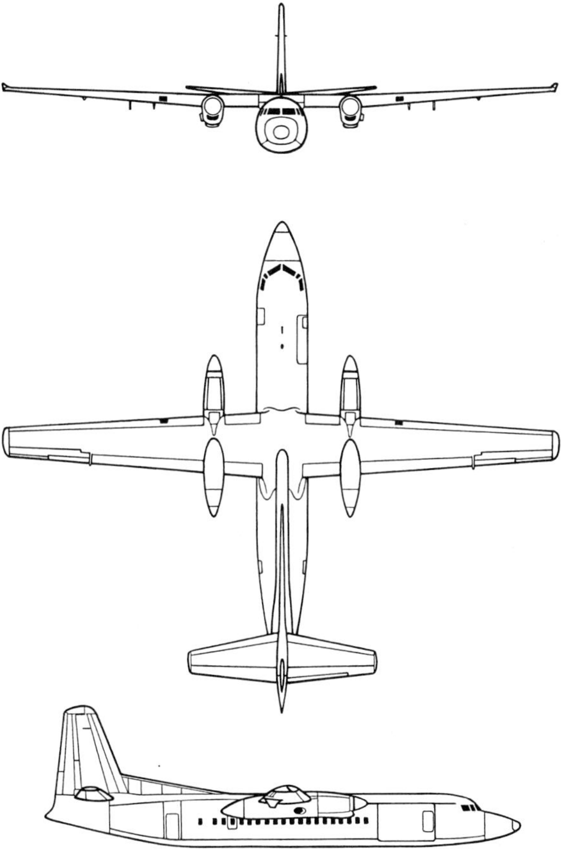

FOKKER 70

Ursprungsland: Niederlande.
Kategorie: Kurz- und Mittelstrecken-Verkehrsflugzeug.
Triebwerke: Zwei Mantelstromtriebwerke Rolls-Royce Tay 620-15 von je 6282 kp (61,6 kN), oder Tay 650-15 von je 6850 kp (67,17 kN) Standschub.
Leistungen: Max. Reisegeschwindigkeit 845 km/h auf 8230 m; ökonom. Reisegeschwindigkeit 737 km/h auf 10670 m; Dienstgipfelhöhe 10670 m; Reichweite mit voller Nutzlast 1480 km, mit. max. Passagierzuladung (als Option) 3400 km, Überführungsreichweite 4350 km.
Gewichte (Tay 620): Leergewicht 22673 kg; max. Startgewicht 36740 kg, als Option 39965 kg.
Zuladung: Zwei Piloten und Standard-Innenausstattung für 70 Passagiere in Fünferreihen, maximal 79 Passagiere, max. Nutzlast 10890 kg.
Entwicklungsstand: Der Prototyp (Umbau der zweiten Fokker 100) begann mit dem Flugtestprogramm am 2. April 1993. Bis Ende 1995 waren 67 Fokker 70 u.a. durch Alitalia, British Midland, Pelita, Sempati usw. bestellt. Erste Ablieferungen begannen 1995. Vom Vorgängermuster F100 (siehe Ausgabe 1992/93) sind bisher 290 Einheiten (+ Optionen) bestellt worden.
Bemerkungen: Mit der Fokker 70 wird eine verkleinerte Variante der Fokker 100 angeboten mit einem um rund 5 m verkürzten Rumpf, vereinfachter Elektronik und geringerem Abfluggewicht. Damit hofft man die stark wachsenden Bedürfnisse nach kleineren Regionalflugzeugen mit Düsenantrieb befriedigen zu können. Unter der Bezeichnung Executive Jet 70 wird auch eine Geschäftsreiseversion angeboten mit zwischen 30 und 52 Sitzen. Vier Exemplare sind bisher bestellt worden, darunter eines durch die niederländische Regierung. Ab 1996 wird eine Langstrecken-Version Fokker 100ER erhältlich sein, die Reichweiten bis zu 6000 km erreicht.
Hersteller: Fokker BV, Schiphol-Oost, Amsterdam, Niederlande.

Abmessungen: Spannweite 28,08 m, Länge 30,91 m, Höhe 8,50 m, Flügelfläche 93,50 m².

GROB STRATO 2C

Ursprungsland: Bundesrepublik Deutschland.
Kategorie: Höhenforschungsflugzeug.
Triebwerke: Zwei flüssigkeitsgekühlte Sechszylinder-Compoundmotoren mit dreistufiger Aufladung Teledyne Continental TSIOL-550 mit einem Hubraum von 9000 cm^3 von je 400 PS (300 kW) Leistung.
Leistungen (Schätzungen): Die Strato 2C soll Höhen bis zu 26000 m erreichen. Max. Reichweite ca. 18000 km; Flugdauer bis zu 50 Stunden.
Gewichte: Leergewicht 6650 kg; max. Abfluggewicht 13350 kg.
Zuladung: Zwei Piloten und zwei Wissenschaftler in einer Druckkabine. Zusätzlich können in einer unbekannten Zahl nachrichtendienstliche und wissenschaftliche Geräte mitgeführt werden.
Entwicklungsstand: Die vorläufig einzige Strato 2C fliegt seit 31. März 1995. Besteller ist die deutsche Forschungsanstalt DLR. Das Ausgangsmuster der Strato, der einsitzige Erprobungsträger D-500 Egrett I, flog erstmals am 24. Juni 1987, gefolgt von der weiterentwickelten Egrett II am 20. April 1989. Von dieser Ausführung und Ableitungen davon wurden insgesamt fünf Exemplare hergestellt.
Bemerkungen: Für die zunehmend vielfältigen Forschungsaufgaben in den Bereichen Ökologie, Klima- und Atmosphäre, Meeresuntersuchungen, Kalibrierung von Satellitensensoren usw. sind Spezialflugzeuge gefragt, die in grossen Höhen lange Einsätze fliegen können. Mit der Strato 2C bietet Grob dafür eine sehr kostengünstige Lösung an. Um die geforderten Leistungen zu erreichen, ist die Strato mit ganz speziell entwickelten Motoren ausgerüstet, welche die Startleistung auch noch in grossen Höhen erzielen. Sie treiben zwei fünfblättrige Propeller mit einem Durchmesser von nicht weniger als 6 Metern an. Der Flügel mit seiner extremen Spannweite ist vollständig aus CFK-Komponenten konstruiert und stellt damit das grösste je gefertigte Kunststoff-Einzelteil dar. Der Rumpf besteht ebenfalls vollständig aus Verbundwerkstoffen. Die Strato 2C ist mit einer hochentwickelten Avionik von Honeywell ausgerüstet. Am 4. August 1995 stellte sie mit 18552 m einen neuen Höhenweltrekord für Kolbenmotorflugzeuge auf.
Hersteller: Grob Luft- und Raumfahrt GmbH & Co. KG, Mindelheim, BRD.

Abmessungen: Spannweite 56,5 m, Länge 24 m, Flügelfläche 150 m².

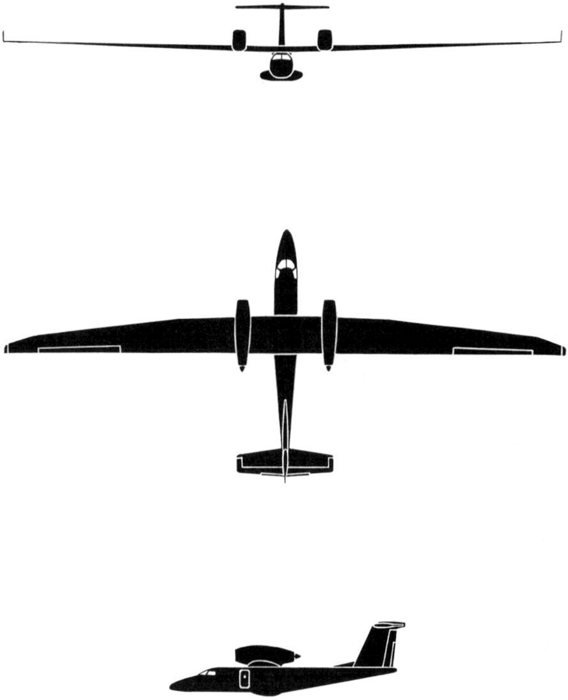

GULFSTREAM AEROSPACE GULFSTREAM IV-SP

Ursprungsland: USA.
Kategorie: Firmen- und Mehrzweckflugzeug für zivile und militärische Aufgaben.
Triebwerke: Zwei Mantelstromtriebwerke Rolls-Royce Tay 611-8 von je 6282 kp (61,6 kN) Standschub.
Leistungen: Max. Reisegeschwindigkeit 943 km/h auf 9450 m; Langstrecken-Reisegeschwindigkeit 850 km/h auf 13715 m; max. Anfangssteiggeschwindigkeit 20,93 m/Sek; Dienstgipfelhöhe 13716 m; Reichweite mit max. Treibstoffzuladung, acht Passagieren und IFR-Reserven 7820 km, mit max. Nutzlast und IFR-Reserven 6845 km.
Gewichte: Leergewicht 19278 kg; max. Startgewicht 33839 kg.
Zuladung: Zwei bis drei Besatzungsmitglieder und je nach Innenausstattung 12, 14 oder bis 19 Passagiere; (C-20G) 26 Passagiere oder max. 2950 kg Fracht.
Entwicklungsstand: Die erste Gulfstream IV begann mit der Flugerprobung am 19. September 1985, die Gulfstream IV-SP fliegt seit Anfang 1993. Bisher sind von der Version IV über 280 Einheiten bestellt worden, darunter sieben als C-20G bezeichnete Combi Frachter für USN/USMC. Bis zu neun ähnliche, als U-4 bezeichnete Mehrzweck-Gulfstreams IV, wird die japanische Luftwaffe ab 1996 beschaffen. Die Jahresproduktion beläuft sich auf etwa 24 Einheiten.
Bemerkungen: Die Version -SP (= Special Performance) stellt eine Unterausführung der Gulfstream IV dar. Dank eines erhöhten Abfluggewichtes sind die Reichweitenleistungen nochmals verbessert. Da auch das maximale Landegewicht angehoben wurde, ist sie besser in der Lage, mehrere Etappen mit Zwischenlandung ohne Auftanken zu absolvieren. Das digitale Cockpit sowie auch die Inneneinrichtung wurden überarbeitet. Schliesslich weisen auch Wirtschaftlichkeit und Wartungsfreundlichkeit höhere Werte auf. Ebenfalls erhältlich ist eine militärische Ausführung SRA-4 für elektronische Überwachungs- und Aufklärungseinsätze (siehe Ausgabe 1989/90). Zwei mit SIGINT-Systemen ausgelegte Gulfstreams IV hat die schwedische Luftwaffe kürzlich erhalten. Weitere Bestellungen werden erwartet.
Hersteller: Gulfstream Aerospace Corp. (Tochterfirma von Chrysler Corp.), Savannah, Georgia, USA.

Abmessungen: Spannweite 23,72 m, Länge 26,90 m, Höhe 7,60 m, Flügelfläche 88,29 m².

GULFSTREAM AEROSPACE GULFSTREAM V

Ursprungsland: USA.
Kategorie: Langstrecken-Firmenflugzeug.
Triebwerke: Zwei Mantelstromtriebwerke BMW/Rolls-Royce BR 170 von je 6690 kp (65,6 kN) Standschub.
Leistungen (geschätzt): Max. Reisegeschwindigkeit 925 km/h; Langstrecken-Reisegeschwindigkeit 851 km/h. Anfangssteiggeschwindigkeit 21,3 m/Sek; Reichweite mit max. Treibstoffzuladung und acht Passagieren unter Beachtung der IFR-Reserven 12046 km.
Gewichte: Rüstgewicht 21228 kg; max. Startgewicht 40370 kg.
Zuladung: Zwei Piloten im Cockpit und normalerweise 13 bis 15, max. 19 Passagiere. Max. Nutzlast 2948 kg.
Entwicklungsstand: Der erste Prototyp fliegt seit 28. November 1995. Vier Maschinen nehmen an der Flugerprobung teil. Mit den ersten Auslieferungen wird Ende 1996 gerechnet. Bisher sind rund 50 Einheiten, darunter auch von einigen Regierungen als Staatsflugzeuge, bestellt worden.
Bemerkungen: Gulfstreams neuestes Modell ist das erste Firmenflugzeug, welches Reichweitenleistungen unter Normalbetrieb von über 10000 km anbietet. Dazu wurde das Ausgangsmuster Gulfstream IV vollständig überarbeitet. Der Rumpf weist eine Streckung von 2,40 m auf und bietet somit einen wesentlich höheren Passagierkomfort mit grösserer Gepäckzuladung. Die Kabine misst nun 15,30 m. Höhe mit 1,90 m und Breite mit 2,20 m blieben gegenüber der Gulfstream IV hingegen gleich. Völlig neu konstruierte man den Flügel, um ihn für die erforderlichen Reichweiten zu optimieren. Es gelangt das digitale Avionik-System Honeywell SPZ-8000 mit sechs Multifunktionsbildschirmen zum Einbau.
Hersteller: Gulfstream Aerospace Corp. (Tochterfirma von Chrysler Corp.), Savannah, Georgia, USA.

Abmessungen: Spannweite 28,50 m, Länge 29,40 m, Höhe 7,70 m.

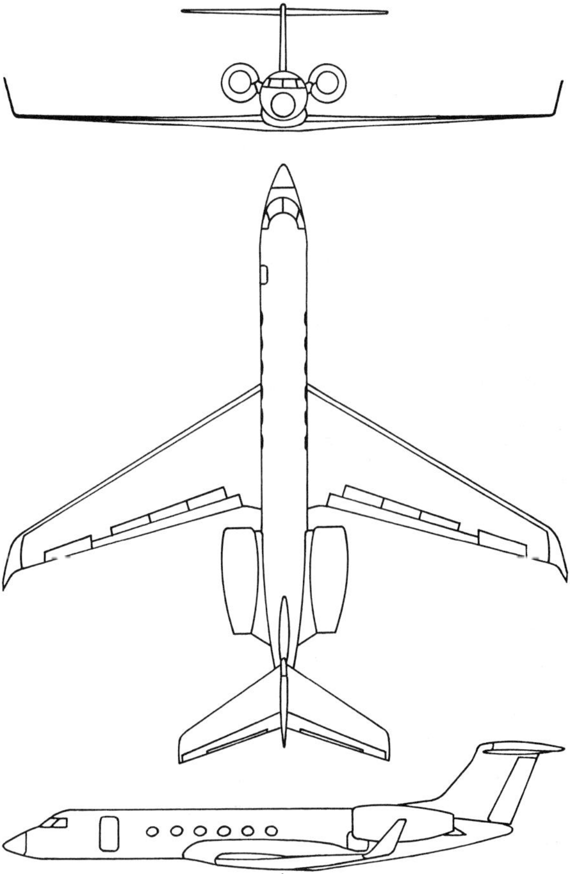

HAL ALH

Ursprungsland: Indien.
Kategorie: Ziviler und militärischer Mehrzweckhubschrauber.
Triebwerke: Zwei Gasturbinen Turboméca TM 333-2B von je 1000 WPS (746 kW) Leistung.
Leistungen: Höchstgeschwindigkeit 280 km/h auf Meereshöhe; Reisegeschwindigkeit 245 km/h; max. Schrägsteiggeschwindigkeit 9,0 m/Sek; Dienstgipfelhöhe 6000 m; Schwebehöhe ohne Bodeneffekt 3000 m+; Reichweite mit einer Nutzlast von 700 kg 400 km auf Meereshöhe, max. Reichweite 800 km.
Gewichte: Leer (Luftwaffenversion) 2216 kg, (Marineversion) 2352 kg; max. Startgewicht (Luftwaffenversion) 4000 kg, (Marineversion) 5000 kg.
Zuladung: Zwei Piloten und bis zu 14 Passagiere. Max. Nutzlast als Aussenlast 1500 kg.
Entwicklungsstand: Der erste von vier Prototypen nahm die Flugerprobung im August 1992 auf, gefolgt vom zweiten am 18. April 1993. Seit Ende 1994 sind alle vier Erprobungsmuster in Betrieb. Die indische Armee soll ab 1998 bis zu 300 der verschiedenen Versionen erhalten. Bisher sind 10 Einheiten bestellt.
Bemerkungen: Die ALH (Advanced Light Helicopter) wurde von HAL mit Unterstützung der deutschen MBB (heute Teil von Deutsche Aerospace) entwickelt. Verschiedene Varianten sind vorgesehen: (Armee) Truppentransporter und Nachschubhubschrauber, Antitank- und Minenlegemissionen, alle ausgerüstet mit einem Kufenfahrwerk; (Marine) Verbindungs- und Evakuationsaufgaben sowie SAR- und ASW-Aufträge, ausgerüstet mit einem Dreipunkt-Radfahrwerk; (Luftwaffe) Rettungshubschrauber, Mehrzwecktransporter. Auch eine Zivilversion für normalerweise bis zu 12 Passagiere wird angeboten. Haupt- wie Heckrotor sind gelenklos aus Faserverbundwerkstoffen, der Rumpf besteht nebst Aluminium aus Karbon und Kevlar. Der vierte Prototyp wird als Alternative mit einer Gasturbine LHTEC T800 ausgerüstet.
Hersteller: HAL Hindustan Aeronautics Ltd., Bangalore, Indien.

Abmessungen: Rotordurchmesser 13,20 m, Rumpflänge 12,89 m, Höhe inkl. Rotorkopf 3,76 m.

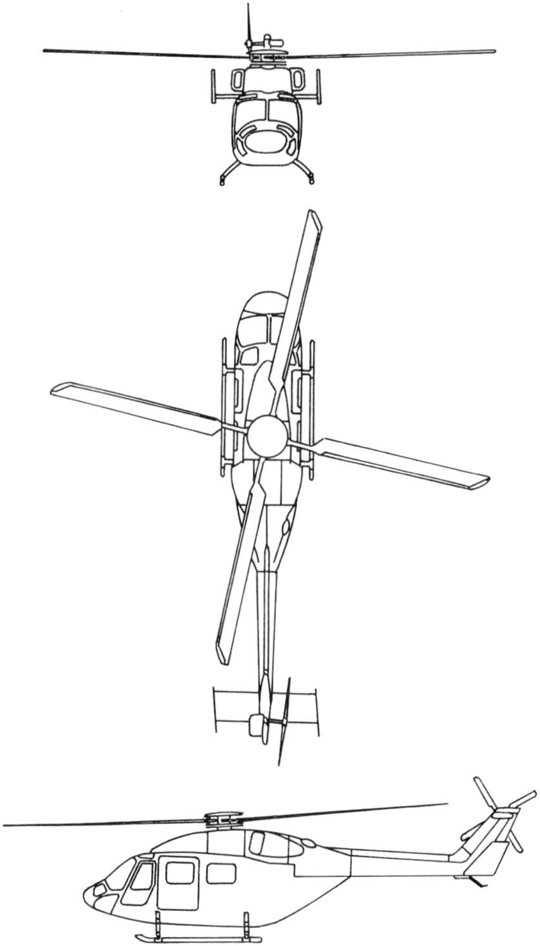

HAL LCA

Ursprungsland: Indien.
Kategorie: Ein- und zweisitziger leichter Mehrzweckjäger.
Triebwerke (Prototyp): Ein Mantelstromtriebwerk General Electric F404-F2J3 mit 8210 kp (80,50 kN) Standschub mit Nachbrenner; (Serienmaschinen) ein Mantelstromtriebwerk Kaveri GTX-35VS mit 8500 kp (83,4 kN) Standschub mit Nachbrenner.
Leistungen (geschätzt): Höchstgeschwindigkeit in grossen Höhen Mach 1,6; Dienstgipfelhöhe über 15000 m.
Gewichte: Leergewicht ca. 5500 kg; Startgewicht ohne Aussenlasten 8500 kg.
Bewaffnung: Eine doppelläufige 23-mm-Kanone GSh-23 mit 220 Schuss sowie an sieben Aufhängepunkten Waffenlasten bis zu 4000 kg.
Entwicklungsstand: Der erste von zwei Erprobungsträgern TD-1 wurde am 17. November 1995 aus der Montagehalle gerollt und soll nach mehreren Verzögerungen nun die Flugerprobung Ende 1996 beginnen. Anschliessend folgen fünf Vorserienmaschinen, drei Einsitzer, ein Doppelsitzer sowie eine Marineausführung. Mit der Indienststellung ist ab ca. 2003 zu rechnen. Die indische Luftwaffe will als Ersatz der MiG-21 bis zu 200 Einheiten beschaffen.
Bemerkungen: Die LCA ist das erste indische Projekt eines Jagdflugzeuges. Das Projekt begann schon 1987. Mit dem Erstflug Mitte 1996 wird es sich nun konkretisieren. Dank kleiner Abmessungen und Verwendung von modernsten Verbundwerkstoffen und Aluminium/Lithium sowie Titan, kann die LCA sehr leicht gehalten werden. Die Elektronik wird in Zusammenarbeit mit der israelischen IAI entwickelt und basiert zum Teil auf jener der israelischen Lavi (siehe Ausgabe 1987/88). Das Fly-by-Wire-System entsteht gemeinsam mit der amerikanischen Lockheed Martin (Marietta).
Hersteller: Hindustan Aeronautics Ltd./ADA Aeronautical Development Agency, Bangalore, Indien.

Abmessungen: Spannweite 8,20 m, Länge 13,20 m, Höhe 4,40 m.

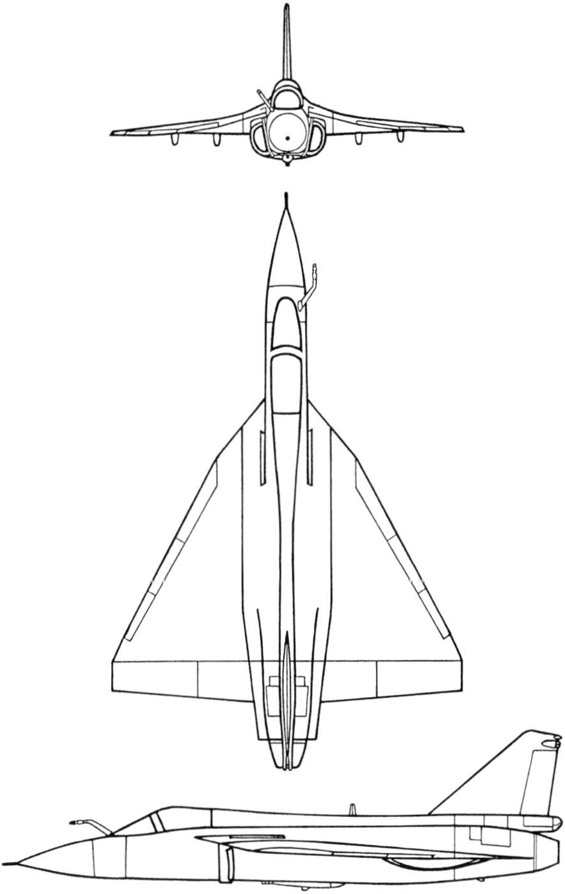

IAI 1125 ASTRA SPX

Ursprungsland: Israel.
Kategorie: Firmenflugzeug.
Triebwerke: Zwei Mantelstromtriebwerke AlliedSignal TFE732-40R von je 1930 kp (20 kN) Standschub.
Leistungen: Max. Reisegeschwindigkeit 867 km/h; Langstrecken-Reisegeschwindigkeit 796 km/h; Anfangssteiggeschwindigkeit 18,8 m/Sek; Dienstgipfelhöhe 13715 m; Reichweite mit max. Treibstoffzuladung, vier Passagieren und IFR-Reserven (SP) 5053 km, (SPX) 5900 km.
Gewichte: Leergewicht (SP) 5998 kg, (SPX) 6032 kg; max. Startgewicht (SP) 10659 kg, (SPX) 11179 kg.
Zuladung: Zwei Mann Cockpitbesatzung und je nach Inneneinrichtung normal sechs bis maximal neun Passagiere; max. Nutzlast 1510 kg.
Entwicklungsstand: Der Prototyp der Version SP fliegt seit 1989, das Ausgangsmuster Astra seit 19. März 1984. Von beiden Ausführungen sind bisher über 80 Einheiten geliefert worden. Die neueste Ausführung SPX nahm die Flugerprobung am 16. August 1994 auf und ist seit November 1995 erhältlich. Beide Ausführungen SP und SPX werden gleichzeitig angeboten.
Bemerkungen: Die SP (= Special Performance) verfügt über eine überarbeitete Inneneinrichtung und aerodynamische Verbesserungen zur Erhöhung der Dienstgipfelhöhe und der Reichweitenleistungen. Zudem ist das Cockpit vollständig überarbeitet und mit EFIS-Anzeigen ausgerüstet worden. Sie verfügt über TFE731-3A-Triebwerke von je 1680 kp (16,46 kN) Leistung. Die Version SPX erreicht dank eines neuen Flügels und leistungsfähigeren Triebwerken eine mit Mach 0,82 wesentlich höhere Reisegeschwindigkeit und grössere Reichweiten. Unter dem Namen Galaxy entwickelt IAI seit einigen Jahren eine wesentliche Weiterentwicklung der Astra. Sie verfügt über einen völlig neu konstruierten, grösseren Rumpf, der bis zu 19 Passagiere aufnehmen kann. Hingegen ist der Flügel weitgehend von der SPX übernommen. Der Erstflug sollte, nach einigen Verschiebungen, definitiv 1996 erfolgen.
Hersteller: Israel Aircraft Industries Ltd., Ben-Gurion International Airport, Israel.

Abmessungen: Spannweite 16,05 m, Länge 16,94 m, Höhe 5,54 m, Flügelfläche 29,40 m².

ILJUSCHIN IL-76MF

Ursprungsland: Russland.
Kategorie: Schwerer ziviler wie militärischer Mittel- und Langstreckentransporter.
Triebwerke: Vier Mantelstromtriebwerke Aviadvigatel/Perm PS-90A-76 von rund 16000 kp (157,8 kN) Standschub.
Leistungen (geschätzt): Höchstgeschwindigkeit 850 km/h auf 10000 m; max. Reisegeschwindigkeit 800 km/h auf 9000 bis 13000 m; Langstrecken-Reisegeschwindigkeit 750 km/h; Anfangssteiggeschwindigkeit 9,0 m/Sek; Dienstgipfelhöhe ca. 15500 m; Reichweite mit max. Nutzlast von 52000 kg 4500 km, mit 40000 kg 5200 km.
Gewichte: Max. Startgewicht 200000 bis 210000 kg.
Zuladung: Normalerweise sechs Mann Besatzung, einschliesslich zwei Lademeister und ein Navigator in der verglasten Rumpfnase unter dem Cockpit. Max. Nutzlast je nach Einsatzzweck zwischen 40000 und 52000 kg.
Entwicklungsstand: Die neueste Version Il-76MF hat mit einiger Verspätung auf den ursprünglichen Zeitplan den Erstflug am 1. August 1995 absolviert. Die russische Luftwaffe wird eine noch unbekannte Anzahl ab 1996 beschaffen. Zivile Aufträge sind noch keine eingegangen. Von den früheren Varianten der Il-76 sind bisher rund 900 Maschinen hergestellt worden.
Bemerkungen: Die Il-76MF stellt eine wesentlich verbesserte Variante aller Il-76 (siehe Ausgabe 1994) dar. Nebst neuen und deutlich leistungsfähigeren Mantelstromtriebwerken mit hohem Nebenstromverhältnis, wurde der Rumpf um 6,60 m verlängert. Dadurch können im um rund 30 % vergrössterten Frachtraum statt drei inskünftig vier Container geladen werden. Die max. Nutzlast steigt um rund 5000 kg. Zudem ist die Wirtschaftlichkeit wesentlich besser. Der spezifische Treibstoffverbrauch soll etwa 25 bis 30 % geringer als bei der Il-76T sein. Schliesslich ist das Cockpit so überarbeitet worden, dass die Cockpit-Besatzung auf 4 Personen reduziert werden kann. Unter der Bezeichnung Il-76DMP wurde 1990 eine Variante für Feuerlöscheinsätze mit einer Nutzlast von 44000 kg Wasser entwickelt. Weiterhin besteht die Möglichkeit, ältere Il-76 mit CFM56-Triebwerken umzurüsten.
Hersteller: OKB Sergei V. Iljuschin, Chkalow Werk, Taschkent, Usbekistan und Khodinka-Moskau, Russland.

Abmessungen: Spannweite 50,50 m, Länge 53,19 m, Höhe 14,76 m, Flügelfläche 300 m^2.

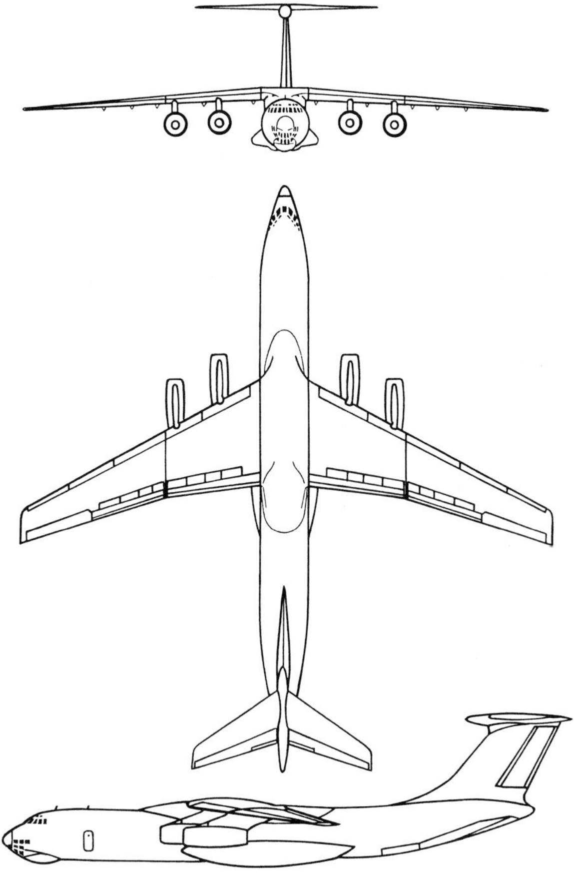

ILJUSCHIN IL-96M/-300

Ursprungsland: Russland.
Kategorie: Langstreckenverkehrsflugzeug.
Triebwerke: Vier Mantelstromtriebwerke (Il-96M) Pratt & Whitney PW2337 von je 17350 kp (170,1 kN) bzw. (Il-96-300) Aviadvigatel/Perm PS-90A von je 16000 kp (156,90 kN) Standschub.
Leistungen (Schätzung): Max. Reisegeschwindigkeit 900 km/h auf 12000 km; normale Reisegeschwindigkeit 850 bis 870 km/h auf 9000 bis 12000 m; Dienstgipfelhöhe 13100 m; Reichweite mit max. Nutzlast (Il-96-300) 7500 km, (Il-96M) 11482 km, mit 30000 kg (Il-96-300) 9000 km.
Gewichte: Rüstgewicht (Il-96-300) 117000 kg, (Il-96M) 132400 kg; max. Startgewicht (Il-96-300) 216000 kg, (Il-96M) 270000 kg.
Zuladung (Il-96-300/Il-96M): Drei/zwei Mann Cockpitbesatzung und drei verschiedene Inneneinrichtungen z.B. für 22/18 Erstklasse-, 40/44 Businessklasse- und 173/250 Zweitklassepassagiere oder in Einheitsklasse 300/375 Passagiere. Max. Nutzlast (Il-96-300) 40000 kg, (Il-96T) 58000 kg.
Entwicklungsstand: Der Prototyp dieser Ausführung (Umbau der ersten Il-96-300) flog erstmals noch unter der Bezeichnung Il-96-350 am 6. April 1993. Bisher sind von der Passagierausführung 22 (+ 5 Optionen) und von der davon abgeleiteten Frachtversion Il-96T 10 Maschinen bestellt worden. Das erste Serienflugzeug der Il-96M fliegt seit Dezember 1995. Für die Il-96-300 gingen bisher 20 Aufträge (+ 10 Optionen) ein, darunter auch eine Regierungsmaschine für den russischen Präsidenten (siehe Foto). Das erste Exemplar nahm am 14. Juli 1993 bei Aeroflot den Liniendienst auf. Iljuschin plant, jährlich 24 Il-96M herzustellen.
Bemerkungen: Die Il-96M (siehe Silhouette) bzw. T ist eine mit westlichen Triebwerken und Avionik versehene Ausführung für den internationalen Markt. Der Rumpf wurde gegenüber der Il-96-300 um 9,35 m verlängert, das Seitenleitwerk dafür etwas verkleinert. Das Cockpit ist voll digitalisiert und für Zweimannbetrieb eingerichtet. Die preisgünstigere Vorgängerversion Il-96-300 (siehe Foto) bleibt weiterhin im Angebot, vorwiegend für den östlichen Markt.
Hersteller: OKB Sergei V. Iljuschin, Moskau, Werk Woronesch, Russland.

Abmessungen: Spannweite inkl. Winglets 60,11 m, Länge (IL-96M) 63,94 m, Höhe 15,72 m, Flügelfläche 391,6 m².

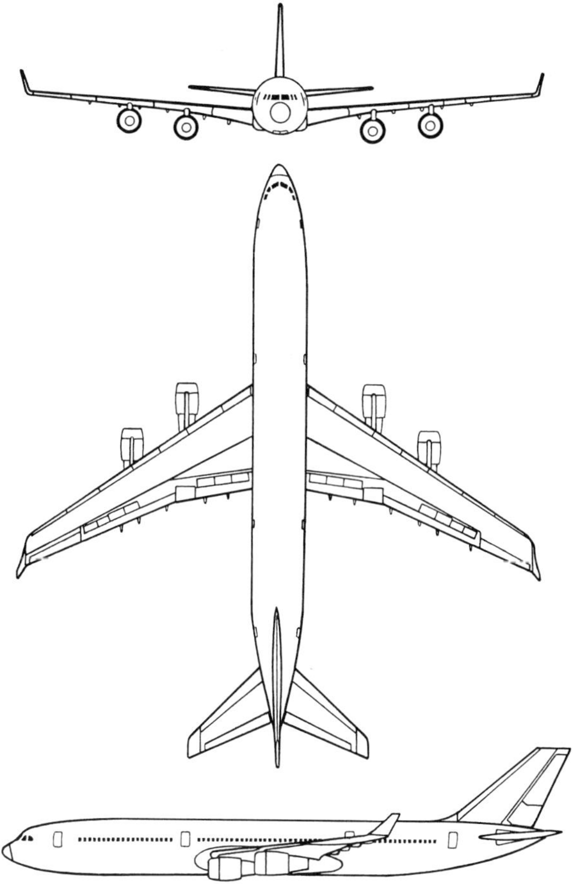

ILJUSCHIN IL-114

Ursprungsland: Russland.
Kategorie: Regionalverkehrsflugzeug und leichter Frachter.
Triebwerke: Zwei Propellerturbinen Isotow TV7-117C von je 2500 WPS (1860 kW) Leistung.
Leistungen: Max. Reisegeschwindigkeit 500 km/h auf 8150 m; Reiseflughöhe 8150 m; Reichweite mit 5400 kg Nutzlast 1000 km, mit 3000 kg Nutzlast 3250 km; max. Reichweite ohne Nutzlast 5800 km.
Gewichte: Leergewicht 13700 kg; max. Startgewicht 21000 kg, als Frachter 23500 kg.
Zuladung: Zwei Piloten und Standardinnenausstattung für 60 Passagiere in Viererreihen mit Mittelgang; als Frachter max. Nutzlast 6500 kg.
Entwicklungsstand: Der erste von fünf Prototypen flog am 29. März 1990. Dieser ging bei einem Unfall am 5. Juli 1993 verloren, worauf die Erprobung für kurze Zeit eingestellt wurde. Das erste Serienflugzeug wurde im Januar 1994 ausgeliefert. Zurzeit sollen mehr als zehn Exemplare fliegen. Die Zulassung steht immer noch aus.
Bemerkungen: Das Nachfolgemuster für die Antonow An-24 gleicht in frappanter Weise der englischen BAe ATP/Jetstream 61 (siehe Ausgabe 1995). Die Il-114 soll hauptsächlich im Binnenluftverkehr bis 1000 km eingesetzt werden, wobei auch Flugplätze mit Graspisten anzufliegen sind. Die Zelle besteht teilweise aus Verbundwerkstoffen, hochentwickelten Aluminiumlegierungen und auch Titaniumteilen. Das Triebwerk soll einen äusserst geringen spezifischen Kraftstoffverbrauch aufweisen und zusammen mit dem neuartigen Sechsblatt-Propeller aus Verbundwerkstoff für ein sehr tiefes Lärmniveau verantwortlich sein. Auch eine Ausführung mit westlichen Triebwerken Allison AE2100, vorwiegend für den westlichen Markt, wird angeboten. Die Frachtausführung verfügt auf der rechten Seite über ein Ladetor von 3,31 m x 1,78 m.
Hersteller: OKB Sergei V. Iljuschin, Taschkent, Usbekistan und Khodinka-Moskau, Russland.

Abmessungen: Spannweite 30,00 m, Länge 26,31 m, Höhe 9,32 m.

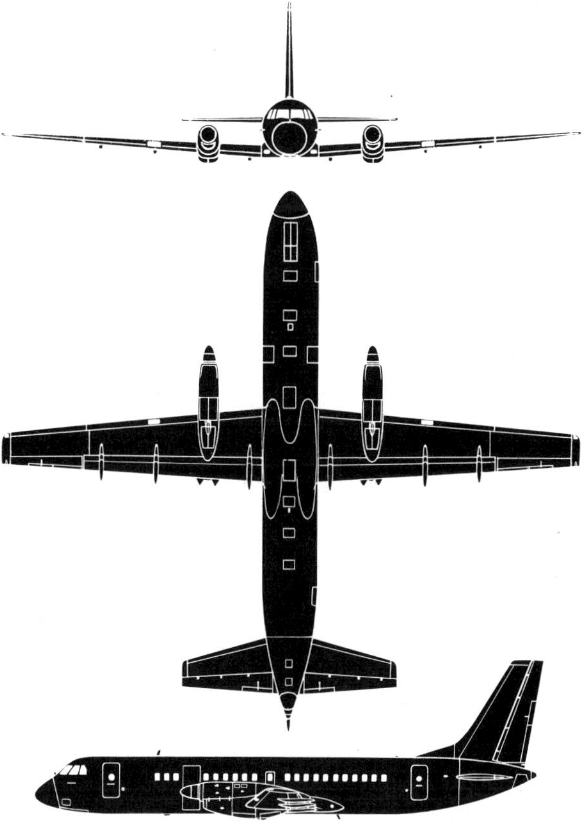

ILJUSCHIN IL-103

Ursprungsland: Russland.
Kategorie: Zweisitziger Anfangstrainer oder fünfsitziges Reiseflugzeug.
Triebwerke: Ein Sechszylinder Boxermotor Teledyne Continental IO-360ES von 210 PS (157 kW) Leistung.
Leistungen (geschätzt, als Trainer): Höchstgeschwindigkeit auf 3000 m 265 km/h; Reisegeschwindigkeit 235 km/h; Anfangssteiggeschwindigkeit 8 m/Sek; Reichweite mit drei Passagieren 1240 km.
Gewichte: Leergewicht 720 kg; max. Startgewicht als Trainer 965 kg, als Reiseflugzeug 1400 kg.
Zuladung: Normalerweise vier Personen inkl. Pilot, max. aber fünf Personen. Nutzlast 440 kg.
Entwicklungsstand: Am 17. Mai 1994 nahm der Prototyp die Flugerprobung auf. Die Zulassung erfolgte 1995. Bisher sollen Aufträge für rund 80 Il-103 (+ 120 Optionen) eingegangen sein. Iljuschin hofft, über 1000 Il-103 im In- und Ausland absetzen zu können.
Bemerkungen: Bei der Il-103 handelt es sich um einen in konventioneller Ganzmetallbauweise konstruierten Tiefdecker mit festem Dreibein-Fahrwerk. Ursprünglich für einen zivil/militärischen Bedarf an Trainern entwickelt, wird sie nun auch als Reiseflugzeug angeboten. Die Trainingsausführung ist mit zwei Steuerknüppeln und Sichtflug-Instrumentierung ausgerüstet, während die Reiseversion über Steuerhörner verfügt. In Zusammenarbeit mit AlliedSignal wird zudem ein integrales Avionik-Paket westlicher Provenienz angeboten.
Hersteller: OKB Sergei V. Iljuschin, Moskau, Werk Lukhowitsy, Russland.

Abmessungen: Spannweite 10,60 m, Länge 7,95 m, Höhe 3,00 m.

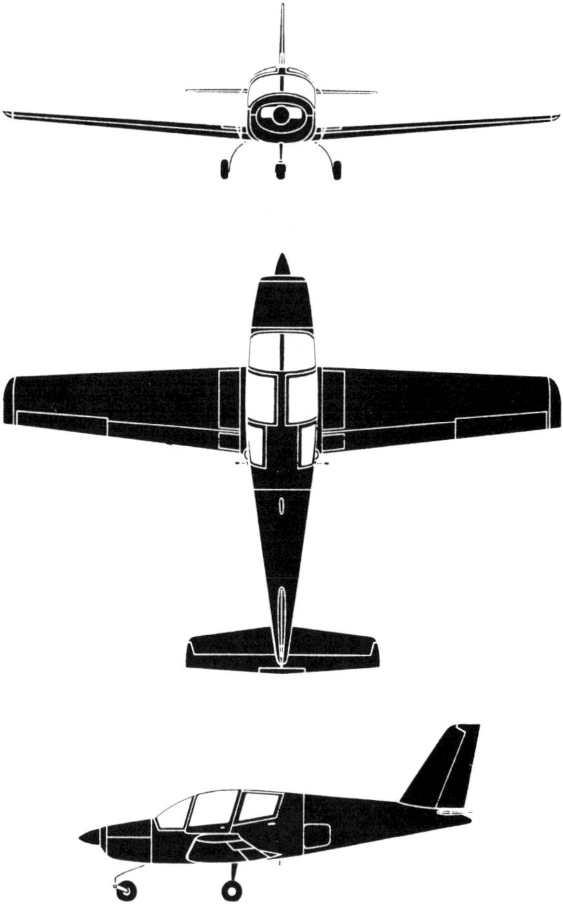

IPTN N-250-100

Ursprungsland: Indonesien.
Kategorie: Regionalverkehrsflugzeug.
Triebwerke: Zwei Propellerturbinen Allison AE 2100C von je 3200 WPS (2386 kW) Leistung.
Leistungen (geschätzt): Max. Reisegeschwindigkeit 611 km/h auf 6100 m; ökonom. Reisegeschwindigkeit 556 km/h; Anfangssteiggeschwindigkeit 10 m/Sek; Dienstgipfelhöhe 7620 m; Reichweite mit 50 Passagieren normal 1450 km, als Option 2000 km.
Gewichte: Leergewicht 12665 kg; max. Startgewicht 24800 kg.
Zuladung: Zwei Piloten und bis zu normal 64, maximal 68 Passagiere in Viererreihen. Max. Zuladung 6000 kg.
Entwicklungsstand: Der Prototyp mit verkürztem Rumpf N-250 verliess am 10. November 1994 die Montagehalle und führte den Erstflug am 10. August 1995 aus. Der zweite um 1,50 m längere Prototyp N-250-100 soll im Mai 1997 erstmals fliegen. Die Auftragslage sah Ende 1995 wie folgt aus: Festbestellungen 192, davon alleine 178 durch indonesische Regionalfluggesellschaften. 1998 soll die Auslieferung (an Merpati) beginnen.
Bemerkungen: Ursprünglich als Weiterentwicklung der spanisch-indonesischen Gemeinschaftsentwicklung CN-235 (siehe Seiten 26/27) geplant, hat sich die N-250 zu einem eigenständigen Produkt entwickelt. Zum Einbau gelangen wie heute üblich zum grossen Teil Verbundwerkstoffe in nicht-tragenden Bereichen. Die N-250 ist mit einem aktiven Fly-by-wire-System ausgerüstet, welches u.a. Höhen-, Seiten- und Querruder sowie die Vorflügel steuert. Im Cockpit sind fünf Kathodenröhren-Displays (CRT) eingebaut. Es wurde beschlossen, in Mobile, Alabama, USA, eine zweite Produktionslinie einzurichten.
Hersteller: IPTN Industri Pesawat Terbang Nusantara, Bandung, Indonesien.

Abmessungen: Spannweite 28,20 m, Länge 28,15 m, Höhe 8,37 m, Flügelfläche 65,00 m^2.

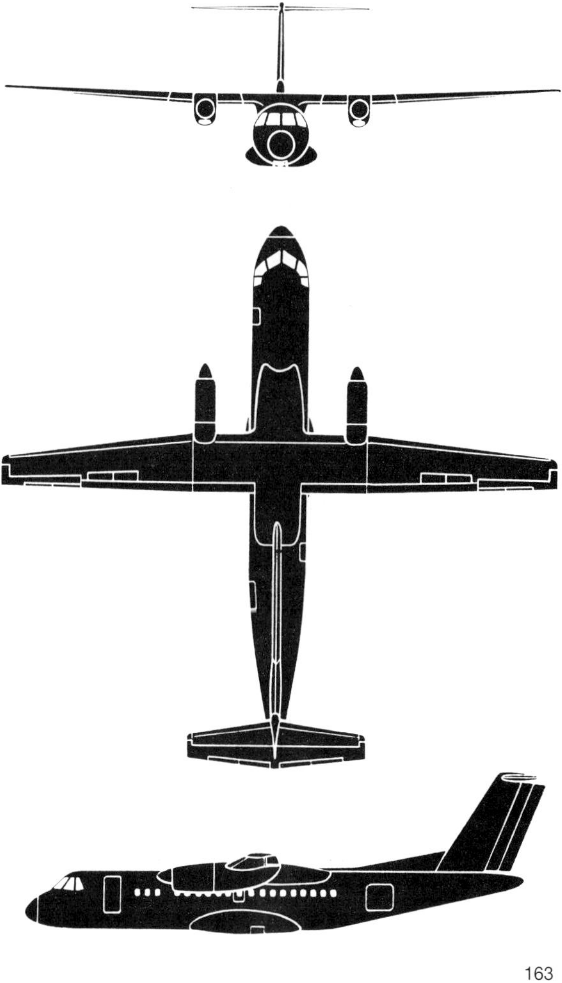

KAMAN K-MAX

Ursprungsland: USA.
Kategorie: Einsitziger Lastenhubschrauber.
Triebwerke: Eine Gasturbine Textron Lycoming T5317A-1 mit einer reduzierten Leistung von 1500 WPS (1119 kW).
Leistungen: Höchstgeschwindigkeit ohne Aussenlasten 185 km/h, mit Aussenlasten 148 km/h; Dienstgipfelhöhe 7620 m; Schwebehöhe mit Bodeneffekt und einer Nutzlast von 2268 kg und Treibstoff für 1,5 Std. 2440 m.
Gewichte: Leer 2132 kg; max. Startgewicht 5216 kg.
Zuladung: Ein Pilot und Aussenlasten ohne Bodeneffekt bis zu 2300 kg, mit Bodeneffekt 2700 kg.
Entwicklungsstand: Der erste von zwei Prototypen startete am 23. Dezember 1991 zum Erstflug. Die Auslieferungen begannen unmittelbar nach der Zulassung vom 30. August 1994. Bis Ende 1995 hat Kaman elf K-Max abgeliefert, darunter je ein Exemplar an die schweizerischen Operators Helog und HeliSuisse. Die Produktion soll bis Ende 1996 bereits ausverkauft sein.
Bemerkungen: Die K-Max ist ein aussergewöhnlicher, speziell für den Lastentransport ausgelegter Hubschrauber, insbesondere für den Transport von Baumstämmen in unwirtlichen Gegenden. Dazu ist sie sehr einfach und robust konstruiert und die Kabine besonders crash-resistent ausgelegt. Wie bei fast allen bisherigen Kaman-Konstruktionen, gelangt auch hier das Rotorsystem mit zwei gegenläufig ineinandergreifenden gelenklosen Zweiblattrotoren zur Anwendung. Damit kann auf einen Heckrotor verzichtet werden. Dank der ungewöhnlichen Kabinenauslegung geniesst der Pilot eine ausgezeichnete Aussicht nach unten. Die K-Max soll auch als Feuerwehr- bzw. Landwirtschaftshubschrauber mit einem 2500-l-Tank ausgerüstet werden können.
Hersteller: Kaman Aerospace Corp, Bloomfield, Connecticut, USA.

Abmessungen: Rotordurchmesser je 14,70 m, Rumpflänge 15,80 m.

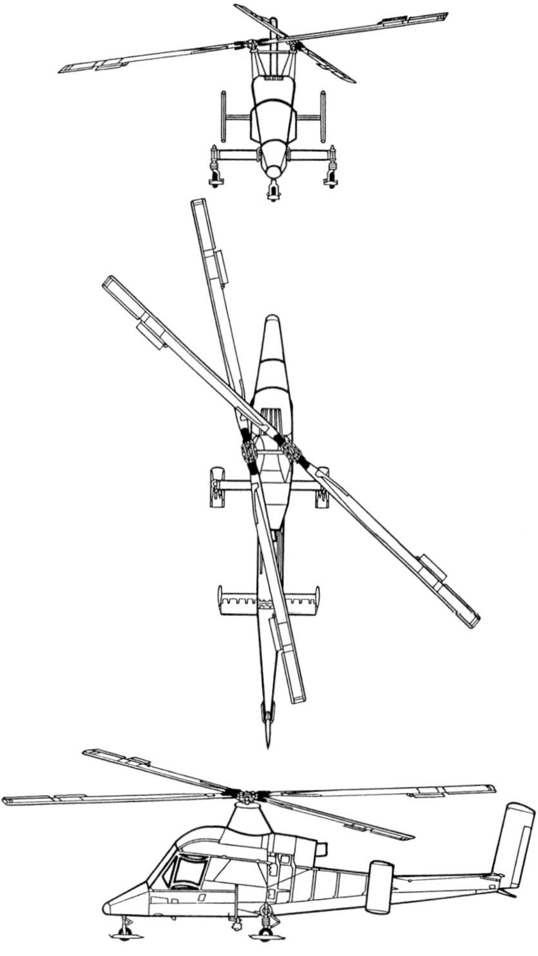

KAMOW KA-50 (HOKUM)

Ursprungsland: Russland.
Kategorie: Einsitziger Kampfhubschrauber.
Triebwerke: Zwei Gasturbinen Klimow (Isotow) TV3-117VK von je 2225 WPS (1660 kW) Leistung.
Leistungen: Höchstgeschwindigkeit in einem Bahnneigungsflug 350 km/h; max. Dauergeschwindigkeit 322 km/h; max. Schrägsteiggeschwindigkeit 10 m/Sek; Schwebehöhe ohne Bodeneffekt 4000 m; Einsatzradius 250 km.
Gewichte (geschätzt): Max. Startgewicht 10800 kg.
Bewaffnung: Eine einläufige 30-mm-Kanone an der rechten Rumpfseite und bis zu 16 Panzerabwehrlenkwaffen AT-9 Whirlwinds oder ungelenkte 80 x 80-mm- bzw. 20 x 130-mm-Raketen an vier Pylonen unter den beiden Stummelflügeln; max. Nutzlast 2500 kg.
Entwicklungsstand: Der Erstflug erfolgte am 27. Juli 1982. Vermutlich sind an Prototypen und Serienhubschraubern rund 20 Einheiten gebaut worden. Bisher hat die russische Armee nur eine kleine Anzahl von Ka-50 übernehmen können. Der Entscheid für die Massenproduktion steht aus finanziellen Gründen weiterhin aus.
Bemerkungen: Die Ka-50 dient primär für Luftnahunterstützungs-Aufgaben, in zweiter Linie auch für Luftkampfeinsätze. Sie ist als einziger aller bisherigen Kampfhubschrauber als Einsitzer ausgelegt. Die Grundkonzeption aller Kamow-Hubschrauber und der koaxiale, gegenläufige Doppelrotor wurde auch von der Hokum übernommen. Cockpit, Triebwerke, Rotoren und Getriebe sind so gepanzert, dass sie einer Beschiessung mit 20-mm-Geschossen standhalten können. Vermutlich als erster Helikopter der Welt, ist die Ka-50 mit einem Schleudersitz ausgerüstet. Vor dem Ausstieg werden die Koaxialrotoren abgesprengt. Kamow entwickelt unter der Bezeichnung Ka-52 eine zweisitzige allwettertaugliche Version (siehe Foto der Attrappe), da sich gezeigt hat, dass nur ein Pilot mit den vielfältigen Aufgaben überfordert sein kann; Erstflug im Jahre 1996 geplant.
Hersteller: OKB Nikolai I. Kamow, Werk Arsenyew, Moskau, Russland.

Abmessungen: Rotordurchmesser 14,50 m, Rumpflänge bei drehenden Rotoren 16,00 m.

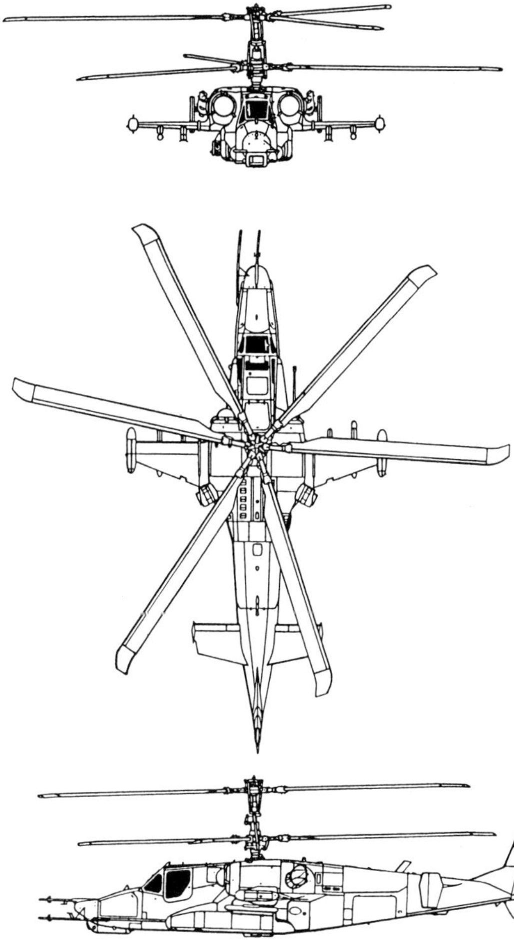

KAMOW KA-62

Ursprungsland: Russland.
Kategorie: Ziviler Mehrzweckhubschrauber.
Triebwerke: Zwei Gasturbinen RKBM/Rybinsk RD-600 von je 1308 WPS (975 kW) bzw. (Ka-62G) General Electric GE CT7-2B von 1725 WPS (1287 kW) Leistung.
Leistungen (nach Angaben des Herstellers): Höchstgeschwindigkeit bei normaler Zuladung 290 km/h; Reisegeschwindigkeit 260 km/h; max. Schrägsteiggeschwindigkeit 13 m/Sek; Dienstgipfelhöhe 5200 m; Schwebehöhe mit Bodeneffekt 2900 m, ohne 2100 m; Reichweite mit max. Nutzlast 345 km, mit 14 Passagieren auf 1220 m 700 km; Reichweite mit 390-l-Zusatztanks 1065 km.
Gewichte: Max. Startgewicht 6500 kg.
Zuladung: Ein bis zwei Mann Besatzung und bis zu 16 Passagiere in vier Reihen. Max. Nutzlast intern 2000 kg, extern 2770 kg.
Entwicklungsstand: Die Konstruktion der Ka-62 begann offenbar bereits 1990. Der erste Prototyp ist zwar fertig erstellt, der Erstflug hätte nach langen Verzögerungen Ende 1995 stattfinden sollen. Ein zweiter Prototyp befindet sich in Bau.
Bemerkungen: In der Auslegung gleicht die Ka-62 der Eurocopter Dauphin 2 (siehe Seiten 128/129), ist aber etwas schwerer. Rund 50 Prozent der Struktur einschliesslich der Rotorblätter sind aus verschiedenen Verbundwerkstoffen. Das Fahrwerk ist einziehbar. Nebst dem Transport von Passagieren ist die Ka-62 auch für Sanitäts- und Frachteinsätze geeignet. Die beiden grossen Gleittüren erleichtern das Ein- und Ausladen. Unter der Bezeichnung Ka-62G wird auch ein Modell mit westlicher Elektronik und Triebwerken CT7-2B angeboten. Weitere Triebwerkvarianten stehen auch noch zur Diskussion.
Hersteller: OKB Nikolai I. Kamow, Werk Ulan-Ude, Moskau, Russland.

Abmessungen: Rotordurchmesser 13,50 m, Rumpflänge 12,80 m, Höhe inkl. Rotorkopf 3,70 m.

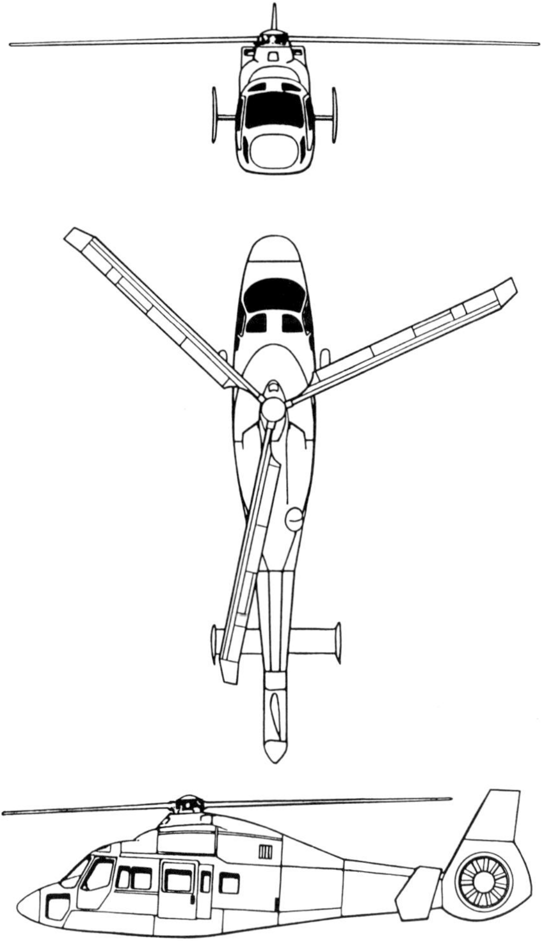

KAWASAKI T-4

Ursprungsland: Japan.
Kategorie: Zweisitziger Trainer.
Triebwerke: Zwei Mantelstromtriebwerke Jshikawajima-Harima F3-IHI-30 von je 1670 kp (16,37 kN) Standschub.
Leistungen: Höchstgeschwindigkeit bei 4700 kg 1038 km/h auf Meereshöhe, 956 km/h auf 10975 m; max. Dauergeschwindigkeit bei 5500 kg 797 km/h; Anfangssteiggeschwindigkeit bei 5500 kg 51 m/Sek; Dienstgipfelhöhe 12200 m; Reichweite ohne Zusatztanks 1297 km, mit zwei 450-l-Zusatztanks 1668 km.
Gewichte: Leer 3700 kg; max. Startgewicht 7500 kg.
Bewaffnung (als Waffentrainer): Ein 7,6-mm-MG-Behälter unter dem Rumpf und zwei Luft-Luft-Lenkwaffen AIM-9L Sidewinder an den beiden Flügelstationen oder bis zu vier 227-kg-Übungsbomben.
Entwicklungsstand: Der erste von vier XT-4-Prototypen ist am 29. Juli 1985 erstmals geflogen, gefolgt vom ersten Serienflugzeug T-4 am 28. Juni 1988. Bei einem Gesamtbedarf der japanischen Luftstreitkräfte von 200 T-4 sind bisher deren rund 100 beschafft worden. Im Fiskaljahr 1996 stossen weitere neun dazu. Die japanische Kunstflugstaffel «Blue Impulse» wird 1996 mit der T-4 ausgerüstet.
Bemerkungen: Für die Produktion der T-4 zeichnet Kawasaki als Hauptauftragnehmer verantwortlich. Mitsubishi ist Lieferant von Rumpfmittelteil und -heck, Triebwerkeinläufen und Seitenflosse und Fuji von Rumpfnase und Flügel. Die T-4 ersetzt die Fuji T-1 und die Lockheed T-33 als Schulflugzeug. Sie kann aber auch für eine Reihe anderer Missionen eingesetzt werden, wie z.B. Verbindungs- und Zielschleppaufgaben. Die T-4 ist die erste japanische Eigenentwicklung mit einheimischem Triebwerk seit 25 Jahren. Der japanischen Luftwaffe wird zurzeit eine verbesserte Version der T-4 angeboten, welche auch die Aufgaben des Fortgeschrittenentrainers Mitsubishi T-2 übernehmen könnte.
Hersteller: Kawasaki Heavy Industrie Ltd., Werk Gifu, Japan.

Abmessungen: Spannweite 9,94 m, Länge 13,00 m, Höhe 4,60 m, Flügelfläche 21,00 m².

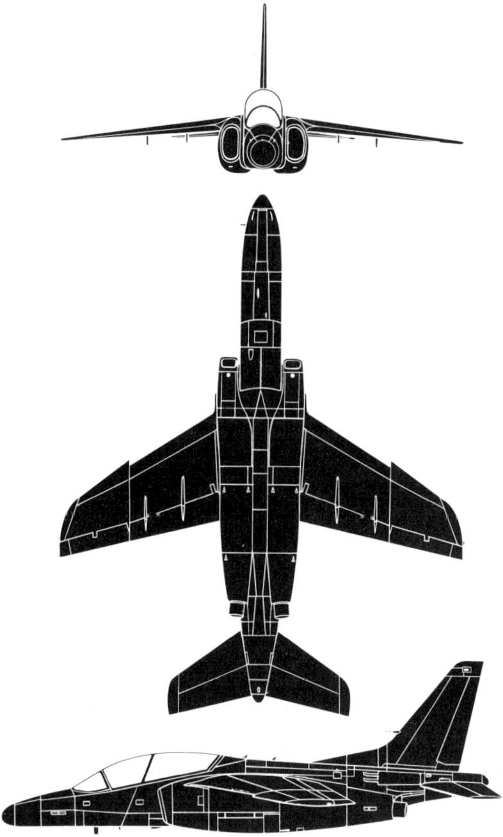

KAWASAKI OH-X

Ursprungsland: Japan.
Kategorie: Zweisitziger leichter Kampf- und Beobachtungshubschrauber.
Triebwerke: Zwei Gasturbinen Mitsubishi XTS-1 von je 800 WPS (597 kW) Leistung.
Leistungen (nach provisorischen Angaben des Herstellers): Maximalgeschwindigkeit im Horizontalflug 260 km/h; Aktionsradius 200 km.
Gewichte: Max. Startgewicht rund 3500 kg.
Bewaffnung: Noch keine Angaben bekannt.
Entwicklungsstand: Der erste von sechs Prototypen (davon zwei nicht fliegende Muster zur statischen Erprobung) soll den Erstflug im Juli 1996 absolvieren. Man rechnet mit dem Beginn der Auslieferungen frühestens ab 1999. Die japanischen Bodenstreitkräfte haben einen Bedarf von etwa 200 OH-X als Ersatz der Kawasaki/MDD OH-6D angemeldet.
Bemerkungen: Einigermassen überraschend wurde Ende 1994 die Existenz dieses Projekts durch Präsentation einer 1 : 1 Attrappe (siehe Foto) bekannt. Nebst Kawasaki beteiligen sich auch Fuji und Mitsubishi mit je 20 % an der Entwicklung. Die Konzeption der OH-X folgt dem heute üblichen Muster eines schlanken Tandemzweisitzers, wobei der Pilot im Frontcockpit und der Beobachter/Systemoperateur hinten sitzt. Die Zelle ist weitgehend aus Verbundwerkstoffen, das Cockpit gepanzert. Auch der gelenklose Hauptrotor ist aus Kunststoff und der Heckrotor aus Sicherheitsgründen ummantelt. Die Kampfelektronik umfasst u.a. TV, FLIR und Laser-Entfernungsmesser. Mit dieser Ausrüstung ist die OH-X vollständig nacht- und allwettertauglich.
Hersteller: Kawasaki Heavy Industries Ltd., Tokyo, Japan.

Abmessungen: Noch keine Angaben erhältlich.

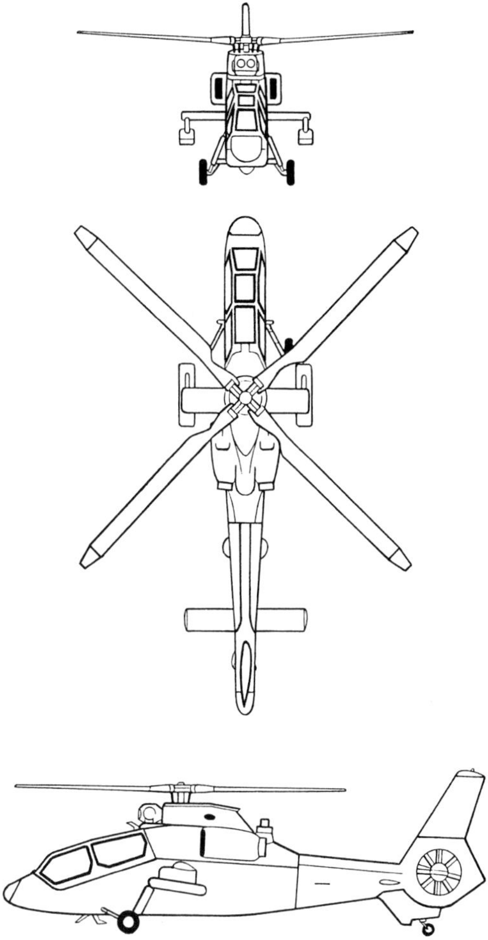

LET L-610G/M

Ursprungsland: Tschechien.
Kategorie: Regionalverkehrsflugzeug.
Triebwerke: Zwei Propellerturbinen (L-610G) General Electric CT7-9D von je 1750 WPS (1305 kW), (L-610M) Motorlet M 602 von je 1800 WPS (1360 kW) Leistung.
Leistungen (geschätzt bei max. Abfluggewicht): Max. Reisegeschwindigkeit 466 km/h auf 7200 m; Langstrecken-Reisegeschwindigkeit 408 km/h auf 7200 m; Anfangssteiggeschwindigkeit 8,4 m/Sek; Dienstgipfelhöhe 8050 m; Reichweite mit max. Nutzlast und 45 Min. Reserven 870 km, mit max. Treibstoffzuladung 2470 km.
Gewichte: Leergewicht 8730 kg; max. Startgewicht 14500 kg.
Zuladung: Zwei Piloten und mit Standardeinrichtung 40 Passagiere in Viererreihen mit zentralem Mittelgang. Eine kombinierte Passagier-/Frachtauslegung sowie eine reine Frachtvariante sind ebenfalls erhältlich. Max. Nutzlast 4200 kg.
Entwicklungsstand: Das erste mit GE-Triebwerken ausgerüstete Muster flog am 18. Dezember 1992. Die noch mit den Motorlet M602-Triebwerken ausgerüstete L-610M (siehe Ausgabe 1992/93) nahm die Flugerprobung am 28. Dezember 1988 auf. Von dieser hat Let insgesamt nur neun Maschinen hergestellt, die alle von der tschechischen Luftwaffe übernommen wurden. Alle weiteren Maschinen sollen ausschliesslich GE-Triebwerke erhalten. Zurzeit seien Bestellungen/Optionen für 12 L-610M und 16 L-610G vorhanden. Die L-610M soll im russischen Werk Smolensk in Lizenz gebaut werden.
Bemerkungen: Die L-610 wurde speziell für sowjetische Bedürfnisse für Kurzstreckeneinsätze über Etappendistanzen von 400 bis 600 km entworfen und soll den kleineren Mehrzwecktransporter L-410 nach oben und die Il-114 nach unten ergänzen. Um die Exportchancen in westlichen Ländern zu erhöhen, bietet Let eine Variante mit General Electric CT7-9D-Triebwerken und überarbeiteter Avionik an. Die L-610 ist besonders geeignet für Einsätze auf unvorbereiteten Pisten, zu deren Anflug hohe Sinkgeschwindigkeiten nötig sind.
Hersteller: Let Narodni Podnik, Uherské Hradiste-Kunovice, Kunovice, Tschechien.

Abmessungen: Spannweite 25,60 m, Länge 21,42 m, Höhe 7,61 m, Flügelfläche 56,00 m².

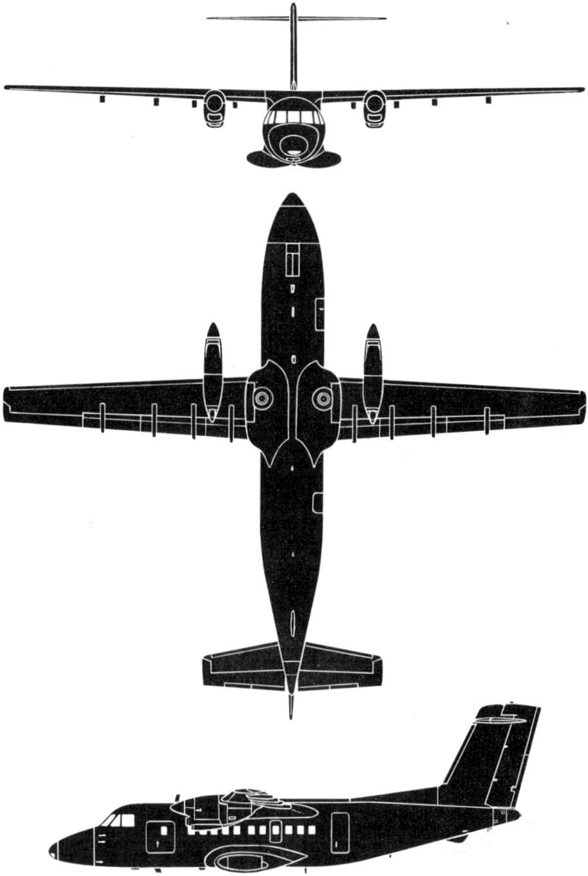

LOCKHEED C-130J HERCULES II

Ursprungsland: USA.
Kategorie: Mittelschwerer militärischer und ziviler Transporter.
Triebwerke: Vier Propellerturbinen Allison AE2100 von je 6000 WPS (4500 kW) Leistung.
Leistungen (geschätzt): Max. Reisegeschwindigkeit 630 km/h; Anfangssteiggeschwindigkeit 12 m/Sek; Dienstgipfelhöhe 10060 m; Reichweite mit einer Nutzlast von 21625 kg über 2600 km.
Gewichte: Leer 34500 kg; max. Abfluggewicht 79000 kg +.
Zuladung: Zwei Piloten und eine Nutzlast von 22000 kg +.
Entwicklungsstand: Das erste von fünf C-130J-Erprobungsmustern (zwei C-130J und drei C-130J-30) verliess am 18. Oktober 1995 die Montagehalle. Bisherige Bestellungen: RAAF 12, USAF 2. Letztere hat einen Bedarf an bis zu 150 neuen C-130J. Ablieferungen ab 1997 geplant. Weiterer potentieller Besteller: Saudi Arabien. Von allen Hercules-Varianten sind bisher über 2100 Maschinen produziert worden.
Bemerkungen: Die Version C-130J ist gegenüber der bisherigen C-130H in wesentlichen Teilen überarbeitet und verbessert worden. Nebst neuen Triebwerken mit Sechsblattrotoren neuester Technologie werden ein völlig neues Zweimann-Cockpit mit vier grossen LCD-Anzeigen und einem HUD eingebaut. Weiter hat Lockheed zur Leistungserhöhung und zur Vereinfachung der Wartung das elektrische System, die Betankungsanlage sowie die gesamte Elektronik neu konzipiert. Alle diese Massnahmen führen dazu, dass bei um 17 % reduziertem Treibstoffverbrauch sowie einer um 15 % höheren Geschwindigkeit die Nutzlast-/Reichweitenleistung um nicht weniger als 61 % verbessert wird. Zudem hat man Teile der Struktur verstärkt. Lockheed entwickelt auch eine zivile Ableitung L-100J mit einem zusätzlichen Frachttor von 3,55 m Breite an der rechten Rumpfvorderseite. Sie ist ab erstem Quartal 1997 verfügbar.
Hersteller: Lockheed Martin Marietta Corp., Marietta, Georgia, USA.

Abmessungen: Spannweite 40,41 m, Länge (C-130J) 32,33 m, (C-130J-30) 34,36 m, Höhe 11,71 m, Flügelfläche 162,12 m².

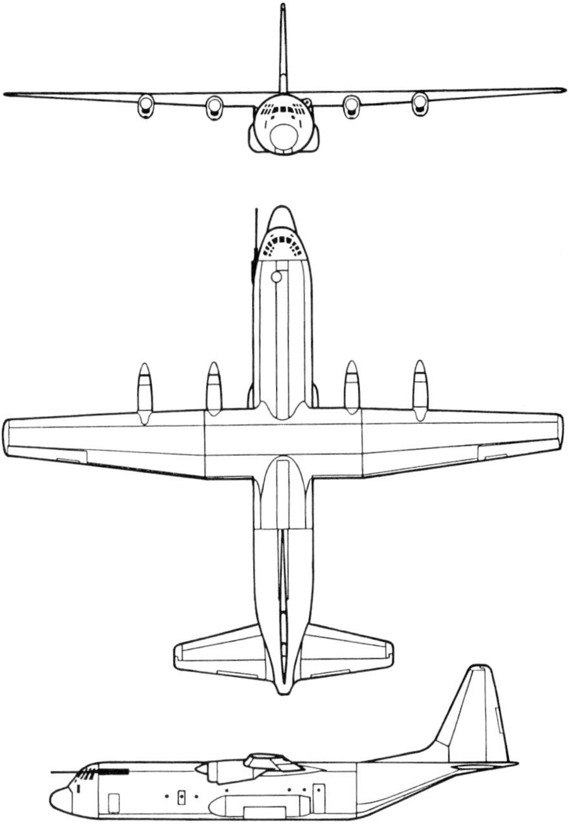

LOCKHEED F-16C/D FIGHTING FALCON

Ursprungsland: USA.
Kategorie: Einsitziger Mehrzweckjäger (F-16C) und zweisitziger operationeller Trainer (F-16D).
Triebwerke: Ein Mantelstromtriebwerk Pratt & Whitney F100-PW-220 von 6518 kp (63,9 kN) Standschub ohne und 10781 kp (105,7 kN) mit Nachbrenner, bzw. General Electric F110-GE-100 von 6359 kp (62,3 kN) Standschub ohne und 13146 kp (128,9 kN) mit Nachbrenner.
Leistungen (F-16C mit F-100): Kurzzeitig erreichbare Höchstgeschwindigkeit 2145 km/h auf 12190 m (Mach 2,02), andauernde Höchstgeschwindigkeit 2007 km/h (Mach 1,89); taktischer Einsatzradius (Einsatzprofil hoch-tief-hoch, ohne Zusatztanks) 580 km mit sechs 227-kg-Bomben; Überführungsreichweite mit max. Zusatztanks 3943 km.
Gewichte (F-16C): Leergewicht 8273 kg; Startgewicht als Abfangjäger mit Luft-Luft-Lenkwaffen 12000 kg; max. Startgewicht 19187 kg.
Bewaffnung: Eine mehrläufige 20-mm-Revolverkanone M61A-1 und, als Abfangjäger, bis sechs Luft-Luft-Lenkwaffen AIM-9L/M, als Erdkämpfer bis zu 5638 kg Aussenlasten.
Entwicklungsstand: Erstflug des YF-16-Prototypen am 20. Januar 1974, des ersten Serienflugzeugs F-16A am 7. August 1978. Am 27. April 1995 wurde die 3500. F-16 abgeliefert. Bisher haben 18 Luftwaffen diesen Typ beschafft. Zurzeit führt Lockheed noch die nachstehenden (Folge)Aufträge aus: Ägypten 48, Portugal 20, Singapur 18, Südkorea 120, Taiwan 150, Thailand 18, Türkei 80, USAF 229.
Bemerkungen: Gegenwärtig werden die Varianten F-16C und F-16D (Block 50/52) abgeliefert, die über stärkere Triebwerke und verbesserte Elektronik verfügen (u.a. APG-65(V-5)-Radar, Laserkreisel). Rund 100 F-16 werden zu Aufklärern RF-16 modifiziert. Sie sind mit einem rumpfkonformen Behälter ausgerüstet, der die Aufklärungsergebnisse im realtime-Verfahren via Video übertragen kann. Lockheed offeriert neu eine Langsteckenversion F-16ES basierend auf der F-16D mit konformen Satteltanks über den Innenflügeln. Weiter steht eine Version F-16U in Prüfung, mit Deltaflügeln und verlängertem Rumpf. Für beide Varianten sind bisher aber noch keine Bestellungen eingegangen.
Hersteller: Lockheed Martin Marietta Corp., Fort Worth Division, Fort Worth, Texas, USA.

Abmessungen: Spannweite 9,45 m, Länge 15,03 m, Höhe 5,09 m, Flügelfläche 27,87 m².

LOCKHEED/BOEING F-22

Ursprungsland: USA.
Kategorie: Einsitziges Luftüberlegenheits- und Mehrzweckkampfflugzeug.
Triebwerke: Zwei Mantelstromtriebwerke Pratt & Whitney YF119-PW-100 mit 15900 kp (156 kN) Standschub mit Nachverbrennung mit schwenkbarem Triebwerkstrahl.
Leistungen (YF-22, geschätzt): Höchstgeschwindigkeit in geringer Höhe 1470 km/h (Mach 1,20) oder 1915 km/h über 10975 m (Mach 1,80); max. Dauergeschwindigkeit 1595 km/h (Mach 1,50); Dienstgipfelhöhe 15240 m; Aktionsradius mit interner Treibstoffzuladung und voller Zahl Luft-Luft-Lenkwaffen 1450 km.
Gewichte (geschätzt): Leergewicht 14365 kg; normal beladen 24950 kg; max. Startgewicht 27216 kg.
Bewaffnung: Eine sechsläufige 20-mm-Revolverkanone und sechs Luft-Luft-Lenkwaffen (zwei AIM-9, vier AIM-120) in div. Waffenschächten. Zudem besteht die Möglichkeit, für Erdkampfeinsätze darin auch spezielle 450-kg-Bomben sowie Lenkwaffen an zwei Aufhängungen unter den Flügeln mitzuführen.
Entwicklungsstand: Der erste von zwei YF-22-Prototypen flog am 29. September 1990. Ein überarbeiteter Serienprototyp der F-22 startet im Mai 1997 zum Erstflug. Die Flugerprobung wird neun Flugzeuge umfassen (sieben Einsitzer F-22A und zwei Doppelsitzer F-22B). Mit der Einsatzbereitschaft rechnet man nicht vor dem 2004. Die USAF plant nun nur noch 442 Maschinen zu beschaffen.
Bemerkungen: Der Serienprototyp wird in seinen äusseren Konturen einige wesentliche Änderungen erfahren. Diese zielen vor allem darauf, die F-22 schwerer entdeckbar zu machen und die Wendigkeit der Maschine zu verbessern. So wird die Spannweite erhöht und die Pfeilung der Vorderkante von 48 auf 42 Grad reduziert. Die Flügelfläche bleibt zwar gleich, doch ist die Flügelwurzel dünner. Das beim Versuchsmuster recht überdimensionierte Seitenleitwerk wird flächenmässig reduziert und in der Höhe um 0,12 m abgesenkt. Schliesslich rückt das Cockpit leicht nach vorne und die Lufteinläufe um 0,46 m nach hinten.
Hersteller: Lockheed Martin Marietta Corp., Marietta, Georgia und Boeing Military Airplanes, Seattle, Washington, USA.

Abmessungen: Spannweite 13,56 m, Länge 18,87 m, Höhe 5,28 m, Flügelfläche 77,1 m².

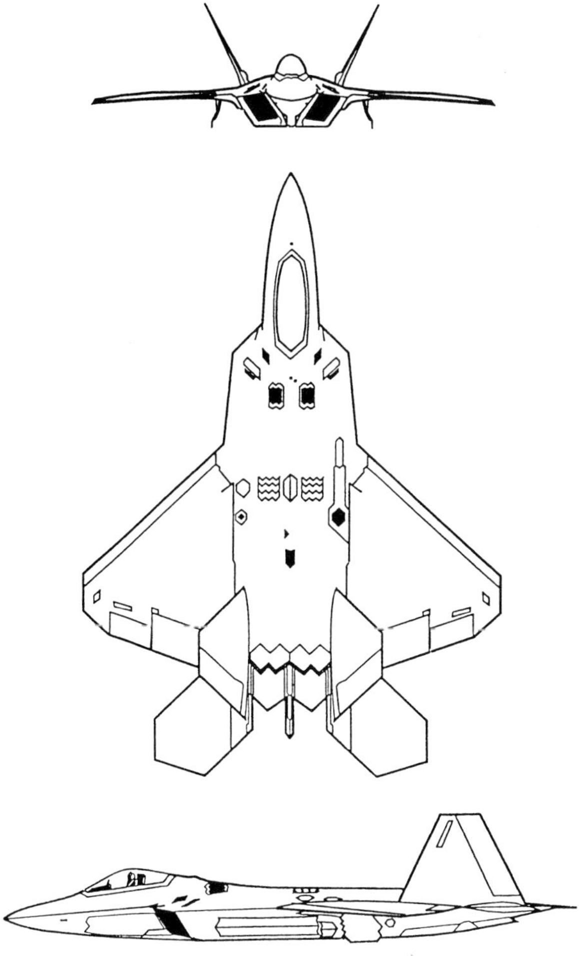

McDONNELL DOUGLAS C-17A GLOBEMASTER III

Ursprungsland: USA.
Kategorie: Schwerer Militärfrachter.
Triebwerke: Vier Mantelstromtriebwerke Pratt & Whitney F117-PW-100 von je 18914 kp (185,5 kN) Standschub.
Leistungen: Max. Reisegeschwindigkeit 818 km/h auf 10975 m (Mach 0,77), 650 km/h in niedriger Höhe: Dienstgipfelhöhe 13700 m; Reichweite mit einer Nutzlast von 58605 kg 5190 km, 5000 km mit einer solchen von 71895 kg sowie 4445 km mit 75750 kg.
Gewichte: Rüstgewicht 122016 kg; max. Startgewicht 263083 kg.
Zuladung: Zwei Piloten und zwei Lademeister. Im 26,82 m langen, 5,49 breiten und 4,11 hohen Frachtraum können Nutzlasten bis zu 75000 kg mitgeführt werden. Typische Lasten: Drei Kampfhubschrauber AH-64 oder ein vollausgerüsteter Kampfpanzer M-1 Abrams, bis zu 102 Fallschirmspringer. Einzellasten von 27215 kg oder mehrere Paletten von max. 49895 kg können im Flug abgeworfen werden.
Entwicklungsstand: Der Prototyp flog erstmals am 15. September 1991, gefolgt vom ersten von vier Produktionsprototypen am 19. Mai 1992. Nachdem die anfänglichen technischen Schwierigkeiten beseitigt wurden, beschafft die USAF die ursprünglich geplante Zahl von 120 Einheiten. Als erste Staffel hat das 437th AW/17th AS die Umrüstung auf die C-17A im August 1993 begonnen.
Bemerkungen: Das besondere an der C-17A ist die Fähigkeit, schwere Lasten auf strategischen Distanzen direkt in die Nahkampfzone fliegen zu können. Für diese Aufgabe wurde sie sehr robust ausgelegt und ist beispielsweise in der Lage, Lande- und Startbahnen mit einer Länge von nur 915 m zu benützen. Sie kombiniert somit die Aufgaben der C-5/C-141 mit denen der C-130. Das superkritische Tragwerk mit einer Pfeilung von 25 Grad ist mit Winglets und einem angeblasenen Klappensystem ausgerüstet, und das stabile Fahrwerk erlaubt ein Manövrieren mit eigener Kraft am Boden.
Hersteller: McDonnell Douglas Corp, Long Beach, Kalifornien, USA:

Abmessungen: Spannweite 50,29 m, Länge 53,04 m, Höhe 16,79 m, Flügelfläche 353 m^2.

McDONNELL DOUGLAS F-15S EAGLE

Ursprungsland: USA.
Kategorie: Zweisitziger Luftüberlegenheitsjäger und Erdkämpfer.
Triebwerke: Zwei Mantelstromtriebwerke Pratt & Whitney F100-PW-229 von je 8073 kp (79,20 kN) Standschub ohne und 13200 kp (129,40 kN) mit Nachbrenner.
Leistungen: Kurzzeitig erreichbare Spitzengeschwindigkeit 2698 km/h oder Mach 2,54 auf 12190 m; längerdauernde Höchstgeschwindigkeit 2443 km/h oder Mach 2,40 auf 12190 m; Dienstgipfelhöhe 18300 m; max. Aktionsradius 1270 km; Überführungsreichweite mit Zusatztanks 4445 km.
Gewichte: Rüstgewicht 14379 kg; max. Startgewicht 36741 kg.
Bewaffnung: Eine sechsläufige 20-mm-Revolverkanone M61A1 und bis zu 11113 kg Aussenlasten (Erdkampf) bzw. bis zu je vier Luft-Luft-Lenkwaffen AIM-7F Sparrow und AIM-9L Sidewinder oder bis zu acht AIM-120 (Luftüberlegenheitsseinsatz).
Entwicklungsstand: Die erste F-15E begann mit den Testflügen am 11. Dezember 1986, gefolgt vom ersten Serienflugzeug Ende 1987. Ablieferungen an die USAF ab 1988. Die USAF erhielt bis 1993 209 F-15E. Saudi Arabien bestellte 72 F-15S (Ablieferung ab Ende 1995), Israel 25 F-15E. Das ganze Produktionsvolumen aller F-15-Ausführungen wird rund 1400 Einheiten umfassen.
Bemerkungen: Die F-15E ist eine für den Erdkampfeinsatz optimierte Ausführung der F-15C (siehe Ausgabe 1986) mit verstärkter Struktur, höheren Beschleunigungslimiten, dreifacher elektrischer Steuerung und für den Allwettereinsatz im Tiefflug ergänzter Avionik (Hughes APG-70-Radar, Infrarotausrüstung FLIR, LANTRIN-Tiefflug-Navigations- und Nachfluggerät). Dank verstärkter Zelle weist die F-15E die doppelte Lebensdauer gegenüber früheren Eagle-Versionen auf. Die F-15S ist eine von der F-15E abgeleitete Ausführung mit vereinfachter Elektronik. Als F-15U bezeichnet, bietet MDD eine Variante mit vergrösserten Tragflächen und doppelt so dickem Profil an. Dadurch würde sich die Kraftstoffkapazität um rund 2,5 Tonnen erhöhen. Bis zu 100 F-15E der USAF sollen für Anti-Radareinsätze modifiziert werden. Diese würden dann AGM-88-Harm-Lenkwaffen mitführen.
Hersteller: McDonnell Douglas Corp., St. Louis, Missouri, USA.

Abmessungen: Spannweite 13,05 m, Länge 19,43 m, Höhe 5,63 m, Flügelfläche 56,50 m².

McDONNELL DOUGLAS F/A-18C/D HORNET

Ursprungsland: USA.
Kategorie: Einsitziges und zweisitziges bord- oder landgestütztes Mehrzweck- und Erdkampfflugzeug.
Triebwerke: Zwei Mantelstromtriebwerke General Electric F404-GE-400 von je 4810 kp (47,2 kN) Standschub ohne und 7167 kp (70,3 kN) mit Nachbrenner oder F404-GE-402 von je 8028 kp (79 kN) Standschub mit Nachverbrennung.
Leistungen (-GE-400): Höchstgeschwindigkeit mit Luft-Luft-Lenkwaffen an den Flügelspitzen und unter dem Rumpf 1915 km/h oder Mach 1,8 auf 12150 m; Anfangssteiggeschwindigkeit mit halber Treibstoffzuladung und vier Lenkwaffen 304,6 m/Sek; Dienstgipfelhöhe 15240 m; Aktionsradius (Luftpatrouille) ohne Zusatztanks 770 km, mit drei 1192-l-Zusatztanks 1180 km.
Gewichte: Leer 10455 kg; normales Startgewicht für Luftüberlegenheitseinsatz mit halber Treibstoffzuladung und vier Lenkwaffen 16650 kg, als Erdkämpfer 22238 kg; max. Startgewicht 25400 kg.
Bewaffnung: Eine 20-mm-Revolverkanone M61A1 plus je zwei Luft-Luft-Lenkwaffen AIM-7E/F Sparrow und AIM-9G/H Sidewinder oder als Erdkämpfer bis zu 7711 kg Waffenlasten an neun Aufhängepunkten.
Entwicklungsstand: Erstflug der ersten von 11 F/A-18A/B am 18. November 1978. Zurzeit werden nur noch die weiterentwickelten F/A-18C/D produziert, letztere auch als Aufklärungsvariante für das USMC. Die neuesten Bestellungen stammen von: Finnland 57 F/A-18C und 7 F/A-18D; Schweiz 34 F/A-18C/D; Malaysia 8 F/A-18D + evtl. bis 16 weitere, Thailand? Von allen Ausführungen sind bisher rund 1500 Einheiten von acht Luftwaffen bestellt und zum grossen Teil ausgeliefert worden. Der monatliche Ausstoss beträgt zurzeit vier Hornets.
Bemerkungen: Alle nach November 1989 gelieferten F/A-18C sind allwetter- und nachtkampftauglich und seit Frühjahr 1994 erhalten die neu produzierten Einheiten das leistungsfähigere Bordradar AN/APG-73. Die für Finnland und die Schweiz vorgesehenen F/A-18 sind mit dem leistungsfähigeren Triebwerk GE F404-402 ausgerüstet. An der Entwicklung einer Aufklärungsversion RF-18D für das USMC wird weitergearbeitet.
Hersteller: McDonnell Douglas Corporation, St.Louis, Missouri, USA.

Abmessungen: Spannweite 11,43 m, Länge 17,07 m, Höhe 4,67 m, Flügelfläche 36,79 m^2.

McDONNELL DOUGLAS F/A-18E/F SUPER HORNET

Ursprungsland: USA.
Kategorie: Einsitziges und zweisitziges bord- und landgestütztes Mehrzweckkampfflugzeug.
Triebwerke: Zwei Mantelstromtriebwerke General Electric F414-GE-400 von je 9978 kp (97,86 kN) Standschub mit Nachverbrennung.
Leistungen (geschätzt): Höchstgeschwindigkeit auf optimaler Höhe Mach 1,8 +; Dienstgipfelhöhe 15240 m; Radius als Abfangjäger mit je zwei Luft-Luft-Lenkwaffen Sidewinder und AMRAAM 760 km, bei Tiefangriffseinsätzen mit vier 450-kg-Bomben, zwei Sidewinders und zwei 1818-l-Aussentanks (hoch-tief-tief-hoch) 722 km.
Gewichte: Leergewicht 10735 kg; max. Startgewicht 23541 kg.
Bewaffnung: Eine 20-mm-Revolverkanone M61A1 und eine Waffenlast verschiedenster Auslegung von über 8000 kg.
Entwicklungsstand: Die erste Prototyp flog erstmals am 29. November 1985, gefolgt vom zweiten am 16. Dezember 1995. An der Flugerprobung werden bis 1997 insgesamt sieben Prototypen teilnehmen. USN und USMC zusammen haben einen Bedarf von rund 1000 F/A-18E/F, aufgeteilt in verschiedenen Ausführungen. Die Auslieferungen sollen 1999 beginnen.
Bemerkungen: Die F/A-18E/F Super Hornet ist eine wesentlich leistungsfähigere Weiterentwicklung der F/A-18C/D Hornet. Die Hauptflügel sind deutlich grösser, der Rumpf wurde um eine zusätzliche Sektion von 86 cm verlängert. Rund ein Drittel der Zelle besteht aus Verbundwerkstoffen, vorwiegend Karbonfaser. Die Triebwerkeinläufe sind rechteckig gestaltet. Im übrigen sind alle Konturen möglichst reflexionsarm ausgelegt, um die Radarsignatur möglichst klein zu gestalten. Dies, obwohl die Super Hornet gegenüber dem Ausgangsmuster um rund 25 % grösser ist. Dank um rund 35 % stärkeren Triebwerken und einer um einen Drittel erhöhten Treibstoffkapazität resultieren in allen Bereichen wesentlich bessere Flugleistungen und insbesondere eine deutlich erhöhte Reichweite. Als Ersatz der EA-6B Prowler, entwickelt MDD eine Ausführung F/A-18C2W für die elektronische Kriegsführung.
Hersteller: McDonnell Douglas Corporation, St. Louis, Missouri, USA.

Abmessungen: Spannweite 13,70 m, Länge 18,40 m, Höhe 4,88 m, Flügelfläche 46,45 m^2.

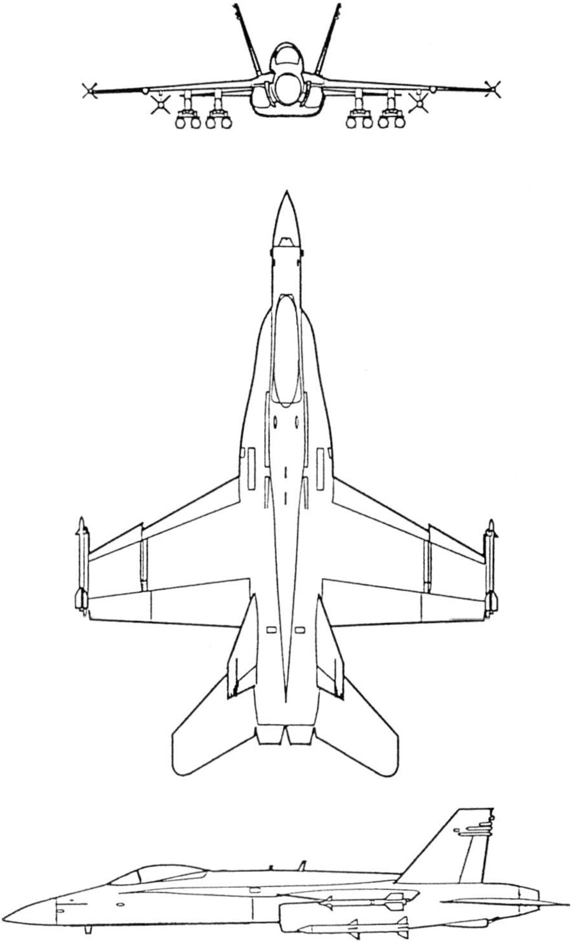

McDONNELL DOUGLAS MD-90

Ursprungsland: USA.
Kategorie: Kurz- und Mittelstrecken-Verkehrsflugzeug.
Triebwerke: Zwei Mantelstromtriebwerke IAE (MD-90-10) V2522-D5 von je 9978 kp (97,86 kN) oder (-30) V2525-D5 von je 11340 kp (111,21 kN) oder (-50) V2528-D5 von je 12700 kp (124,55 kN) Standschub.
Leistungen (-30): Reisegeschwindigkeit 812 km/h auf 10670 m (Mach 0,76); Dienstgipfelhöhe 11277 m; Reichweiten (-10) 4551 km, (-30) 4329 km und (-50) 5600 km.
Gewichte: Rüstgewichte (-10) 36690 kg, (-30) 39375 kg, (-50) 41640 kg; max. Abfluggewichte (-10) 63050 kg, (-30) 70760 kg, (-50) 78245 kg.
Zuladung: Zwei Mann Cockpitbesatzung und typische Inneneinrichtungen für (-10) 114, (-30, -50) 158 und (-55) 187 Passagiere.
Entwicklungsstand: Der Erstflug der ersten MD-90 (Version -30) fand am 22. Februar 1993 statt, gefolgt von der zweiten am 27. August 1993. Nach der Zulassung im Oktober 1994 begann die Ablieferung an den Erstbesteller Delta am 24. Februar 1995. Der heutige Auftragsbestand beläuft sich auf 113 feste Bestellungen von sechs Gesellschaften (+ 106 Optionen und Kaufsabsichten).
Bemerkungen: Die bereits lange Liste von DC-9-Ableitungen wird durch eine Mehrzahl weiterer Varianten ergänzt. Sie alle haben gemeinsam als Antrieb die IAE V2500-Triebwerk-Reihe und unterscheiden sich untereinander fast nur in der Rumpflänge, der Passagierkapazität und den damit verbundenen Abfluggewichten und Reichweitenleistungen. Die Version -10 (bisher noch nicht bestellt) verfügt über die gleiche Länge wie die MD-87, die Ausführungen -30 (siehe Silhouette) und -50/-55 sind gegenüber der MD-80 um 1,45 m gestreckt (letztere erbringt grössere Reichweitenleistungen). 20 (später evtl. 40) MD-90 werden von Shanghai Aviation in Lizenz produziert. Als vorläufig letzte Version hat MDD entschieden, die MD-95 (siehe Fotomontage) zu lancieren. Ausgerüstet wahlweise mit BMW/Rolls-Royce BR.715- bzw. Pratt & Whitney-Triebwerken, verfügt sie über den kürzesten Rumpf der Familie und kann normal 100, maximal 129 Passagiere aufnehmen. Als Erstbesteller hat die amerikanische ValuJet 50 Einheiten bestellt. Auslieferung ab 1999.
Hersteller: McDonnell Douglas Corporation, Douglas Aircraft Company, Long Beach, Kalifornien, USA.

Abmessungen: Spannweite 32,87 m, Länge (-10) 39,75 m, (-30, -50/-55) 46,51 m, Höhe 9,30 m, Flügelfläche 112,32 m².

McDONNELL DOUGLAS MD-11

Ursprungsland: USA.
Kategorie: Langstrecken-Verkehrsflugzeug.
Triebwerke: Drei Mantelstromtriebwerke General Electric CF6-80C2-D1F von je 27895 kp (273,6 kN) oder Pratt & Whitney PW4460 von je 27215 kp (266,0 kN) Standschub.
Leistungen (PW4460): Höchstgeschwindigkeit 962 km/h auf 8230 m (Mach 0,87); max. Reisegeschwindigkeit 932 km/h auf 9150 m; ökonom. Reisegeschwindigkeit 876 km/h auf 10670 m; Anfangssteiggeschwindigkeit 14,7 m/Sek; Dienstgipfelhöhe 9935 m; Reichweite mit max. Passagierzuladung und üblichen Reserven 12780 km; max. Reichweite (-ER) 13900 km.
Gewichte: Rüstgewicht 124205 kg; max. Startgewicht 283500 kg und als Option (-ER) 286250 kg.
Zuladung: Zwei Piloten und max. 410 Passagiere in Zehnerreihen. Übliche Zweiklassenausstattung für 323 Passagiere. Max. Nutzlast als Kombi 68447 kg, als Frachter 93304 kg.
Entwicklungsstand: Das erste von fünf Versuchsmustern MD-11 startete am 10. Januar 1990 zum Erstflug. Beginn der Ablieferungen (an Finnair) fand am 29. November 1990 statt. Der Auftragsbestand beläuft sich auf 168 Einheiten, rund 150 sind ausgeliefert.
Bemerkungen: Vier Ausführungen sind derzeit erhältlich: Die oben beschriebene Passagierversion MD-11, eine kombinierte Passagier-/Frachtvariante MD-11 Combi, ein Vollfrachter MD-11F sowie der «Convertible Freighter» MD-11CF, welcher saisonal zum Frachter oder Passagierjet umgewandelt werden kann. Um die Reichweitenleistungen zu verbessern, hat MDD 1995 ein «performance-improvement programme» (PIP) gestartet. Dabei werden an verschiedenen Stellen aerodynamische Verfeinerungen angebracht. Ab 1996 kommt die MD-11ER für extreme Reichweiten hinzu. Weiterhin offen bleibt, ob die Varianten MD-11D mit einem Panoramadeck im vorderen Frachtraum für zusätzliche 64 Passagiere sowie eine um 6,09 m gestreckte Ausführung MD-11C mit höherem Abfluggewicht realisiert werden. Eine verkürzte zweimotorige Variante der MD-11 für Mittel- bis Langstrecken steht in Planung.
Hersteller: McDonnell Douglas Corporation, Douglas Aircraft Company, Long Beach, Kalifornien, USA.

Abmessungen: Spannweite 51,66 m, Länge 61,21 m, Höhe 17,60 m, Flügelfläche 338,90 m².

McDONNELL DOUGLAS/BAe T-45A GOSHAWK

Ursprungsland: USA und Grossbritannien.
Kategorie: Zweisitziger bord- oder landgestützter Basis- und Fortgeschrittenentrainer.
Triebwerke: Ein Mantelstromtriebwerk Rolls-Royce-Turboméca F405-RR-401 (Adour Mk.871) von 2648 kp (25,98 kN) Standschub.
Leistungen: Höchstgeschwindigkeit 1006 km/h auf 2500 m, 922 km/h auf 9150 m; Anfangssteiggeschwindigkeit 35,47 m/Sek; Dienstgipfelhöhe 12955 m; Steigzeit auf 9150 m 7,20 Min; Überführungsreichweite mit interner Treibstoffzuladung 1850 km.
Gewichte: Leergewicht 4263 kg; max. Startgewicht 5900 kg.
Bewaffnung (als Waffentrainer): Je eine Station unter jedem Flügel und unter dem Rumpf für Raketenbehälter, Übungsbombenbehälter usw.
Entwicklungsstand: Der erste von zwei Prototypen der T-45A flog am 16. April 1988 zum ersten Mal. Das erste Serienflugzeug folgte am 16. Dezember 1991 und wurde am 11. Januar 1992 an die US Navy geliefert. Die Einsatztests begannen im Herbst 1993 auf der Basis Kingsville, Texas. Von den durch die USN benötigten rund 300 T-45A sind bisher deren 158 bestellt.
Bemerkungen: Die T-45A Goshawk wurde aus der BAe Hawk entwickelt und soll Teil eines integralen Trainingssystems (T-45 Training System) bilden, welches neben dem Flugzeug auch Simulatoren, die Infrastruktur und logistische Unterstützung umfasst. Unterschiede zur britischen Hawk sind im zusätzlichen Fanghaken, den verlegten Luftbremsen, im verstärkten Fahrwerk für Trägerstarts und -landungen sowie in einigen Änderungen am Klappensystem der Flügel zu finden. Aufgrund während der Flugerprobung aufgetretener Probleme wurde die Goshawk mit stärkeren Triebwerken, Vorflügeln auf der ganzen Flügelvorderseite, neu gestalteten Luftbremsen und einem Grenzschichtzaun unter dem Rumpf ausgerüstet. Die erste mit digitalem Cockpit ausgestattete T-45A führte im März 1994 den Erstflug aus, Ablieferung ab Oktober 1996.
Hersteller: McDonnell Douglas Corporation, St. Louis, Missouri, USA, und British Aerospace PLC, Military Aircraft Division, Warton, Preston, Lancashire, Grossbritannien.

Abmessungen: Spannweite 9,39 m, Länge 11,97 m, Höhe 4,09 m, Flügelfläche 16,69 m².

McDONNELL DOUGLAS AV-8B HARRIER II PLUS

Ursprungsland: USA und Grossbritannien.
Kategorie: Einsitziges S/VTOL-Allwetter-Erdkampfflugzeug.
Triebwerke: Ein Schwenkdüsen-Mantelstromtriebwerk Rolls-Royce F402-RR-408 (Pegasus 11-61) von 10795 kp (105,87 kN) Standschub.
Leistungen: Höchstgeschwindigkeit 1065 km/h auf Meereshöhe (Mach 0,87) oder 1200 km/h (Mach 0,98) in Reiseflughöhe; Anfangssteiggeschwindigkeit mind. 66 m/Sek; Dienstgipfelhöhe mind. 13700 m; Aktionsradius mit zwei Harpoon-, zwei Sidewinder-Lenkwaffen und einem Zusatztank von 1136 l 1128 km; Ueberführungsreichweite mit zwei 1136-l-Zusatztanks 2650 km.
Gewichte: Rüstgewicht 6740 kg; max. Startgewicht für Kurzstart 14100 kg.
Bewaffnung: Eine fünfläufige 25-mm-Revolverkanone GAU-12/U sowie an einer Station unter dem Rumpf und sechs unter den Flügeln bis zu 6000 kg an Waffen. Eine typische Waffenlast umfasst vier Luft-Luft-Lenkwaffen AIM-9L mit Zusatztanks, AGM-65E Maverik Boden-Boden-Lenkwaffen oder bis zu 12 BL-755-Bomben.
Entwicklungsstand: Das erste Erprobungsmuster Harrier II Plus (Umbau einer Harrier II) fliegt seit Oktober 1992, die erste Serienmaschine seit 17. März 1993. Das USMC hat 27 Harrier II Plus bestellt und wird 73 weitere Harrier II auf diesen Standard umbauen. Weitere Bestellungen: Spanische Marine 8; italienische Marine 16 (+ 8 Optionen).
Bemerkungen: Diese vorläufig letzte Variante der AV-8B wurde besonders für Nachtflugeinsätze optimiert. Gegenüber dem Vorgängermuster ist der Vorderrumpf an zwei Stellen um insgesamt 0,43 m verlängert, um das von der F-18 übernommene APG-65-Radar unterzubringen und die Aerodynamik zu optimieren. Dank deutlich stärkerem Triebwerk sind die Flugleistungen wie auch die Waffenzuladung verbessert. Schliesslich verfügt die Harrier II Plus über ein FLIR-Gerät. Zurzeit wird eine modifizierte Ausführung der AV-8B Harrier II erprobt, ausgerüstet mit neuen Flügelspitzen zur Aufnahme von Sidewinder-Lenkwaffen und zusätzliche Luftleitbleche unter dem Rumpf zur Erhöhung des Wirkungsgrades des Triebwerks.
Hersteller: McDonnell Douglas Corporation, St. Louis, Missouri, USA.

Abmessungen: Spannweite 9,24 m, Länge 15,32 m, Höhe 4,08 m, Flügelfläche 22,15 m².

McDONNELL DOUGLAS AH-64D LONGBOW APACHE

Ursprungsland: USA.
Kategorie: Zweisitziger Kampfhubschrauber.
Triebwerke: Zwei Gasturbinen General Electric T700-GE-701C von je 1890 WPS (1409 kW) Leistung.
Leistungen (bei 6552 kg): Höchstgeschwindigkeit 296 km/h; typische Einsatzgeschwindigkeit bei 7158 kg 272 km/h; max. Schrägsteiggeschwindigkeit 12,7 m/Sek; Schwebehöhe mit Bodeneffekt 5246 m, ohne Bodeneffekt 4124 m; Reichweite mit max. interner Treibstoffzuladung 482 km, Überführungsreichweite 1701 km.
Gewichte: Leergewicht 5352 kg; max. Startgewicht 9525 kg.
Bewaffnung: Eine einläufige 30-mm-Kanone unter dem Vorderrumpf sowie bis zu 16 lasergelenkte Hellfire-Panzerabwehrraketen oder 76 ungelenkte 70-mm-Raketen. Als Defensivbewaffnung können Luft-Luft-Lenkwaffen wie Stinger, Sidewinder oder Mistral mitgeführt werden.
Entwicklungsstand: Der erste von drei als AH-64D Longbow Apache bezeichneten Prototypen startete am 15. April 1992 zum Erstflug. Von allen AH-64-Varianten sind derzeit rund 1050 bestellt: Ägypten 36, Bahrain 6, Griechenland 12 (+ 8 Optionen), Grossbritannien 67 (Lizenzbau Westland), Israel 18+, Kuwait 16, Niederlande 30, Saudi Arabien 12 (+ 36 geplant), UAE 30, US Army 821.
Bemerkungen: Im Vergleich zu den früheren Ausführungen (siehe Ausgabe 1992/93) weist die AH-64D zusätzlich ein Mastvisier (Longbow millimetre-wave = Millimeterwellenradar) zur Rundumgefechtsfeldbeobachtung auf. Longbow ist in der Lage, mehr als ein Dutzend Ziele gleichzeitig zu entdecken. Zur Verarbeitung der anfallenden Daten ist ein stärkerer MilStd-1553B-Databus eingebaut. Die AH-64D ist zudem mit leistungsfähigeren Triebwerken ausgerüstet und kann die neuesten radiogesteuerten Hellfire-Lenkwaffen mitführen. Gemäss heutigem Plan sollen ab 1997 227 AH-64A entsprechend umgebaut werden. Die britischen AH-64D werden mit Rolls-Royce/Turboméca RTM322-Triebwerken ausgestattet.
Hersteller: McDonnell Douglas Helicopter Company, Mesa, Arizona, USA.

Abmessungen: Rotordurchmesser 14,63 m, Rumpflänge 14,70 m, Höhe inkl. Mastvisier 4,90 m.

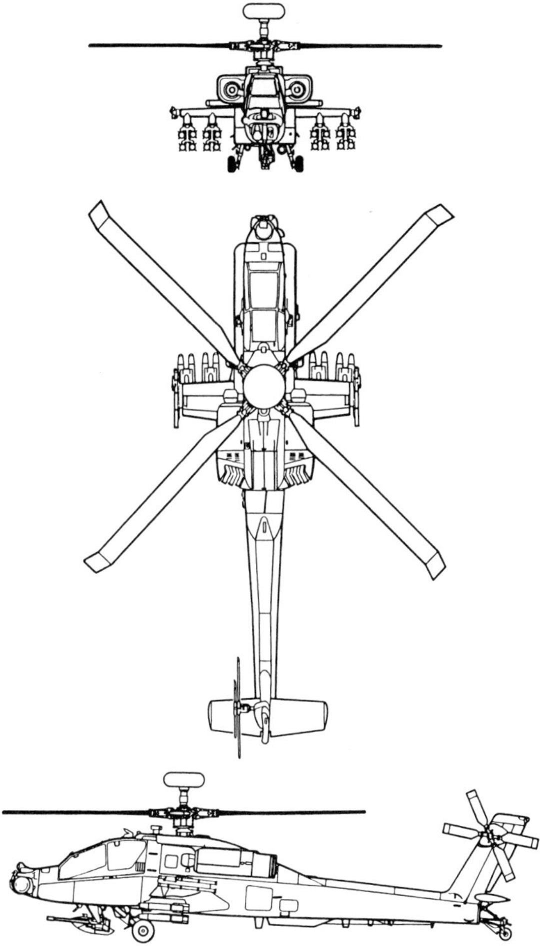

McDONNELL DOUGLAS MD 520N

Ursprungsland: USA.
Kategorie: Leichter Mehrzweckhubschrauber.
Triebwerke: Eine Gasturbine Allison 250-C20R-2 von 420 WPS (315 kW) Leistung.
Leistungen: Max. Reisegeschwindigkeit 230 km/h auf Meereshöhe; max. Schrägsteiggeschwindigkeit 7,9 m/Sek; Schwebehöhe mit Bodeneffekt 2835 m, ohne Bodeneffekt 1707 m; max. Flughöhe 6100 m; Reichweite mit normaler Treibstoffzuladung 387 km auf 1525 m.
Gewichte: Leergewicht 742 kg; Überlast-Startgewicht 1746 kg.
Zuladung: Fünf bis sieben Personen inkl. Piloten.
Entwicklungsstand: Der Prototyp der MD 520N flog ab 1. Mai 1990. Die ersten Auslieferungen an Kunden begannen Anfang 1991. Die derzeitige Auftragslage dieses vorwiegend für Zivileinsätze hergestellten Hubschraubers ist nicht bekannt, dürfte aber die Zahl 200 überschreiten. Die US Army wird 36 bisherige AH-6/MH-6 in die NOTAR-Konfiguration umbauen. Agusta baut die MD 520N seit Mitte 1994 in Lizenz.
Bemerkungen: Die MD 520N ist der erste Hubschrauber, der das neue System NOTAR (NO TAil Rotor = rotorloses Heck) erhielt. Sie wurde von der MD 500 mit konventionellem Heckrotor abgeleitet. Dank diesem System und dem stärkeren Triebwerk ist diese Ausführung leistungsfähiger und wesentlich leiser. Ein weiterer Vorteil dieser Technik ist die verbesserte Richtungsstabilität sowie die kleinere Verletzungsgefahr durch Wegfall des Heckmotors. Die in Prototypform existierende leistungsfähigere Variante MD 530N wird nicht in Serienfertigung gehen.
Hersteller: McDonnell Douglas Helicopter Company, Mesa, Arizona, USA.

Abmessungen: Rotordurchmesser 8,33 m, Rumpflänge 7,62 m, Höhe inkl. Rotorkopf 2,74 m.

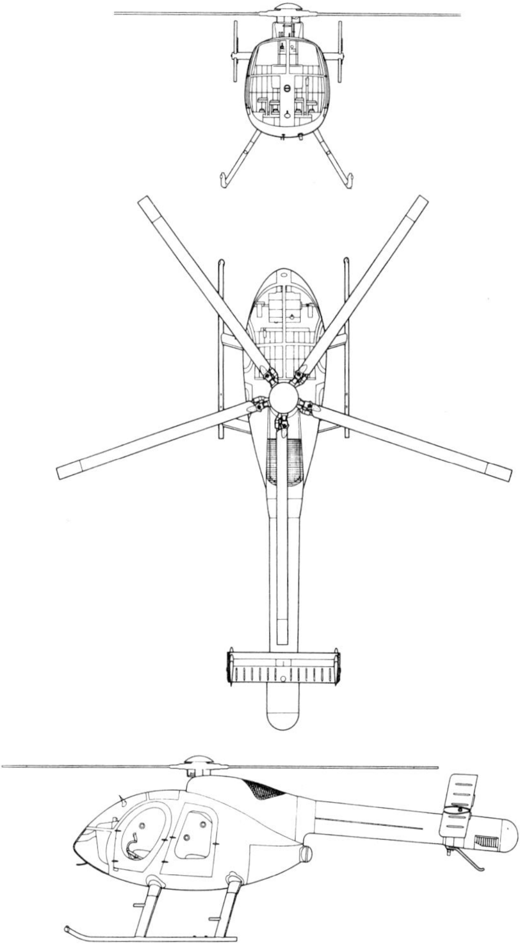

McDONNELL DOUGLAS MD 600N

Ursprungsland: USA.
Kategorie: Leichter Mehrzweckhubschrauber.
Triebwerke: Eine Gasturbine Allison 250-C47 mit einer auf 600 WPS (447 kW) reduzierten Leistung.
Leistungen (nach Angaben des Herstellers): Höchstgeschwindigkeit auf Meereshöhe 281 km/h; max. Reisegeschwindigkeit 248 km/h; Schrägsteiggeschwindigkeit 8,64 m/Sek; Dienstgipfelhöhe 6096 m; Schwebehöhe mit Bodeneffekt 3200 m, ohne Bodeneffekt 2073 m; max. Flugdauer 3 Std. 40 Min, Reichweite auf 1524 m 741 km.
Gewichte: Leergewicht 875 kg; normales Startgewicht 1860 kg, max. mit Aussenlasten 2123 kg.
Zuladung: Sieben bis acht Personen inkl. Piloten; max. Nutzlast innen 984 kg, aussen 1247 kg.
Entwicklungsstand: Der noch als MD 630N bezeichnete Prototyp flog unter grösster Geheimhaltung am 22. November 1994 und wurde erstmals im Januar 1995 öffentlich vorgeführt. Die Zulassung soll im dritten Quartal 1996 erzielt werden, anschliessend beginnen die ersten Auslieferungen an die Kunden. Die Produktion soll bis Ende 1997 bereits ausgebucht sein.
Bemerkungen: Die MD 600N stellt im Prinzip eine um 75 cm verlängerte und leistungsfähigere Ausführung der MD520N dar (siehe Seiten 200/201) und deckt im Angebot die Lücke zwischen letzterer und der MD 900 Explorer ab (siehe Seiten 204/205). Wie die beiden anderen Modelle ist die MD 600 mit dem NOTAR-System ausgerüstet. Sie tritt in direkter Konkurrenz zur Bell 206L Long Ranger an, soll diese aber bezüglich Leistungen und Wirtschaftlichkeit überbieten. Zurzeit wird geprüft, die Serienmaschinen mit einem verstärkten Getriebe und Sechsblattrotor auszurüsten.
Hersteller: McDonnell Douglas Helicopter Company, Mesa, Arizona, USA.

Abmessungen: Rotordurchmesser 8,40 m, Rumpflänge 9,30 m, Höhe inkl. Rotorkopf 2,90 m.

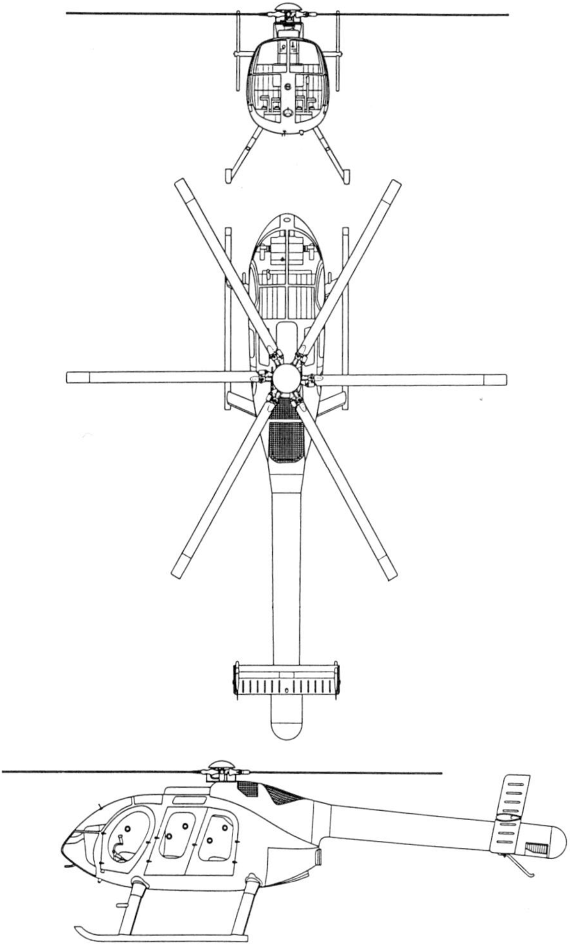

McDONNELL DOUGLAS MD 900 (COMBAT) EXPLORER

Ursprungsland: USA.
Kategorie: Mehrzweckhubschrauber.
Triebwerke: Zwei Gasturbinen Pratt & Whitney Canada PW206B von je 600 WPS (447 kW) oder Turboméca Arrius-2C von je 605 WPS (451 kW) Leistung.
Leistungen: Höchstgeschwindigkeit 322 km/h; max. Reisegeschwindigkeit 274 km/h auf Meereshöhe; max. Schrägsteiggeschwindigkeit 14,2 m/Sek; Dienstgipfelhöhe 6100 m; Schwebehöhe mit Bodeneffekt 3962 m, ohne Bodeneffekt 3383 m; Reichweite bis ca. 600 km.
Gewichte: Leer 1458 kg; normales Startgewicht 2725 kg, max. mit Aussenlasten 3080 kg.
Zuladung: Acht bis zehn Personen inkl. Piloten; max. Innennutzlast 1163 kg, als Aussenlast 1360 kg.
Bewaffnung (Combat Explorer): Möglichkeit, ein 12,6-mm-Maschinengewehr, 2,75-inch-Raketen sowie Hellfire-Lenkwaffen mitzuführen.
Entwicklungsstand: Die MD 900 Explorer (siehe Silhouette) flog erstmals im Dezember 1992. Neben Festbestellungen sind etwa 200 Kaufsabsichten eingegangen. Bis Ende 1995 wurden 20 MD 900 abgeliefert.
Bemerkungen: Die MD 900 basiert auf der für die MD 520N (siehe Seiten 200/201) entwickelten NOTAR-Technologie. Ein wesentliches Merkmal der Explorer ist auch der gelenklose Fünfblattrotor aus Verbundwerkstoffen. Die komplette Ausstattung umfasst u.a. EFIS, Wetterradar, GPS, digitales Triebwerkmanagement- (FADEC) und Flugkontrollsystem. Die Explorer ist sowohl mit Radfahrwerk als auch mit Kufen erhältlich. Beim Combat Explorer (siehe Foto) handelt es sich um eine kostengünstige militarisierte Mehrzweckvariante, ausgerüstet u.a. mit Nachtsichtgerät, FLIR-Infrarot-System und VHF/UHF/HF-Radio. Sie kann bis zu acht Soldaten mitführen.
Hersteller: McDonnell Douglas Helicopter Company, Mesa, Arizona, USA.

Abmessungen: Rotordurchmesser 10,31 m, Rumpflänge 9,70 m, Höhe inkl. Rotorkopf 3,66 m.

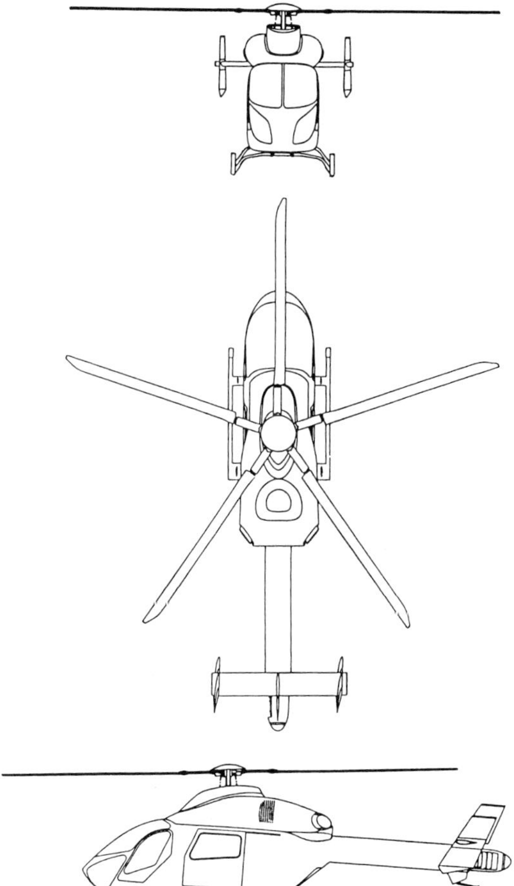

MIKOJAN MIG-29M (FULCRUM)

Ursprungsland: Russland.
Kategorie: Einsitziges Mehrzweckkampfflugzeug.
Triebwerke: Zwei Mantelstromtriebwerke Leningrad/Klimow RD-33K von je 8800 kp (86,30 kN) Standschub mit Nachbrenner.
Leistungen: Höchstgeschwindigkeit 2445 km/h auf 11000 m (Mach 2,3), oder 1500 km/h auf Meereshöhe (Mach 1,3); Dienstgipfelhöhe 17000 m; max. Anfangssteiggeschwindigkeit 330 m/Sek; Einsatzradius (Abfangmission mit 1500-l-Zusatztanks und vier Luft-Luft-Lenkwaffen) 1015 km; max. Reichweite mit drei Zusatztanks 3200 km.
Gewichte (MiG-29S): Rüstgewicht 10900 kg; normales Startgewicht 15240 kg; max. Startgewicht 19700 kg.
Bewaffnung: Eine 30-mm-Revolverkanone und an neun Aussenstationen beispielsweise R-27-, R-73- und R-77 Luft-Luft-Lenkwaffen mit aktivem Radarsuchkopf. Als Erdkämpfer bis max. 4500 kg Nutzlast.
Entwicklungsstand: Der erste von sechs MiG-29M-Prototypen begann die Flugerprobung bereits am 25. April 1986. Eine auf den Stand der Version S umgebaute MiG-29C fliegt seit Anfang 1993, die Marineversion MiG-29K (drei Umbauten) seit Ende 1989. Vermutlich sind bisher rund 1200 MiG-29 aller Versionen gebaut worden.
Bemerkungen: Die Version MiG-29M ist die Mehrzweckvariante des Jagdflugzeuges MiG-29. Nebst stärkeren RD-33K-Triebwerken verfügt sie über ein vierfachredundantes digitales Flugmanagement-System. Ein Doppler-Bordradar Phazotron N-010-Bordradar sowie ein OLS-M Infrarot-/TV-/Laser-System sind eingebaut. Wenn sie äusserlich auch den Vorgängern gleicht, so stellt sie weitgehend eine Neukonstruktion dar. Die MiG-29S verfügt, wie die MiG-29C, über eine grössere Treibstoffkapazität und ist am grösseren Wulst hinter dem Cockpit erkennbar. Nutzlast und Reichweitenleistungen sind gegenüber dem Ausgangsmuster deutlich verbessert. Das Bordradar ist für das Bekämpfen von tieffliegenden Lenkwaffen optimiert. Zudem wurde die Elektronikabwehr verstärkt. Malaysia erhält 18 von der MiG-29A abgeleitete MiG-29SM.
Hersteller: MiG, Moskovskii Mashinostroitelnyy Zavod Imieni A.I. Mikoyana und MAPO, Moskau, Russland.

Abmessungen: Spannweite 11,36 m, Länge 17,32 m, Höhe 4,73 m, Flügelfläche 38,00 m².

MIKOJAN MIG-31M (FOXHOUND-B)

Ursprungsland: Russland.
Kategorie: Zweisitziger Allwetter-Abfangjäger.
Triebwerke: Zwei Strahltriebwerke Perm/Solowiew D-30F-6 von je 15300 kp (151,9 kN) Standschub mit Nachbrenner.
Leistungen (MiG-31): Kurzzeitig erreichbare Höchstgeschwindigkeit 3000 km/h oder Mach 2,8 auf über 11000 m bzw. 1500 km/h auf Meereshöhe; max. Dauergeschwindigkeit 2496 km/h oder Mach 2,35; max. Flughöhe 24400 m; max. Aktionsradius mit vier Luft-Luft-Lenkwaffen AA-9 Amos und vier AA-8 Aphid 720 km, mit zwei Zusatztanks an den äusseren Flügelstationen 1400 km.
Gewichte: Leer 21825 kg; normales Startgewicht ca. 30000 kg; max. Startgewicht mit internem Treibstoff 41000 kg, mit Zusatztanks 46200 kg.
Bewaffnung: Eine 23-mm- oder 30-mm-Kanone an der linken Flügelunterseite und bis zu acht radargelenkte Mittelstrecken-Luft-Luft-Lenkwaffen Vympel R-77 oder sechs der neuesten Langstrecken-Luft-Luft-Lenkwaffen Vympel R-37.
Entwicklungsstand: Die MiG-31 befindet sich seit Mitte der siebziger Jahre in Entwicklung, und man nimmt an, dass die ersten Serienflugzeuge 1982 an die Truppe geliefert wurden. Die russische Luftwaffe soll bis zu 300 MiG-31 erhalten, zwei Drittel davon sind bereits abgeliefert. Von der neuesten Ausführung MiG-31M befinden sich sechs Prototypen in Erprobung. Der Serienbau ist vorgesehen.
Bemerkungen: Bei der Version M (Foxhound-B) ist das wesentlich leistungsfähigere Scanner-Bordradar Zaslon-M mit elektronischer Strahlschwenkung eingebaut. Dieses soll Reichweiten bis zu 300 km erzielen. Neu sind zudem die Elektronikbehälter an den Flügelspitzen und die einteilige Frontscheibe. Zwei Spezialausführungen der MiG-31M können Lenkwaffen mitführen, die gegen Satelliten einsetzbar sind. Basierend auf der MiG-31B offeriert MiG eine hauptsächlich in der elektronischen Ausrüstung vereinfachte Ausführung MiG-31E. Sie ist für den Export gedacht. Ein Prototyp fliegt bereits.
Hersteller: MiG, Moskovskii Mashinostroitelnyy Zavod Imieni A.I. Mikoyana, Werk Nizhny-Novgorod (ex Gorkii), Russland.

Abmessungen: Spannweite 13,46 m, Länge 22,69 m, Höhe 6,15 m, Flügelfläche 61,60 m².

MIKOJAN MiG-AT

Ursprungsland: Russland.
Kategorie: Zweisitziger Fortgeschrittenentrainer.
Triebwerke: Zwei Mantelstromtriebwerke SNECMA Lazarc 04-R20 von 1437 kp (14,10 kN) Standschub.
Leistungen (sehr provisorische Angaben): Höchstgeschwindigkeit 1000 km/h auf Meereshöhe; Anfangssteiggeschwindigkeit 80 m/Sek; Dienstgipfelhöhe 15500 m; Überführungsreichweite mit max. Treibstoffzuladung 2600 km.
Gewichte: Leergewicht mind. 3300 kg; normales Startgewicht 4610 kg, maximal 7000 kg.
Bewaffnung: Die Serienmaschinen sollen über sieben Aufhängepunkte für Waffen aller Art an Rumpf und Flügeln verfügen.
Entwicklungsstand: Zwei Prototypen sind fertiggestellt, je einer mit französischer (Bezeichnung -F) bzw. russischer Elektronik (-R). Der Erstflug war für Ende 1995 geplant. Die russische Luftwaffe benötigt als Ersatz der L-39 bis zu 1200 Sieger aus dem Wettbewerb zwischen der MiG-AT und der Yak-130.
Bemerkungen: Die MiG-AT wird in enger Zusammenarbeit mit französischen Firmen entwickelt. So stammt das Triebwerk aus Frankreich, wird aber in Russland in Lizenz hergestellt werden. Auch die Sextant-Avionik steuert die französische Seite bei. Der Flügel aus Verbundwerkstoffen soll in Südkorea hergestellt werden. Das Flugzeug ist in der Lage, die genau gleichen Manöver wie die Einsatzmuster MiG-29 und Su-27 auszuführen und wurde deshalb für Belastungen von bis zu +8g bzw. -3g ausgelegt. MiG hat die Arbeiten für eine einsitzige Erdkampfversion ATB aufgenommen.
Hersteller: MiG, Moskovskii Mashinostroitelnyy Zavod Imieni A.I. Mikoyana, Moskau, Russland.

Abmessungen: Spannweite 10,16 m, Länge 12,01 m, Höhe 4,62 m, Flügelfläche 17,67 m².

MIL/KAZAN MI-17MD

Ursprungsland: Russland.
Kategorie: Mittelschwerer Mehrzweckhubschrauber.
Triebwerke: Zwei Gasturbinen Klimow TV3-117MT von je 1923 WPS (1434 kW) Leistung.
Leistungen: Höchstgeschwindigkeit in 1000 m 250 km/h, bei max. Startgewicht 230 km/h; Reisegeschwindigkeit 220 km/h; Dienstgipfelhöhe 6000 m; Schwebehöhe mit Bodeneffekt 4000 m, ohne Bodeneffekt 1760 m; Reichweite mit normaler Zuladung 500 km, mit vier externen Zusatztanks bis zu 1600 km.
Gewichte: Rüstgewicht 7100 kg; normales Startgewicht 11000 kg, maximal 13000 kg.
Zuladung: Zwei Piloten im Cockpit und bis zu 36 Soldaten bzw. 40 Passagiere; max. Nutzlast intern 4000 kg, extern 5000 kg.
Entwicklungsstand: Ein Prototyp der Version MD fliegt seit 1995. Die Basisausführung Mi-17 wird weiterhin produziert. Neueste Besteller: Indien 5, Pakistan 5, Sri Lanka 3, Türkei 19.
Bemerkungen: Als vorläufig letzte Ausführung dieses in grossen Stückzahlen hergestellten Hubschraubers wird die Mi-17MD angeboten. Äusserlich unterscheidet sie sich durch eine neue Buggestaltung mit Farb-Wetterradar. Weitere Merkmale: Notschwimmausrüstung mit aufblasbaren Ballonen, grössere Schiebetüren auf beiden Seiten, mechanische Frachttransportausrüstung im Heck, Platz für vier zusätzliche Passagiere. Als Option kann zusätzlich eine Rettungswinde mit einer Tragkraft von 300 kg installiert werden. Für militärische Aufgaben besteht die Möglichkeit aktive oder passive Lenkwaffenabwehrsysteme einzubauen.
Hersteller: OKB Michail L. Mil und Kazan Helicopters, Moskau, Russland.

Abmessungen: Rotordurchmesser 21,29 m, Rumpflänge ohne rotierenden Heckrotor 18,50 m, Höhe inkl. Rotorkopf 4,75 m.

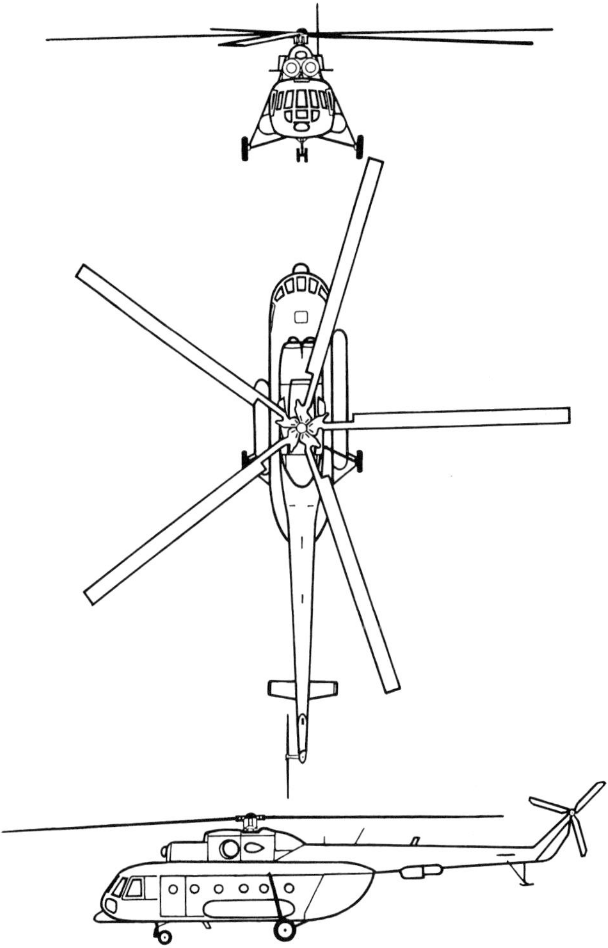

MIL MI-26TM (HALO)

Ursprungsland: Russland.
Kategorie: Schwerer militärischer und ziviler Transporthubschrauber.
Triebwerke: Zwei Gasturbinen ZMKB Progress (Lotarew) D-136 von je 11240 WPS (8383 kW) Leistung.
Leistungen: Höchstgeschwindigkeit 295 km/h; normale Reisegeschwindigkeit 255 km/h; Schwebehöhe mit Bodeneffekt 4500 m, ohne Bodeneffekt 1800 m; Reichweite bei einem Fluggewicht von 49500 kg 500 km, bei 56000 kg 800 km.
Gewichte: Leer 28200 kg; normales Startgewicht 56000 kg.
Zuladung: Fünf Mann Besatzung und, als Militärtransporter, bis zu 100 Soldaten oder 20000 kg Fracht.
Entwicklungsstand: Als schwerster und stärkster Hubschrauber der Welt fliegt die Mi-26 bereits seit dem 14. September 1977. Sie steht seit 1985 bei der sowjetischen Luftwaffe in rund 60 Exemplaren im Einsatz. Weitere 10 betreibt die indische Luftwaffe. Die Produktion war zwischenzeitlich unterbrochen, wurde aber 1995 in kleinen Stückzahlen wieder aufgenommen.
Bemerkungen: Eine technische Neuheit stellt vor allem der erste Achtblattrotor der Welt und dessen Titan-Rotorkopf samt Kraftübertragung dar. Der Frachtraum der Mi-26 ist grösser als derjenige des viermotorigen Frachtflugzeugs An-12. Er kann 85 vollausgerüstete Soldaten, 40 Patienten plus Pfleger oder zwei Luftlande-Kampffahrzeuge aufnehmen. Die Mi-26TM ist eine Weiterentwicklung mit stärkeren Triebwerken und Rotorblättern vollständig aus Kunststoff. Dadurch konnte die max. Nutzlast auf 22000 kg angehoben werden.
Hersteller: OKB Michail L. Mil, Werk Arseneyew, Moskau, Russland.

Abmessungen: Rotordurchmesser 32,00 m, Rumpflänge ohne Heckrotor 33,73 m, Höhe inkl. Rotorkopf 8,15 m.

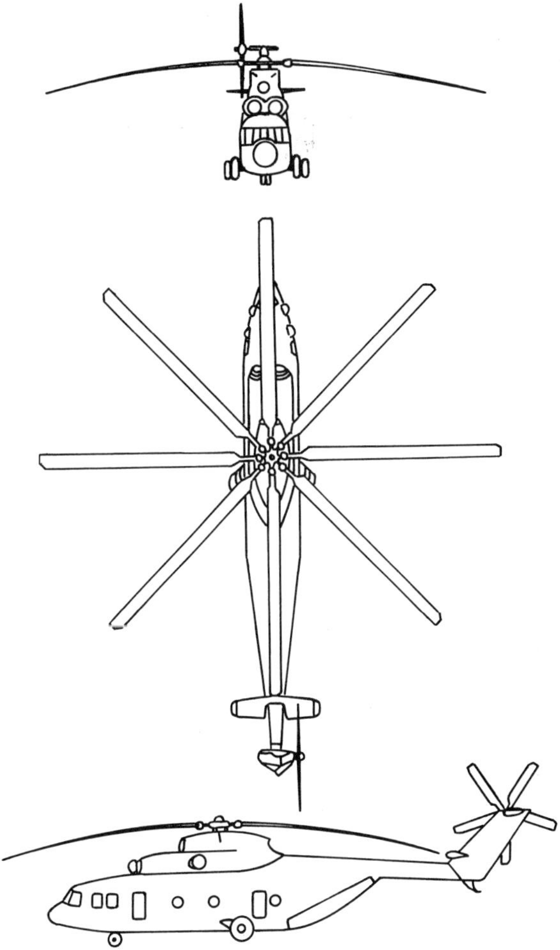

MIL MI-28N (HAVOC)

Ursprungsland: Russland.
Kategorie: Zweisitziger Kampfhubschrauber.
Triebwerke: Zwei Gasturbinen Klimow (Isotow) TV3-117 von je 2200 WPS (1640 kW) Leistung.
Leistungen: Höchstgeschwindigkeit 300 km/h; max. Reisegeschwindigkeit 270 km/h; Dienstgipfelhöhe 5800 m; Schwebehöhe ohne Bodeneffekt 3600 m; Reichweite mit max. Treibstoffzuladung 470 km; Flugdauer 2 Std.
Gewichte: Leer 7000 kg; max. Startgewicht 10400 kg.
Bewaffnung: Eine 30-mm-2A42-Kanone in einem Turm unter der Rumpfnase und je zwei Waffenstationen mit einer Tragkraft von 480 kg an beiden Stummelflügeln. Typische Bewaffnung: 16 Panzerabwehrlenkwaffen AT-6 Spiral und zwei Behälter mit 20 ungelenkten 57- oder 80-mm-Raketen.
Entwicklungsstand: Der erste von vier Prototypen der Mi-28 flog erstmals bereits am 10. November 1982. Die Einsatzbereitschaft ist aber erst rund 10 Jahre später erreicht worden. Weiterhin ist unklar, ob diese Ausführung für die russische Luftwaffe in Produktion geht. Die neue Mi-28N nahm die Flugerprobung im Dezember 1995 auf.
Bemerkungen: Die Mi-28 (siehe Silhouette) ist der zurzeit kampfstärkste Hubschrauber dieser Klasse. Er verfügt über Panzerung aus Titan und Verbundwerkstoffen, um die Piloten, die Rumpftanks sowie weitere lebenswichtige Systeme zu schützen. Unter der Bezeichnung Mi-28N (siehe Foto) wurde eine neue, allwetter- und nachtkampftaugliche Version entwickelt. Ähnlich wie die AH-64D (siehe Seiten 198/199), verfügt sie über ein Mastvisier mit einem Millimeterwellenradar. Die elektronische Kampfausrüstung sowie einzelne Sensoren am Rumpfbug sind ebenfalls neu. Zudem wurden das Getriebe und die Spitzen der Rotorblätter überarbeitet. Als Hauptbewaffnung dient die drahtgesteuerte Panzerabwehrlenkwaffe 9M114 Shturm (= weiterentwickelte AT-6 Spiral).
Hersteller: OKB Michail L. Mil/Rostvertol, Werk Rostow, Moskau, Russland.

Abmessungen: Rotordurchmesser 17,20 m, Rumpflänge 16,85 m, Höhe inkl. Rotorkopf 4,86 m.

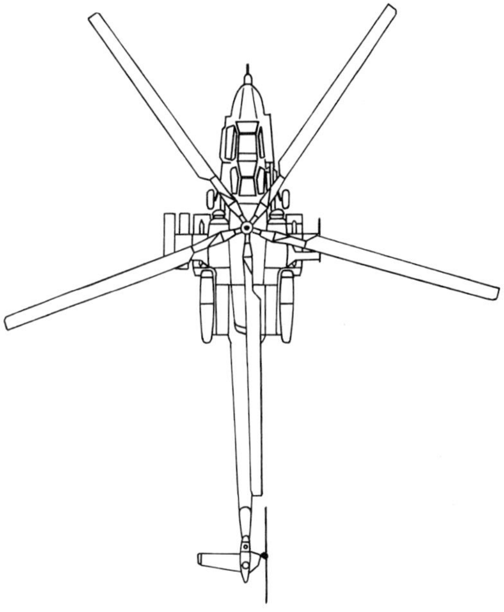

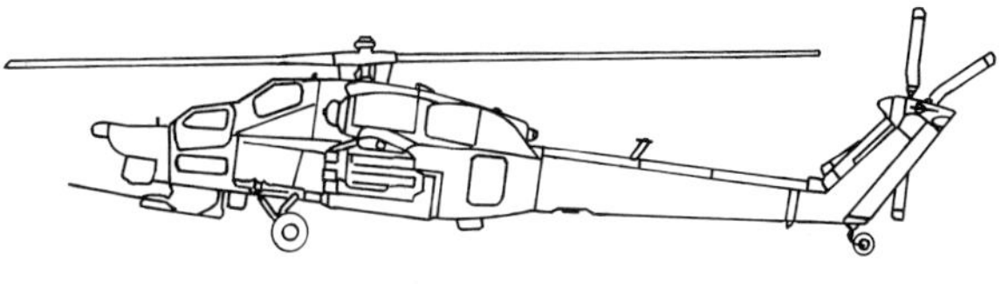

MIL MI-34 (HERMIT)

Ursprungsland: Russland.
Kategorie: Leichter Mehrzweckhubschrauber.
Triebwerke: Ein luftgekühlter Neunzylinder-Sternmotor Wedenjew M-14B26 von 325 PS (242 kW) Leistung.
Leistungen: Höchstgeschwindigkeit 210 km/h; max. Reisegeschwindigkeit 180 km/h; Dienstgipfelhöhe 4500 m; Schwebehöhe ohne Bodeneffekt 1500 m; Reichweite mit einer Nutzlast von 165 kg 180 km; max. Reichweite 450 km.
Gewichte: Startgewicht Kunstflug 1080 kg; max. Startgewicht 1350 kg.
Zuladung: Zwei bis vier Personen.
Entwicklungsstand: Der erste von zwei Prototypen flog erstmals Ende 1986. Die ersten Serienhubschrauber sind im September 1993 fertiggestellt worden. Bisher sollen 60 Exemplare bestellt worden sein, darunter auch von der Moskauer Stadtpolizei für Überwachungsaufgaben. Wieviele davon geliefert wurden, ist nicht bekannt.
Bemerkungen: Die Mi-34 ist primär für Schulungs- und Kunstflugaufgaben ausgelegt, lässt sich aber ebenso für Transport-, Beobachtungs- und Verbindungseinsätze verwenden. Sie soll u.a. die in grosser Zahl in russischen Aeroclubs und Schulen noch immer verwendeten Mil Mi-1 ersetzen. Mil bietet neu eine mit zwei Wankelmotoren von je 320 PS (170 kW) ausgestattete Version Mi-34VAZ an. Gegenüber dem Ausgangsmuster ist sie in wesentlichen Teilen neu gezeichnet und wird über ein max. Abfluggewicht von 1960 kg verfügen. Die Einsatzbereitschaft ist in den nächsten drei Jahren vorgesehen. Auch eine Ausführung mit Allison 250-C20B- bzw. 250C-20R/1-Triebwerk von 420/450 WPS (313/335 kW) ist erhältlich.
Hersteller: OKB Michail L. Mil, Werk Arseneyew, Moskau, Russland.

Abmessungen: Rotordurchmesser 10,00 m, Rumpflänge 8,71 m.

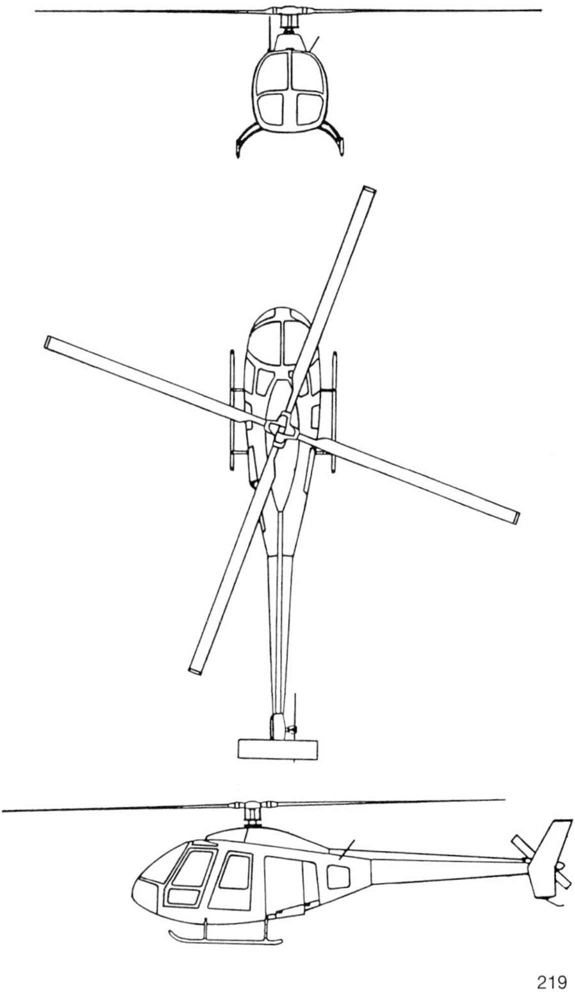

MITSUBISHI FS-X

Ursprungsland: Japan (USA).
Kategorie: Einsitziger Mehrzweckjäger.
Triebwerke: Ein Mantelstromtriebwerk General Electric F110-GE-129 von 13150 kp (129,0 kN) Standschub mit Nachverbrennung.
Leistungen (Schätzungen): Höchstgeschwindigkeit auf grossen Höhen Mach 2,0.
Gewichte: Max. Startgewicht rund 22000 kg.
Bewaffnung: Die max. Waffenlast soll 9000 kg betragen, u.a. die japanischen Eigenentwicklungen Mitsubishi AAM-3-Luft-Luft- sowie die XASM-2-Anti-Schiffs-Lenkwaffen.
Entwicklungsstand: Der Erstflug des Prototypen Nr. 1 fand am 7. Oktober 1995 statt. Insgesamt sind vier Erprobungsmusters vorgesehen. Die japanischen Luftstreitkräfte sollen ab 1999 130 FS-X erhalten. Angesichts der enorm gestiegenen Entwicklungskosten könnte diese Zahl aber bis auf 70 Einheiten reduziert werden.
Bemerkungen: Die FS-X ist von der Lockheed F-16 abgeleitet (siehe Seiten 178/179). Im Laufe der Entwicklung hat sie sich technisch vom Ausgangsmuster immer weiter entfernt, so dass heute fast von einem vollständig neu entwickelten Typ gesprochen werden kann. Vorderrumpf und Heck sind leicht länger, und der Flügel aus Kunststoff wurde völlig neu entwickelt. In amerikanisch-japanischer Zusammenarbeit wurde auch ein neuartiges Bordradar mit Aktiv-Steuerung entwickelt. Die übrige Elektronik stammt vollständig aus japanischer Entwicklung. Aus der FS-X abgeleitet, will man eine vereinfachte zweisitzige Fortgeschrittenentrainer-Ausführung TFS-X entwickeln, die wesentlich kostengünstiger sein soll und die Kawasaki T-2 abzulösen hätte.
Hersteller: Mitsubishi Heavy Industries Ltd., Werk Nagoya, Tokyo, Japan.

Abmessungen (provisorische Angaben): Spannweite 11,20 m, Länge 15,50 m.

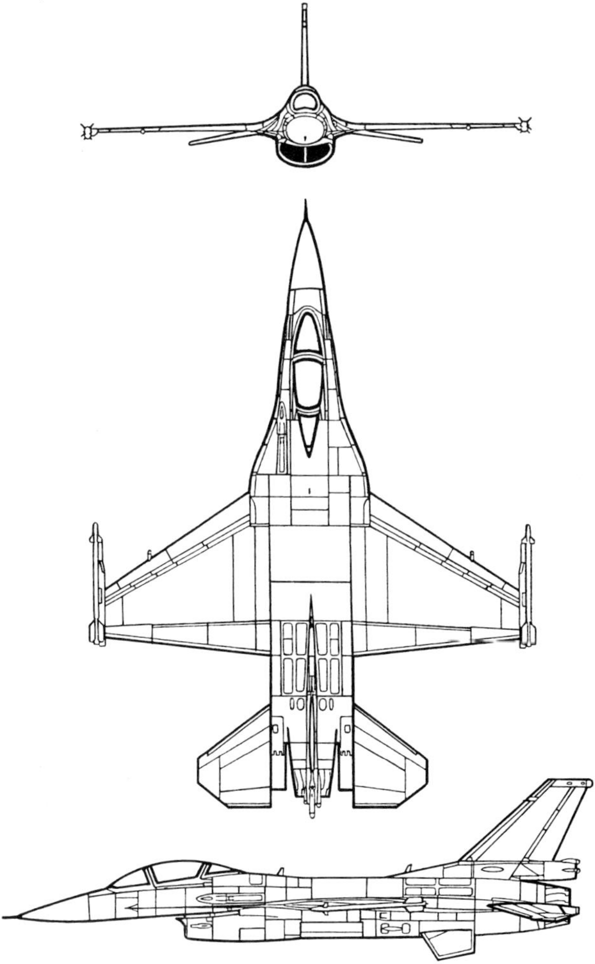

MJASISCHTSCHEW M-55 GEOFISIKA

Ursprungsland: Russland.
Kategorie: Einsitziges Höhenaufklärungs- und Forschungsflugzeug.
Triebwerke: Zwei Mantelstromtriebwerke Solowjew PS-30V12 von je 5000 kp (49,00 kN) Standschub.
Leistungen: Normale Reisegeschwindigkeit 700 bis 750 km/h auf 20000 m; Dienstgipfelhöhe 21000 m; max. Reichweite 4965 km; Flugdauer mit Nutzlast 4 Std. 12 Min. auf 20000 m oder 5 Std. auf 17000 m; max. Flugdauer ohne Nutzlast 6 Std. 30 Min.
Gewichte: Leergewicht 14000 kg; max. Startgewicht 24000 kg.
Zuladung: Ein Pilot in einer Druckkabine und eine Nutzlast von bis zu 1500 kg bestehend aus Seitensichtradar, Scanners, diversen Kameras und anderen elektronischen Geräten. Dafür stehen Räume vor und hinter dem Cockpit zur Verfügung.
Entwicklungsstand: Die aus der M-17 Mystic abgeleitete M-55 absolvierte am 16. August 1988 den Jungfernflug. Nebst zwei Prototypen sind bisher nur zwei Vorserienmaschinen hergestellt worden. Ob der Serienbau in Smolensk aufgenommen wurde, ist nicht bekannt.
Bemerkungen: Ursprünglich zur Bekämpfung von westlichen Höhenballonen und zur Gefechtsfeld-Aufklärung gedacht, ist die heutige M-55 ausschliesslich für zivile Forschungszwecke vorgesehen. Sie kann sich lange Zeit in der Stratosphäre aufhalten. Für diesen Zweck ist die Geofisika mit überdimensionierten Flügeln grosser Streckung ausgerüstet. Das Triebwerk wurde für grosse Höhen optimiert und benötigt einen speziellen Treibstoff. Mehrere Weltrekorde hat die M-55 mittlerweile aufgestellt, so erreichte sie u.a. ohne Nutzlast Höhen von 22360 m und Steigzeiten mit Nutzlast auf 20000 m von 12 Min. 6 Sek. Eine grössere und leistungsfähigere doppelsitzige Ausführung Geofisika-2 soll 1997 einsatzbereit sein.
Hersteller: Mjasischtschew Experimental-Entwicklungsbüro, Schukowskij, Moskau, Werk Smolensk, Russland.

Abmessungen: Spannweite 37,46 m, Länge 22,86 m, Höhe 4,83 m.

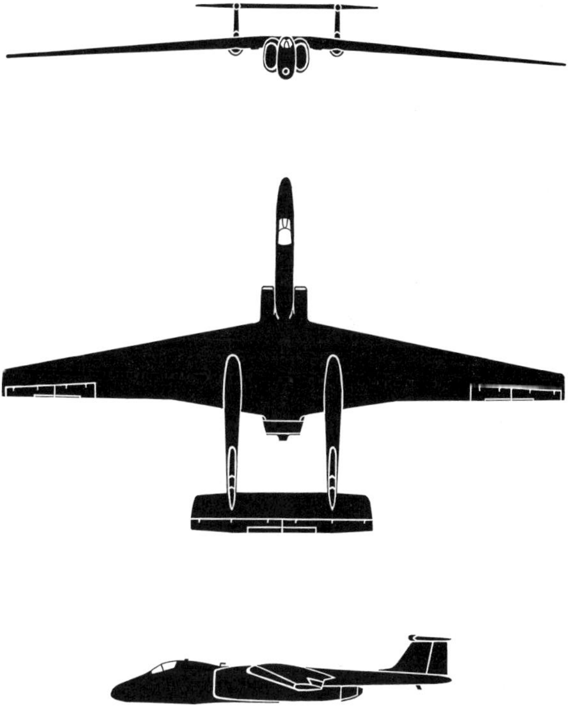

MJASISCHTSCHEW M-101T GZHEL

Ursprungsland: Russland.
Kategorie: Leichtes Mehrzweckflugzeug.
Triebwerke: Eine Propellerturbine Motorlet M-601 von 760 WPS (566 kW) Leistung.
Leistungen (nach Angaben des Herstellers): Max. Reisegeschwindigkeit bis zu 500 km/h; Dienstgipfelhöhe 7600 m; Reichweite mit max. Nutzlast 800 km, ohne Nutzlast und 45 Min. Reserven bis zu 2500 km.
Gewichte: Max. Startgewicht 3000 kg.
Zuladung: Ein oder zwei Piloten und sechs bis sieben Passagiere; max. Nutzlast 630 kg.
Entwicklungsstand: Die Flugerprobung wurde am 31. März 1995 aufgenommen. Obwohl noch keine Bestellungen eingegangen sind, soll die Serienproduktion bereits aufgenommen worden sein.
Bemerkungen: Die Gzhel fällt in die neu aufkommende Kategorie von grossen einmotorigen Mehrzweckflugzeugen mit Turbinenantrieb, welche insbesondere auf wirtschaftliche Optimierung ausgelegt sind. So sind Einsätze als Passagier-, Passagier-/Fracht-, Ambulanzflugzeug sowie als reiner Frachter vorgesehen. Eine grosse Frachttüre an der linken Rumpfseite erleichtert das Be- und Entladen von sperrigen Gütern. In der ganzen Konstruktion wurde mehr Gewicht auf Einfachheit und Robustheit als auf hochtechnologische Ausrichtung gelegt. Die Kabine ist aber druckbelüftet. Die M-101T ist in der Lage, auch von kurzen und unvorbereiteten Pisten zu starten.
Hersteller: Mjasischtschew Design Bureau, Schukowskij, Moskau; Werk Nizhny Novgorod, Russland.

Abmessungen: Spannweite 13,00 m, Länge 9,98 m, Höhe 3,72 m.

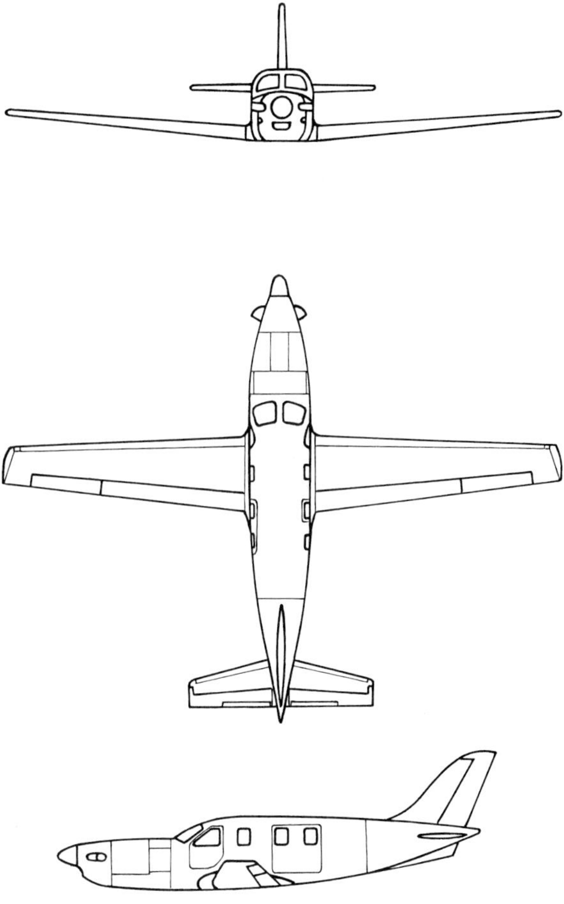

MOLNIYA A-1

Ursprungsland: Russland.
Kategorie: Leichtes Mehrzweckflugzeug.
Triebwerke: Ein luftgekühlter Neunzylinder-Sternmotor Wedeneyew M-14 von 360 PS (268 kW) bzw. Sechszylinder-Boxermotor Teledyne Continental TSIO L-550-B von 350 PS (260 kW) Leistung.
Leistungen: Max. Reisegeschwindigkeit (M-14) 285 km/h, (L-550-B) 355 km/h, normal (M-14) 225 km/h, (L-550-B) 270 km/h; Dienstgipfelhöhe 3000 m ohne, bzw. 6000 m mit Sauerstoffausrüstung; Reichweite mit max. Nutzlast 500 km, ohne bis zu 1200 km.
Gewichte: Max. Startgewicht 1740 kg.
Zuladung: Sechs Personen inkl. Piloten; max. Nutzlast 505 kg.
Entwicklungsstand: Der Prototyp fliegt seit 17. Dezember 1992. Bis heute sind etwa 20 Einheiten gebaut worden. Der Bestellungseingang ist nicht bekannt.
Bemerkungen: Die A-1 ist als Ausgangsmuster einer ganzen Familie von Mehrzweckflugzeugen gedacht, welche nach dem gleichen Grundprinzip ausgelegt ist: Vorflügel und Stosspropeller. In der Konstruktion wurden Elemente der russischen Raumfähre «Buran» angewandt, welche zum grossen Teil vom gleichen Hersteller stammt. Im Vordergrund standen Einfachheit und Robustheit, um einen wirtschaftlichen Betrieb zu ermöglichen. Deshalb hat man auch ein Kolbentriebwerk gewählt und nur ein festes Fahrwerk vorgesehen. Interessant ist die Möglichkeit, die Flügel zum platzsparenden Hangarieren zu falten. Die A-1 kann für die verschiedensten Zwecke eingesetzt werden, u.a. auch als Ambulanzflugzeug.
Hersteller: Molniya Scientific and Industrial Enterprise, Moskau, Russland.

Abmessungen: Spannweite 8,50 m, gefaltet 3,60 m, Länge 7,86 m.

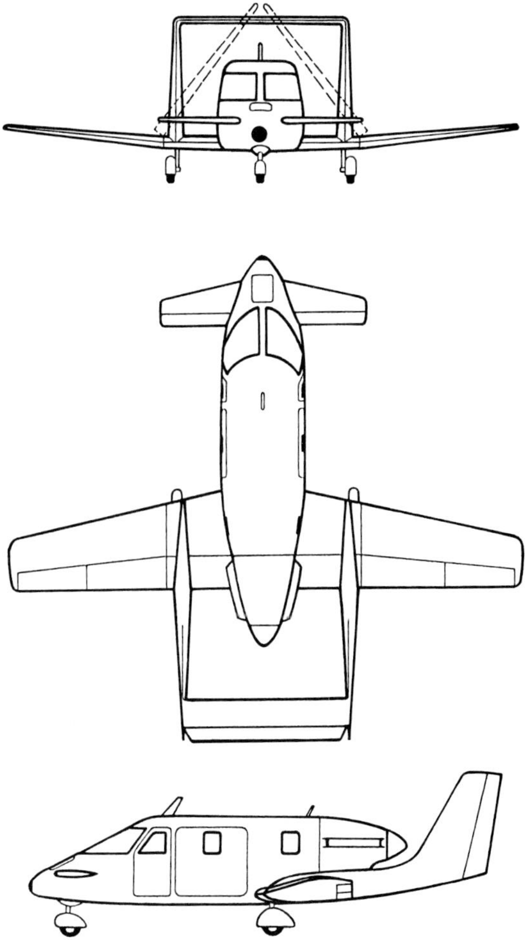

NAMC K-8

Ursprungsland: Volksrepublik China und Pakistan.
Kategorie: Zweisitziger Basistrainer und leichter Erdkämpfer.
Triebwerke: Ein Mantelstromtriebwerk Garrett TFE731-2A-2-A von 1632 kp (16,0 kN) Standschub.
Leistungen: Höchstgeschwindigkeit 800 km/h auf Meereshöhe; Anfangssteiggeschwindigkeit 30 m/Sek; Dienstgipfelhöhe 13000 m; max. Flugdauer 3,0 Std; Reichweite mit zwei abwerfbaren 250-l-Zusatztanks 2250 km, mit internem Treibstoff 1487 km; max. Reichweite 2300 km.
Gewichte: Rüstgewicht 2687 kg; normal beladen ohne Aussenlasten 3630 kg; max. Startgewicht 4330 kg.
Bewaffnung (als Erdkämpfer): Ein 23-mm-Kanonenbehälter unter dem Rumpf und vier Flügelstationen für Bomben, Raketenbehälter oder Lenkwaffen. Max. Waffenladung 943 kg.
Entwicklungsstand: Der erste von fünf Prototypen (davon zwei nur für statische Tests) begann die Flugerprobung am 21. November 1990. Seit Anfang 1992 fliegen alle Prototypen. Bis Ende 1994 sollen 30 Einheiten gebaut worden sein. Der Bedarf der chinesischen Luftwaffe beträgt rund 1000, jener von Pakistan rund 75 Einheiten (12 bisher bestellt und mittlerweile geliefert). Über weitere Aufträge ist nichts Neues bekannt geworden.
Bemerkungen: Die K-8, auch Karakorum 8 genannt, wurde fast völlig unabhängig von NAMC entwickelt, aufbauend auf Erfahrungen bezüglich Wartung und Einsatzbedürfnisse des Pakistan Aeronautical Complex. Ursprünglich hätte die K-8 im Werk Kamra alle für Pakistan bestimmten Trainer endmontieren sollen. Aus finanziellen Gründen wurde kürzlich dieser Plan aufgegeben. Die pakistanischen K-8 weisen gegenüber der chinesischen Variante einige Modifikationen auf: EFIS-Cockpit-Instrumentierung, andere Elektronikkomponenten und neue Antischleuderbremsen. Zurzeit evaluieren die Chinesen eine Variante mit dem ukrainischen Triebwerk DV-2. Die K-8 ist besonders auf hohe Zuverlässigkeit und einfache Wartung ausgelegt.
Hersteller: NAMC (Nanchang Aircraft Manufactoring Company), Nanchang, VR China.

Abmessungen: Spannweite 9,63 m, Länge inkl. Sonde 11,60 m, Höhe 4,21 m, Flügelfläche 17,02 m^2.

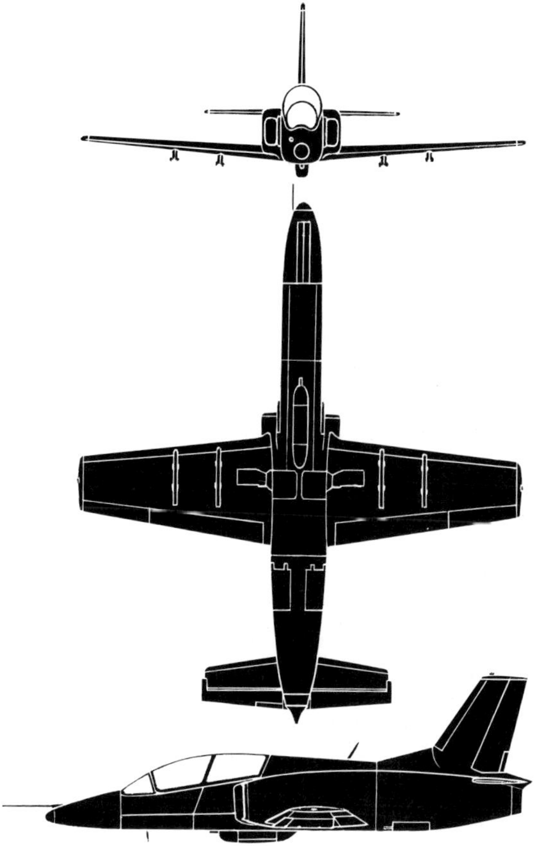

NH INDUSTRIES NH90

Ursprungsland: Bundesrepublik Deutschland, Frankreich, Italien und Niederlande.
Kategorie: Mittelschwerer militärischer Mehrzweck- (TTH) und bordgestützter U-Bootjagdhubschrauber (NFH).
Triebwerke: Zwei Gasturbinen Rolls-Royce-Turboméca RTM322-01/9 bzw. General Electric T700-T6E von je 1680 WPS (1253 kW) Leistung.
Leistungen (geschätzt): Höchstgeschwindigkeit fast 300 km/h; Marschgeschwindigkeit 260 – 290 km/h; Dienstgipfelhöhe 6000 m; Schwebehöhe mit Bodeneffekt 3600 m, ohne Bodeneffekt 3000 m; Einsatzradius mit 2000 kg Nutzlast > 250 km; Überführungsreichweite > 1200 km. Einsatzdauer 4 Std.
Gewichte: Leer zwischen 5400 und 6400 kg; normales Startgewicht 8700 bis 9300 kg, max. 10000 kg.
Zuladung (TTH): Ein bis zwei Piloten und bis zu 20 Soldaten bzw. 12 Verwundete in Kabine mit den Dimensionen: 4,00 m lang, 2,00 m breit und 1,58 m hoch; max. Nutzlast > 2000 kg; (NFH): Zwei Piloten und zwei bis vier Systemoperateure.
Bewaffnung (NFH): Je zwei Torpedos oder Anti-Schiffslenkwaffen an Trägern seitlich am Rumpf.
Entwicklungsstand: Der erste von fünf Erprobungsmustern (vier TTH, ein NFH) wurde am 29. September 1995 erstmals der Öffentlichkeit vorgestellt. Der Erstflug folgte am 18. Dezember 1995. Die Partnerländer sollen von beiden Versionen insgesamt 726 Einheiten (544 TTH, 182 NFH) abnehmen. Erste Auslieferungen im Jahr 2000.
Bemerkungen: Die Anteile der einzelnen Firmen verteilen sich wie folgt: Frankreich 42,4 %, Deutschland 24 %, Italien 26,9 %, Niederlande 6,7 %. Die Ausführungen TTH und NFH sind in der Grundkonzeption gleich, hingegen unterscheiden sie sich von der Aufgabe her sehr stark in der Ausrüstung. Die TTH verfügt über eine Heckladerampe.
Hersteller: NHIndustries (Agusta, Eurocopter, Fokker), Aix-en-Provence, Frankreich.

Abmessungen: Rotordurchmesser 16,30 m, Rumpflänge 15,88 m, Höhe über Heckrotor 5,44 m.

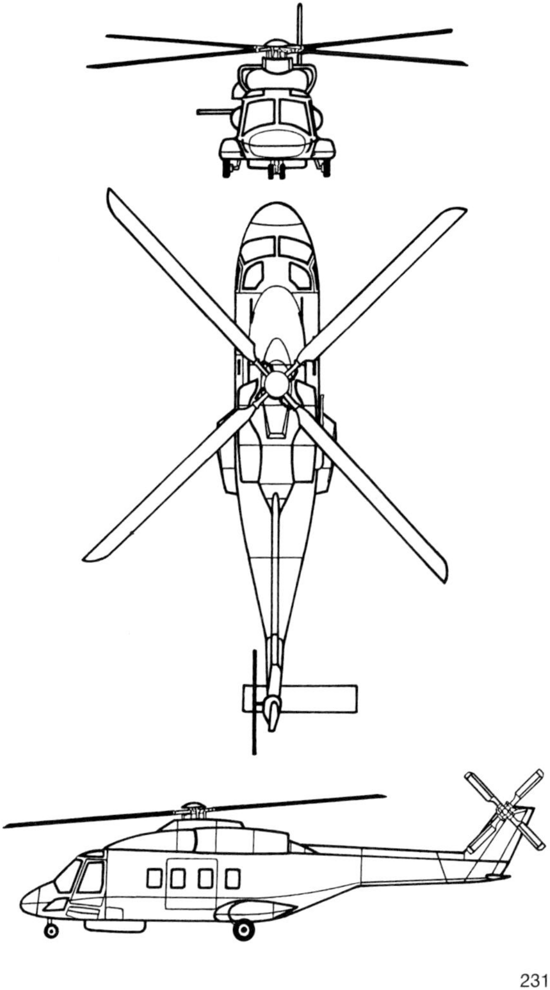

NORTHROP B-2A SPIRIT

Ursprungsland: USA.
Kategorie: Zweisitziger, schwer ortbarer strategischer Bomber.
Triebwerke: Vier Mantelstromtriebwerke General Electric F118-GE-110 von je 8620 kp (84,5 kN) Standschub.
Leistungen: Höchstgeschwindigkeit 955 – 1010 km/h auf 15250 m (Mach 0,9 – 0,95) oder 970 km/h auf Meereshöhe (Mach 0,75); Dienstgipfelhöhe 15240 m; max. Reichweite ohne Flugbetankung 12955 km, mit einer Flugbetankung 18532 km; Reichweite mit acht SRAM-Lenkwaffen und acht B83-Bomben (Flugprofil hoch-hoch-hoch) 11675 km bzw. (Flugprofil hoch-tief-hoch) 8154 km.
Gewichte: Leergewicht 56700 kg; max. Startgewicht 168422 kg.
Bewaffnung: Geschätzte Waffenlast von 34000 kg in zwei Waffenschächten nebeneinander für beispielsweise je acht SRAM's (Short-Range Attack Missiles) an einem rotierbaren Träger, B61 und B63 freifallende Nuklearwaffen, 454-kg-/340-kg-/227-kg-Bomben oder Seeminen vom Typ Mk.36.
Entwicklungsstand: Die erste B-2A startete am 17. Juli 1989 zum Erstflug, gefolgt von der zweiten am 19. Oktober 1990. Das vierte und letzte Entwicklungsmuster nahm am 17. April 1992 die Flugerprobung auf. Die letzte der 20 von der USAF bestellten Einheiten wird 1997 abgeliefert sein. Um eine allfällige zweite Serie von 20 Einheiten kurzfristig bestellen zu können, wurden Mittel zur Produktion von Teilen mit langen Vorlaufzeiten bewilligt.
Bemerkungen: Die B-2 basiert auf den neuesten Stealth-Erkenntnissen und ist daher mit heutigen Mitteln wie Radar und Infrarot nur schwer zu erfassen. Sie eignet sich für Angriffe im Tiefflug oder aus grosser Höhe, gegen feste oder mobile Ziele. Ihre Zelle besteht hauptsächlich aus Karbonfaser- und Kevlar-verstärkten Kunststoffen, mit Titan an extrem beanspruchten Stellen. Die Flugzeugoberfläche absorbiert Radarstrahlen. Wie bei der F-117A sind auch bei der B-2 Triebwerkein- und auslässe über dem Flügel angeordnet und daher gegen Infrarotsuchgeräte abgeschirmt.
Hersteller: Northrop Corporation, B-2-Division, Pico Rivera, Kalifornien, USA.

Abmessungen: Spannweite 52,43 m, Länge 21,03 m, Höhe 5,18 m, Flügelfläche 477,51 m².

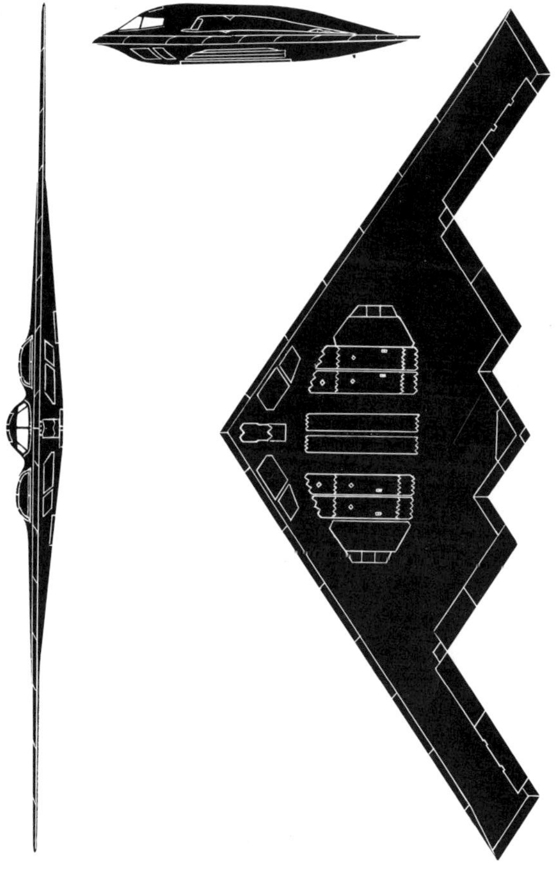

GRUMMAN E-2C HAWKEYE

Ursprungsland: USA.
Kategorie: Bordgestütztes Frühwarn- und Überwachungsflugzeug sowie fliegende Kommandozentrale.
Triebwerke: Zwei Propellerturbinen Allison T56-A-427 von je 5250 WPS (3917 kW) Leistung.
Leistungen: Höchstgeschwindigkeit 598 km/h; max. Reisegeschwindigkeit 576 km/h; Anfangssteiggeschwindigkeit 12,8 m/Sek; Dienstgipfelhöhe 9390 m; Einsatzdauer 4 Std. bei einem Aktionsradius von 370 km; max. Flugdauer 6,1 Std; Überführungsreichweite 2580 km.
Gewichte: Leer 17265 kg; max. Startgewicht 24494 kg.
Zuladung: Fünf Mann Besatzung, bestehend aus zwei Piloten und drei Ingenieuren im zentralen Einsatzraum zur Bedienung des ATDS (Airborne Tactical Date System).
Entwicklungsstand: Der erste Prototyp E-2C flog erstmals am 20. Januar 1971. Total wurden 144 Flugzeuge bis 1995 an die US Navy geliefert. Die Beschaffung von weiteren 36 Einheiten in jährlichen Tranchen von drei bis vier E-2C ist vorgesehen. Ferner bestellten: Ägypten 6, Israel 4, Japan 13, Singapur und Taiwan 4. Die US Küstenwache setzt vier, die US Zollbehörde eine von der US Navy gemietete E-2C zur Drogenbekämpfung ein. Frankreich hat vorläufig 2 Einheiten bestellt.
Bemerkungen: Die Elektronik der E-2C wurde schon mehrfach erheblich ausgebaut. Seit 1990 gelangt die APS-145-Anlage rückwirkend in alle E-2C zum Einbau. Dieses Radar soll weniger empfindlich auf störende Reflexe über Land sein. Die ab 1992 gebauten E-2C gehören dem sog. «Group 2 Standard» an mit den stärkeren Triebwerken T56-A-427, verbessertem IFF-System und APS-145-Radar mit vergrössertem Erkennungsradius. 54 frühere E-2C werden bis Ende der neunziger Jahre auf diesen Standard umgebaut. Sechs frühere E-2B werden für Taiwan zu E-2T mit verbesserten Leistungen modifiziert. Bereits wird die Ausführung «Group 3» vorbereitet, welche folgende Modernisierungen umfasst: Neuer Zentralrechner, Satellitenkommunikation, bessere Navigationssysteme, Luftbetankungsmöglichkeit und ein Infrarotsensor für die passive Überwachung.
Hersteller: Northrop Grumman Corp., Werk St. Augustine, Florida, USA.

Abmessungen: Spannweite 24,56 m, Länge 17,55 m, Höhe 5,69 m, Flügelfläche 65,03 m².

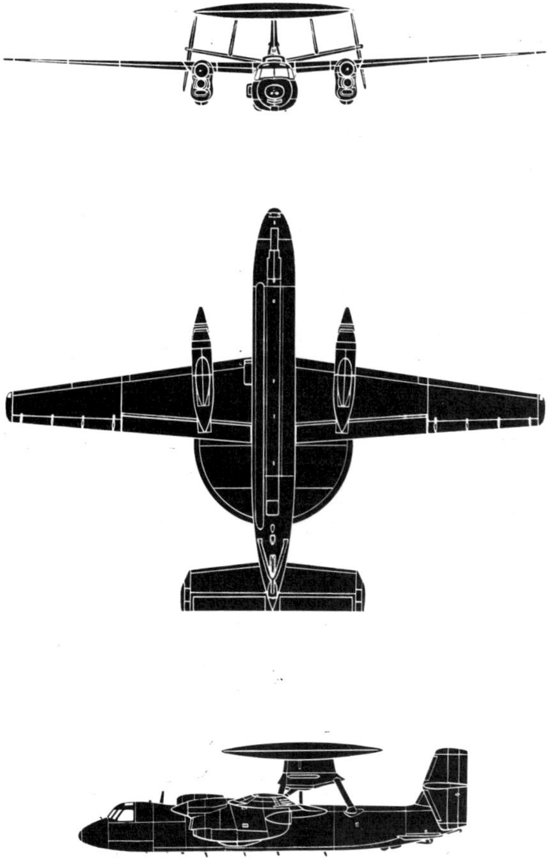

PIAGGIO P.180 AVANTI

Ursprungsland: Italien.
Kategorie: Firmenflugzeug.
Triebwerke: Zwei Propellerturbinen Pratt & Whitney Canada PT6A-66 von je auf 850 WPS (634 kW) reduzierter Leistung.
Leistungen: Höchstgeschwindigkeit 732 km/h auf 8625 m; max. Dauergeschwindigkeit 644 km/h auf 11885 m; Anfangssteiggeschwindigkeit 15,75 m/Sek; Dienstgipfelhöhe 12495 m; Reichweite mit einer Nutzlast von sechs Personen und IFR-Reserven 2637 km; max. Reichweite mit VFR-Reserven 3187 km.
Gewichte: Rüstgewicht 3384 kg; max. Startgewicht 5239 kg.
Zuladung: Ein oder zwei Piloten und sieben bis acht Passagiere bei Standard-Innenausstattung. Maximal zehn Passagiere, bei einem Piloten.
Entwicklungsstand: Der erste von zwei Prototypen fliegt seit dem 23. September 1986, das erste Serienflugzeug seit dem 29. Januar 1990. Bis Ende 1995 sind rund 30 Avantis hergestellt worden. Die italienische Luftwaffe hat 6 Avantis erhalten und möchte bis zu 40 weitere für Patrouillen- und Evakuationseinsätze sowie als Kalibrierungsflugzeug beschaffen.
Bemerkungen: Die Avanti basiert auf dem sogenannten «Drei-Flächen-Konzept» (three-surface-concept), wobei der vorn liegende kleine Stützflügel das Flugzeug in allen Flugphasen ausbalanciert und das Höhenruder nur für die Richtungsänderung benötigt wird. Der Flügel besitzt ein Laminarprofil und hohe Streckung bei vergleichsweise geringer Fläche. Eine neuartige Herstellungstechnik verspricht eine aussergewöhnliche Oberflächengüte. Die Avanti besteht zum grossen Teil aus Leichtmetall, doch finden sich Kunststoffteile am Leitwerk, den Triebwerkverkleidungen, an der Rumpfspitze, dem Stützflügel und dem Hauptflügel. Mit Grumman wurde kürzlich eine Kooperation eingegangen, um sich für einen Auftrag der US Army für ein Mehrzweck-Flächenflugzeug zu bewerben.
Hersteller: Piaggio Industrie Aeronautiche e Mecchaniche Rinaldo Piaggio SpA, Genua, Italien.

Abmessungen: Spannweite 14,03 m, Länge 14,41 m, Höhe 3,94 m, Flügelfläche 16,00 m².

PILATUS PC-7 Mk.II Astra/PC-9

Ursprungsland: Schweiz.
Kategorie: Zweisitziger Basis- und Fortgeschrittenentrainer sowie Zielschlepper.
Triebwerke: Eine Propellerturbine Pratt & Whitney Canada (PC-7 Mk. II) PT6A-25C von je 700 WPS (522 kW) bzw. (PC-9) PT6A-62 von 1150 WPS (857 kW) Leistung.
Leistungen (PC-7 Mk.II/PC-9): Höchstgeschwindigkeit 556/593 km/h auf 6100 m; Reisegeschwindigkeit 463 km auf 3050 m/500 km/h auf Meereshöhe oder 556 km/h auf 6100 m; max. Anfangssteiggeschwindigkeit 13,75/20,83 m/Sek; max. Reichweite mit 20 Min. plus fünf Prozent Treibstoffreserven 1642 km auf 7620 m.
Gewichte (PC-7 Mk.II/PC-9): Leer 1670/1685 kg; Startgewicht (Akrobatik) 2250/2250 kg bzw. max. 2700/3200 kg.
Entwicklungsstand: Die ersten beiden Prototypen der PC-9 fliegen seit dem 7. Mai und dem 20. Juli 1984. Beginn der Ablieferung der ersten Serienflugzeuge Ende 1985. Bis 1995 waren rund 200 Einheiten von neun Luftwaffen bestellt. Von der Zielschlepperversion haben die BRD 10 und die Schweiz 12 Exemplare gekauft. Die PC-7 Mk.II fliegt seit 1993 und wurde in 60 Exemplaren von der südafrikanischen Luftwaffe bestellt.
Bemerkungen: Wenn auch äusserlich die PC-7 Mk.II und die PC-9 grosse Ähnlichkeiten aufweisen, so sind sie in der Konstruktion und in der Leistungsausbeute recht unterschiedlich. Als eigentliche Zwischenstufe zwischen PC-7 und PC-9 verfügt die Mk.II gegenüber der ersteren über ein erhöhtes hinteres Cockpit, vergrösserte Leitwerksflächen, PC-9-Flügelspitzen, Sturzflugbremse, Schleudersitze und robusteres Fahrwerk. Bei der PC-9 handelt es sich im Vergleich zur PC-7 (siehe Ausgabe 1984), um eine völlige Neukonstruktion, die lediglich 10 % aller Bauteile mit dem Vorgängermuster gemeinsam hat. Die neue PC-9 Mk. II ist unter Raytheon/Beech auf Seiten 256/257 dargestellt.
Hersteller: Pilatus Flugzeugwerke AG, Stans, Schweiz.

Abmessungen (PC-7 Mk.II/PC-9): Spannweite 10,12/10,21 m, Länge 10,13/10,17 m, Höhe 3,26 m, Flügelfläche 16,29 m².

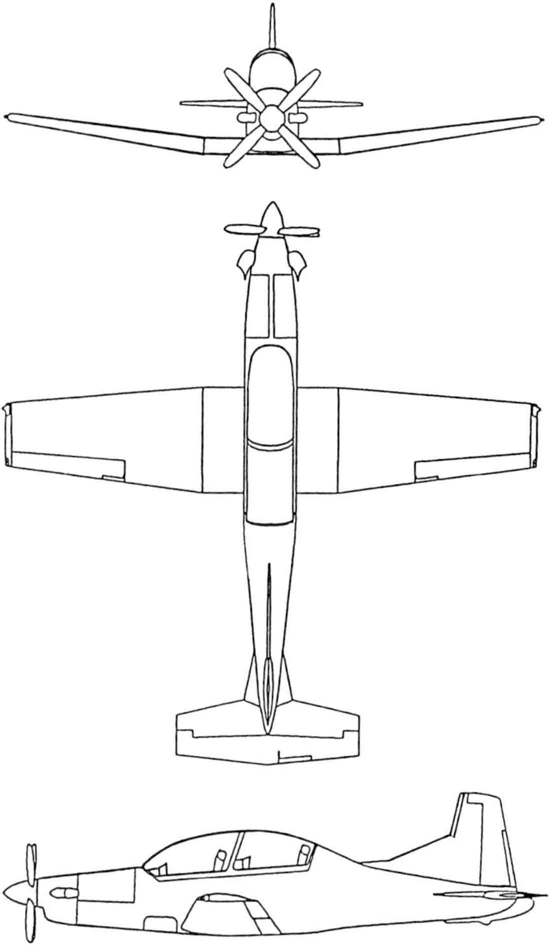

PILATUS PC-12

Ursprungsland: Schweiz.
Kategorie: Leichtes Mehrzweck- und Firmenflugzeug.
Triebwerke: Eine Propellerturbine Pratt & Whitney Canada PT6A-67B mit einer auf 1200 WPS (895 kW) reduzierten Leistung.
Leistungen: Max. Reisegeschwindigkeit 498 km/h auf 7620 m; Anfangssteiggeschwindigkeit 10,40 m/Sek; Dienstgipfelhöhe 9150 m; Reichweite mit 45 Min. Reserven 3320 km.
Gewichte: Leergewicht Frachter 2183 kg, mit Passagiereinrichtung 2386 kg; max. Startgewicht 4020 kg.
Zuladung: Pilot und Copilot/Passagier im Cockpit und bis zu neun Passagiere in Einzelsitzen; als Firmenflugzeug sechs Passagiere. Max. Zuladung als Frachter 1400 kg.
Entwicklungsstand: Der erste von zwei Prototypen startete am 31. Mai 1991 zum Erstflug. Der zweite folgte am 28. Mai 1993. Am 30. März 1994 wurde die PC-12 in der Schweiz zugelassen und die ersten Maschinen im Mai 1994 an Kunden ausgeliefert. Zurzeit verfügt Pilatus über rund 57 Festbestellungen, darunter auch vom australischen Flying Doctor Service. Bis Ende 1995 waren deren 32 abgeliefert.
Bemerkungen: Das druckbelüftete Mehrzweckflugzeug ist für den Einsatz in der Geschäftsfliegerei (PC-12P) bis hin zum Transporter für Fracht (PC-12F) geeignet. Die Zelle der einmotorigen PC-12 ist länger und breiter als beispielsweise jene der zweimotorigen Beech King Air und vermag Fracht bis zu 9,34 m^3 zu laden. Eine kombinierte Variante für vier Passagiere und 5,95 m^3 Fracht wird ebenfalls angeboten. Eine Passagiertür vorn und eine grosse Frachttüre hinten erleichtern den Ladevorgang. Nachdem in Zukunft auch einmotorige Maschinen unter IFR-Bedingungen für Kommerzflüge zugelassen werden, dürfte Flugzeugen dieser Kategorie noch ein grosser Verkaufserfolg beschieden sein. Die PC-12 ist dafür mit einer umfangreichen Avionik von AlliedSignal Bendix/King ausgerüstet. Sie erfüllt auch als erster Flugzeugtyp die neuen «Crash-Resistenz-Vorschriften» der amerikanischen Luftfahrtbehörden. Neu bietet Pilatus auch eine Überwachungsvariante mit Elint-, Comint- und Bodenüberwachungsausrüstung von Westlinghouse an.
Hersteller: Pilatus Flugzeugwerke AG, Stans, Schweiz.

Abmessungen: Spannweite 16,08 m, Länge 14,38 m, Höhe 4,26 m, Flügelfläche 22,6 m².

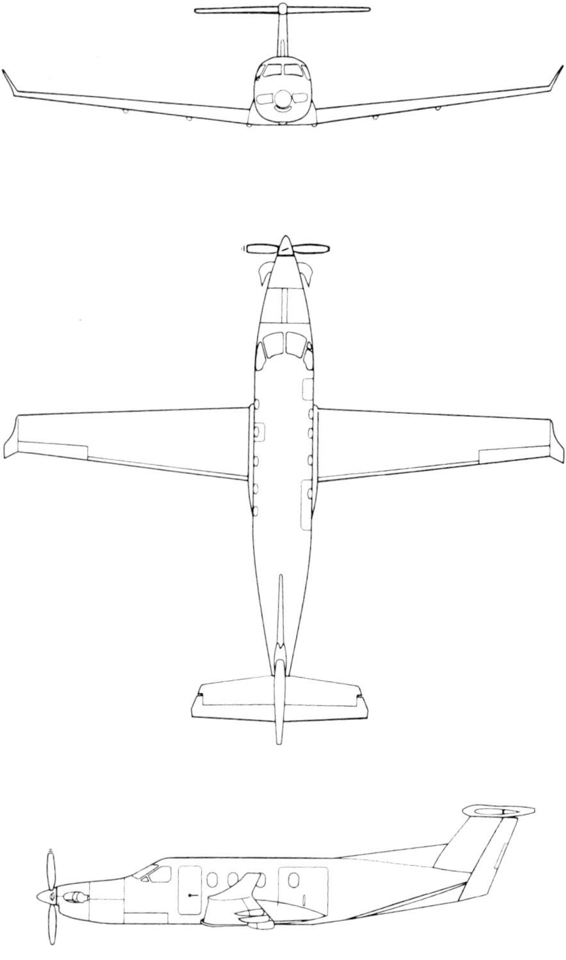

PZL-130T TURBO ORLIK

Ursprungsland: Polen.
Kategorie: Zweisitziger Grundschul- und Mehrzwecktrainer.
Triebwerke: Eine Propellerturbine (PZL-130TB) Walter M 601T von 751 WPS (560 kW) Leistung oder (PZL-130TC) Pratt & Whitney Canada PT6A-62 von 950 WPS (708 kW) Leistung.
Leistungen (PZL-130TC): Höchstgeschwindigkeit 508 km/h auf Meereshöhe, 560 km/h auf 6095 m; Anfangssteiggeschwindigkeit 20,6 m/Sek; max. Reichweite mit internem Treibstoff 930 km auf Meereshöhe, mit zwei abwerfbaren Zusatztanks von je 340 l 2300 km.
Gewichte (PZL-130TC): Rüstgewicht 1450 kg; max. Startgewicht (für Akrobatik) 2000 kg, sonst 2700 kg.
Bewaffnung (PZL-130TC als Option): Eine Waffenlast von bis zu 900 kg an sechs Aufhängepunkten unter den Flügeln, z.B. Maschinengewehrbehälter, Werfer für S-5M 57-mm-ungelenkte Raketen.
Entwicklungsstand: Die erste von drei Turbo Orlik, ein Umbau des dritten, kolbenmotorgetriebenen Prototyps der PZL-130 Orlik, flog erstmals als PZL-130TM mit einer PT6A-Turbine am 13. Juli 1986. Der zweite Prototyp folgte am 12. Januar 1989, ausgerüstet mit einer M601E-Turbine. Die definitive Variante mit PT6A-62-Triebwerk PZL-130TC flog erstmals am 2. Juni 1993. Die polnische Luftwaffe plant insgesamt 50 Turbo Orliks von drei verschiedenen Versionen zu beschaffen: 2 TM, 20 TB und 28 TC. Bis Ende 1995 waren rund deren 40 abgeliefert.
Bemerkungen: Die Turbo Orlik ist von der PZL-130 Orlik abgeleitet, welche über den Prototypstatus nie herauskam (vier hergestellt). Derzeit werden mehrere Varianten angeboten: Die polnische Luftwaffe erhält eine Ausführung entweder mit M601E- oder T-Triebwerk (siehe Ausgabe 1991/92). Diese verfügt über eine gegenüber dem Prototypen um 1,00 m vergrösserte Spannweite, Schleudersitze, kräftigere Bremsen und eine Steuerung des Bugfahrwerks. Weiter angeboten werden die Versionen PZL-130TD und TE mit PT6A-25C-Triebwerk von 750 WPS bzw. PT6A-25 von 550 WPS Leistung.
Hersteller: WSK-PZL Warszawa-Okecie, Warschau-Okecie, Polen.

Abmessungen: Spannweite 9,00 m, Länge 9,00 m, Höhe 3,53 m, Flügelfläche 13,00 m^2.

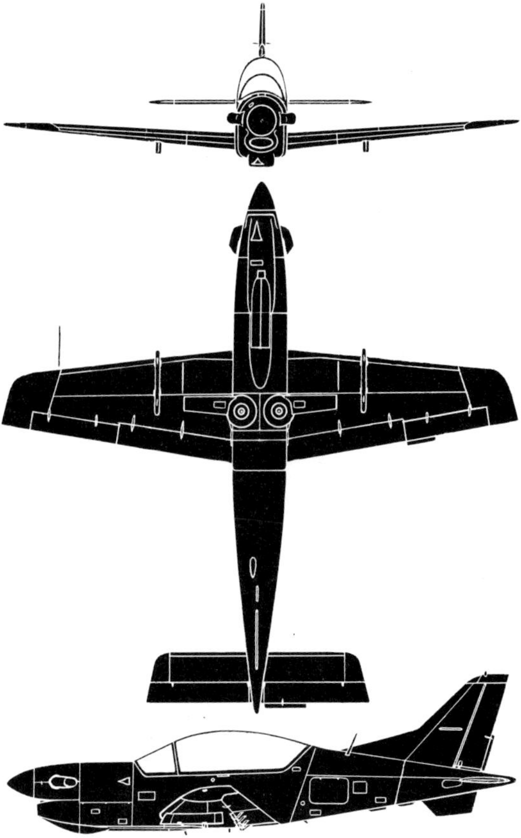

PZL M-93K IRYDA

Ursprungsland: Polen.
Kategorie: Zweisitziger Fortgeschrittenentrainer und leichtes Erdkampf- und Aufklärungsflugzeug.
Triebwerke: Zwei Strahltriebwerke PZL Rzeszow SO-3W22 (Vorserie) von je 1100 kp (10,79 kN) oder PZL K-15 (Serie) von je 1500 kp (15 kN) Standschub.
Leistungen (mit SO-3W22 Triebwerken): Höchstgeschwindigkeit 915 km/h auf Meereshöhe; max. Reisegeschwindigkeit 924 km/h auf 10000 m; Anfangssteiggeschwindigkeit 37 m/Sek; Dienstgipfelhöhe 12600 m; Reichweite mit internem Treibstoff 1670 km.
Gewichte: Rüstgewicht 3962 kg; max. Startgewicht 7493 kg.
Bewaffnung: Eine doppelläufige 23-mm-GSh-23L-Kanone im Rumpf und vier Flügelstationen für eine Waffenlast von je 500 kg.
Entwicklungsstand: Der erste von fünf Prototypen flog am 3. März 1985. Zwölf Vorserienmaschinen wurden ab 1992 einer Einsatzerprobung unterzogen. Die polnische Luftwaffe hat einen Bedarf von 80 Irydas. Von der Serienausführung erhält die polnische Luftwaffe ab 1995 vorläufig 12 Einheiten. Auch die Vorserienflugzeuge sollen anschliessend auf diesen Stand gebracht werden. Weiter besteht ein Bedarf zwischen 40 und 60 Flugzeugen einer weiter entwickelten Variante.
Bemerkungen: Die definitive Ausführung Iryda I-22M-93 verfügt nebst den stärkeren Triebwerken K-15 auch über Martin Baker Mk.10-Schleudersitze. Ein besonders für den Export gedachter sechster Prototyp I-22M-93V fliegt seit 25. März 1994 mit einem Triebwerk Rolls-Royce Viper von 1500 kp (14,7 kN) Leistung und Martin Baker-Schleudersitzen Mk.11. Von mehreren weiteren geplanten Versionen nimmt zurzeit die einsitzige Erdkampfversion M-99 Orkan die konkretesten Formen an. Konstruktiv wird sie bis zu 80 % gleich wie die I-22 sein, aber über grössere Flügel und überarbeiteten Mittelrumpf zur Aufnahme der voluminöseren Triebwerke verfügen. Zum Einbau gelangen entweder Rolls-Royce Adour- oder Povazské Strojarne DV-2-Triebwerke. Sie wird eine Bewaffnung von bis zu 4000 kg an sechs Aufhängepunkten unter den Flügeln sowie deren zwei unter dem Rumpf mitführen können. Zurzeit soll auch eine Ausführung für maritime Kampf- und Aufklärungseinsätze in Entwicklung sein.
Hersteller: WSK-PZL Warzawa-Okecie, Warschau-Okecie, Polen.

Abmessungen: Spannweite 9,60 m, Länge 13,22 m, Höhe 4,30 m, Flügelfläche 19,92 m^2.

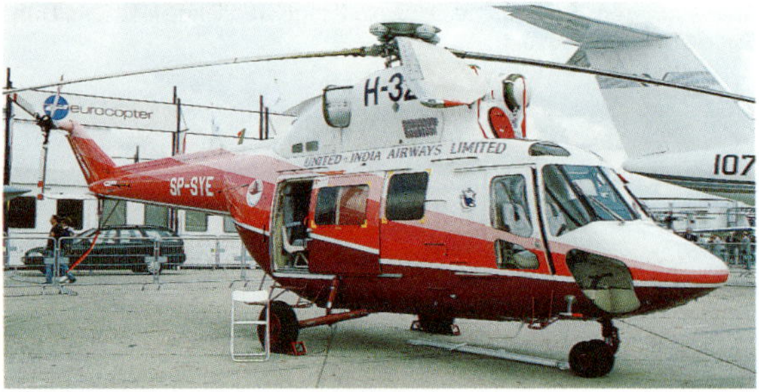

PZL SWIDNIK W-3 SOKOL

Ursprungsland: Polen.
Kategorie: Mittelschwerer Transport- und Mehrzweckhubschrauber.
Triebwerke: Zwei Gasturbinen WSK-PZL Rzeszow TWD-10W von je 888 WPS (662 kW) Leistung.
Leistungen: Höchstgeschwindigkeit 270 km/h; max. Reisegeschwindigkeit 235 km/h; max. Schrägsteiggeschwindigkeit 8,5 m/Sek; Schwebehöhe mit Bodeneffekt 3000 m, ohne Bodeneffekt 2100 m; Reichweite mit Standard-Treibstoffzuladung 680 km, mit Zusatztanks 1160 km.
Gewichte: Leer 3630 kg; max. Startgewicht 6400 kg.
Zuladung: Zwei Piloten und bis zu 12 Passagiere, vier liegende Patienten plus Pfleger oder 2100 kg Fracht intern oder extern.
Bewaffnung (W-3W Huzar): Eine doppelläufige GSh-23-mm-Kanone seitlich am Rumpf sowie an vier Pylonen beispielsweise Luft-Luft-Lenkwaffen Gad, Behälter für 16 ungelenkte 57-mm-Raketen oder Panzerabwehrlenkwaffen AT-6 Spiral.
Entwicklungsstand: Der Erstflug des ersten Prototypen erfolgte am 16. November 1979. Die Zulassung liess mehr als 10 Jahre auf sich warten und wurde am 10. April 1990 erteilt. PZL hat bisher rund 70 W-3 hergestellt u. a. für die ehemalige Sowjetunion 20 Einheiten und die Luftwaffe von Burma (Myanmar) 12. Der Rest ging u.a. in mehreren Ausführungen an polnische zivile und militärische Stellen, z.B. als Standardtransporter W-3 und W-3RM bzw. W-3SP «Anakonda»-SAR-Hubschrauber. Zehn als W-3W bezeichnete «Huzar» sind von der polnischen Armee für Kampfzoneneinsätze beschafft worden.
Bemerkungen: Die W-3-Familie umfasst bereits eine lange Liste von Versionen. Die neuesten sind: ECM-Version für die polnische Luftwaffe; W-3K «Huzar» in Zusammenarbeit mit Südafrika mit westlicher Avionik und hochmoderner Bewaffnung, u.a. einer 20-mm-Maschinenkanone in einem Kinnturm, welche durch ein Helmvisier gerichtet wird. Die W-3W der polnischen Armee ist eine vereinfachte Version der -K.
Hersteller: PZL-Swidnik, Swidnik, Polen.

Abmessungen: Rotordurchmesser 15,7 m, Rumpflänge 14,22 m, Höhe inkl. Rotorkopf 4,20 m.

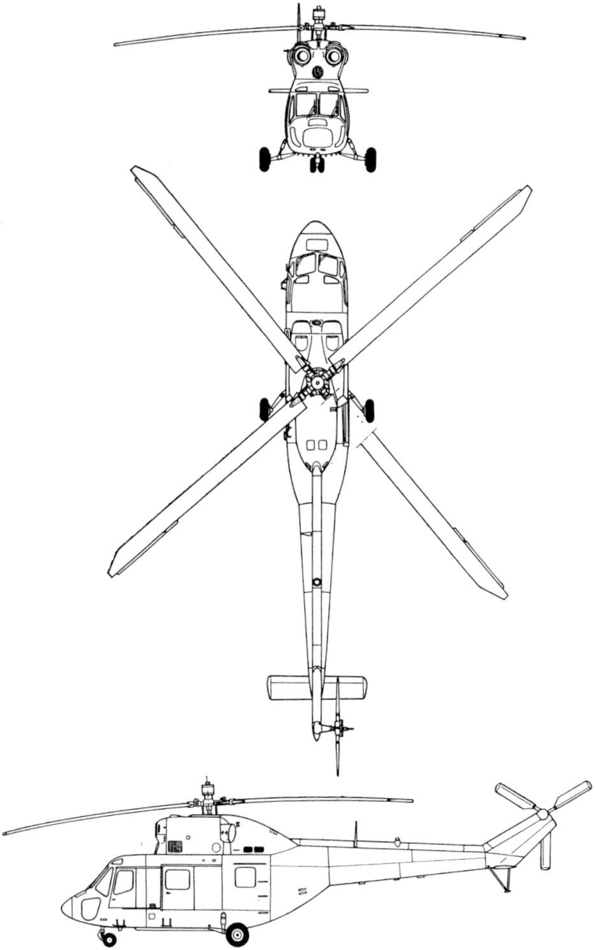

PZL SWIDNIK SW-4

Ursprungsland: Polen.
Kategorie: Leichter Mehrzweckhubschrauber.
Triebwerke: Eine Gasturbine Allison 250-C2OR von 450 WPS (336 kW) Leistung.
Leistungen (nach Angaben des Herstellers): Höchstgeschwindigkeit 288 km/h; normale Reisegeschwindigkeit 230 km/h; Schwebehöhe mit Bodeneffekt 3500 m; Reichweite rund 900 km.
Gewichte: Leer 850 kg; normales Startgewicht 1600 kg.
Zuladung: Ein Pilot und vier Passagiere.
Entwicklungsstand: Ein Prototyp hat im Frühjahr 1995 die Flugerprobung aufgenommen. Der Serienbau ist vorgesehen.
Bemerkungen: Mit der SW-4 will PZL eine kostengünstige Alternative zu den bereits gut eingeführten Konkurrenzmodellen anbieten. Als Option ist sie auch mit der Gasturbine Pratt & Whitney Canada PW206 von 615 WPS (459 kW) erhältlich. PZL wird voraussichtlich auch eine Ausführung mit zwei Triebwerken und überarbeitetem Rotorkopf entwickeln.
Hersteller: PZL-Swidnik, Swidnik, Polen.

Abmessungen: Rotordurchmesser 9,00 m, Länge inkl. Rotor 10,54 m, Höhe 2,95 m.

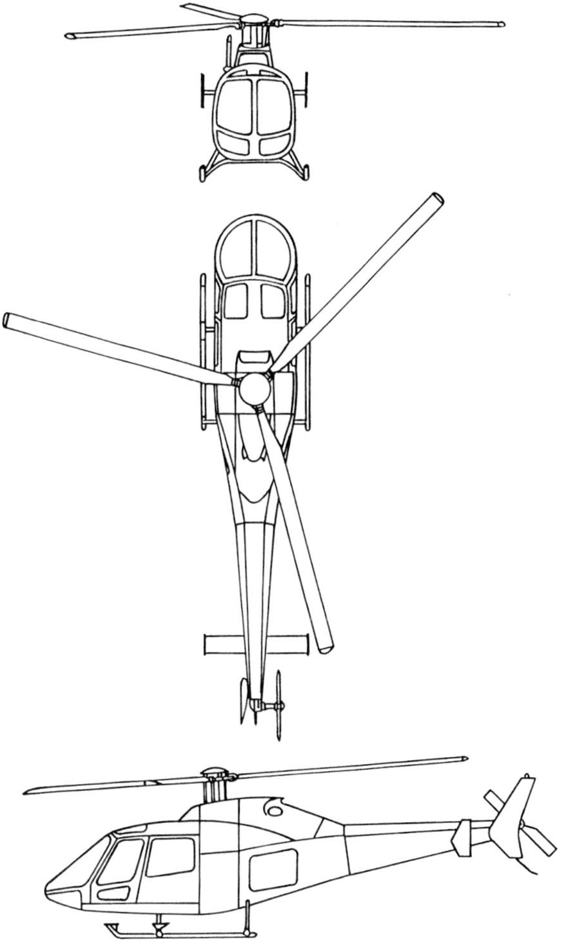

RAYTHEON/BEECHCRAFT C90SE KING AIR

Ursprungsland: USA.
Kategorie: Firmenflugzeug.
Triebwerke: Zwei Propellerturbinen Pratt & Whitney PT6A-21 von je 550 WPS (404 kW) Leistung.
Leistungen (geschätzt): Max. Reisegeschwindigkeit 450 km/h auf 3660 m, Anfangssteiggeschwindigkeit 10 m/Sek; Dienstgipfelhöhe 8800 m; max. Reichweite bei ökonomischer Reisegeschwindigkeit 2300 km.
Gewichte: Rüstgewicht 3000 kg; max. Startgewicht 4580 kg.
Zuladung: Ein bis zwei Mann Cockpitbesatzung und in der Kabine normalerweise 4 Einzelsitze in vis-à-vis-Anordnung, max. jedoch bis zu acht Passagiere. Max. Nutzlast 1455 kg.
Entwicklungsstand: Das erste Modell dieser Ausführung flog erstmals im Juli 1994. Die Zulassung erfolgte Mitte 1995, die Auslieferungen an die Kunden begannen kurz danach. Von allen Varianten der King Air A,B,C90 sind bisher über 1600, zusammen mit den Versionen 200, 300, 350 usw. über 5000 Einheiten hergestellt worden. Neueste militärische Bestellung: 12 von der King Air 200 abgeleitete C-12F (+ 14 Optionen) für die US Army (siehe Ausgabe 1995).
Bemerkungen: Die C90SE (Special Edition) ist eine sogenannte «Sparausgabe» der Beech C90B. Sie ist vorwiegend für jene Kunden gedacht, die zwar die Leistungen der King Air verlangen, aber auf allen Luxus und auf ein EFIS-Flight-Deck verzichten können. Anstelle des Vierblatt-Propellers wird eine günstigere Dreiblatt-Variante eingebaut. Dank des Preises von nur US$ 1,7 Mio konkurrenziert er direkt Modelle mit nur einer Propellerturbine, beispielsweise die Pilatus PC-12 (siehe Seiten 240/241) und Socata TBM 700 (Seiten 278/279).
Hersteller: Raytheon Aircraft, Beech Aircraft Division, Wichita, Kansas, USA.

Abmessungen: Spannweite 15,32 m, Länge 10,82 m, Höhe 4,34 m, Flügelfläche 27,31 m^2.

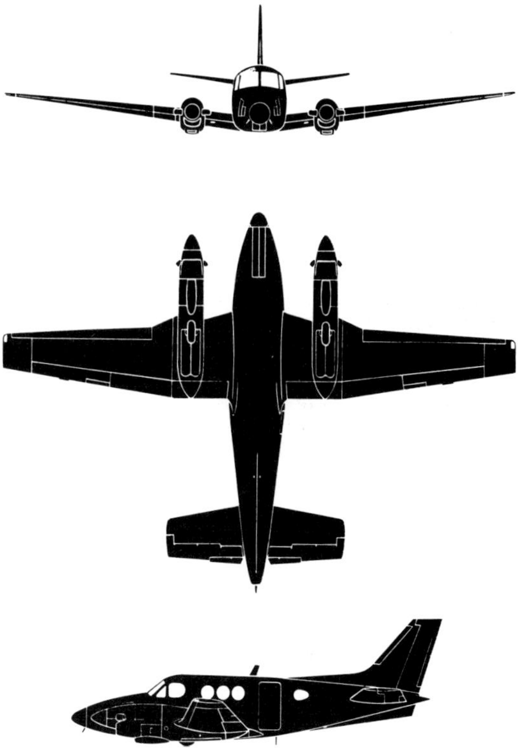

RAYTHEON/BEECHCRAFT 1900D

Ursprungsland: USA.
Kategorie: Regionalverkehrsflugzeug.
Triebwerke: Zwei Propellerturbinen Pratt & Whitney Canada PT6A-67D von je 1280 WPS (955 kW) Leistung.
Leistungen: Max. Reisegeschwindigkeit bei einem Fluggewicht von 6804 kg 502 km/h auf 3050 m, 532 km/h auf 7620 m; Anfangssteiggeschwindigkeit bei 7688 kg 13,3 m/Sek; Dienstgipfelhöhe 7620 m; Reichweite mit 19 Passagieren und IFR-Bedingungen 926 km auf 2440 m, 1056 km auf 4875 m oder 1278 km auf 7620 m.
Gewichte: Rüstgewicht 4699 kg; max. Startgewicht 7588 kg.
Zuladung: Ein bis zwei Mann Cockpitbesatzung und in der Kabine normalerweise 19 Passagiere in Einzelsitzen auf jeder Seite und einer Dreier-Sitzgruppe am Ende der Kabine. Gepäckraum im Rumpfheck.
Entwicklungsstand: Der Prototyp der Weiterentwicklung 1900D flog erstmals am 1. März 1990 und erhielt die Zulassung im März 1991. Kundenauslieferungen im November 1991 an Mesa Airlines, welche als Hauptbestellerin 118 Einheiten erhält. Bis Ende 1995 sind Aufträge für rund 260 Beech 1900D eingegangen, wovon bisher über 100 geliefert wurden. 1996 sollen rund 55 Maschinen gebaut werden. Für eine Kombiversion hat Beech 1992 eine erste Bestellung für fünf Einheiten erhalten.
Bemerkungen: Die 1900D hat die früheren Versionen der 1900, welche in 257 Exemplaren hergestellt wurden, in der Produktion abgelöst. Das wesentlichste neue Merkmal ist die um volle 36 cm auf eine Innenhöhe von 180 cm erhöhte Kabine, die es nun erlaubt, sich darin aufrecht zu bewegen. Dazu ist auch der Boden durchgehend flach gestaltet worden. Das Kabinenvolumen erhöhte sich dadurch um 28,5 %. Der druckbelüftete Frachtraum im Heck verfügt über 4,95 m^3 Stauraum und ist durch eine verbreiterte Frachttüre zugänglich. Eine VIP-Ausführung für 12 Passagiere wird ebenfalls angeboten.
Hersteller: Raytheon Aircraft, Beech Aircraft Div., Wichita, Kansas, USA.

Abmessungen: Spannweite 17,65 m, Länge 17,63 m, Höhe 4,55 m, Flügelfläche 28,15 m².

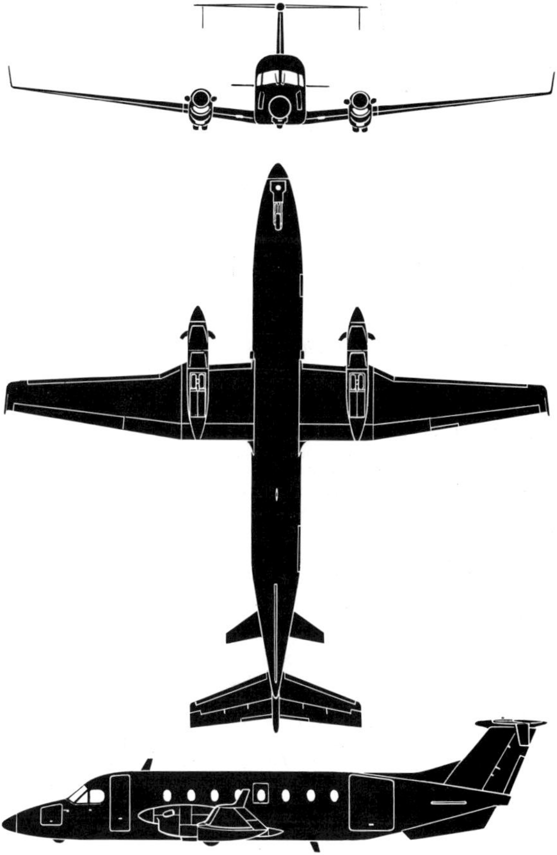

RAYTHEON/BEECHCRAFT BEECHJET 400A/T-1A JAYHAWK

Ursprungsland: USA.
Kategorie: Leichtes Firmenflugzeug (400A) bzw. Trainer für Bomber- und Tankerpiloten (T-1A).
Triebwerke: Zwei Mantelstromtriebwerke Pratt & Whitney Canada JT15D-5B von je 1315 kp (12,90 kN) Standschub.
Leistungen: Höchstgeschwindigkeit 865 km/h auf 12495 m; ökonom. Reisegeschwindigkeit 834 km/h auf 12495 m; Langstrecken-Reisegeschwindigkeit 732 km/h; Anfangssteiggeschwindigkeit 20,12 m/Sek; Steigzeit auf 12500 m 22 Min; Dienstgipfelhöhe 13715 m; Reichweite mit vier Passagieren, max. Treibstoffzuladung und VFR-Reserven 3537 km.
Gewichte: Rüstgewicht 4817 kg; max. Startgewicht 7303 kg.
Zuladung (400A): Zwei Piloten und normal vier, max. acht Passagiere; (T-1A): Zwei Pilotenschüler und Instruktor/Beobachter.
Entwicklungsstand: Erstflug der 400A am 22. September 1989, der T-1A am 5. Juli 1991. Erste Auslieferungen der 400 A im November 1990, der T-1A an die USAF am 17. Januar 1992. Sie hat 180 Einheiten bestellt. Von allen Beechjets sind bisher über 100 Einheiten gebaut worden. Die japanische Luftwaffe beschafft ebenfalls eine als T-400 bezeichnete Transport- und Trainingsausführung. Drei davon sind bestellt, weitere sechs werden folgen.
Bemerkungen: Ursprünglich unter dem Namen Diamond von Mitsubishi entwickelt, wurde die Produktion nach nur elf hergestellten Exemplaren an Beech übergeben. Diese entwickelte die verbesserte Ausführung Beechjet 400A. Die davon abgeleitete T-1A der USAF verfügt über folgende Änderungen: Einpunkt-Betankung, Cockpitverglasung mit verstärktem Schutz vor Vogelschlag, robusteres Fahrwerk. Voraussichtlich wird eine vergrösserte Version der zivilen Beechjet 400A gebaut, ausgerüstet mit einem neuen Flügel.
Hersteller: Raytheon Aircraft, Beech Aircraft Division, Wichita, Kansas, USA.

Abmessungen: Spannweite 13,25 m, Länge 14,75 m, Höhe 4,24 m, Flügelfläche 22,43 m^2.

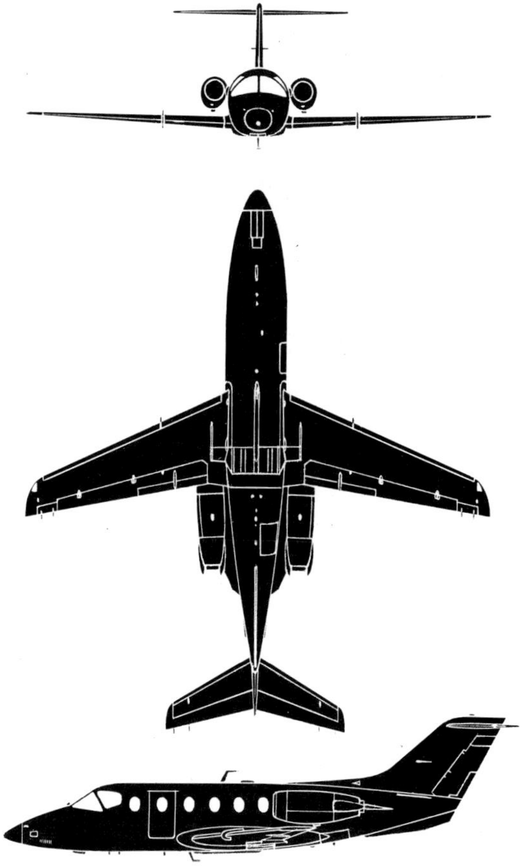

RAYTHEON/BEECH PC-9 MK.II

Ursprungsland: USA/Schweiz.
Kategorie: Zweisitziger Basis- und Fortgeschrittenentrainer.
Triebwerke: Eine Propellerturbine Pratt & Whitney PT6A-68 von 1708 WPS (1275 kW) Leistung, reduziert auf 1250 WPS (930 kW).
Leistungen (PC-9): Höchstgeschwindigkeit bei einem Fluggewicht von 2250 kg 593 km/h auf 6100 m; Reisegeschwindigkeit 500 km/h auf Meereshöhe oder 556 km/h auf 6100 m; max. Anfangssteiggeschwindigkeit 20,83 m/Sek; Reichweite mit 20 Min. plus fünf Prozent Treibstoffreserven 1642 km auf 7620 m.
Gewichte (PC-9): Leer 1685 kg; Startgewicht (Akrobatik) 2250 kg bzw. (Schulung) 3200 kg.
Entwicklungsstand: Der erste Erprobungsträger (eine umgebaute PC-9) fliegt seit September 1992. Darauf stellte Beech zwei weitere Produktionsprototypen her (Erstflug 23. Dezember 1993). Nachdem dieses Muster den hartumkämpften Wettbewerb für einen neuen Grundschultrainer für die amerikanischen Streitkräfte gewonnen hat, sind folgende Beschaffungen vorgesehen: USAF 372, USN 339. Mit den ersten Ablieferungen wird ab 1999 gerechnet.
Bemerkungen: Obwohl der PC-9 sehr ähnlich, wurde rund 70 % der Konstruktion neu definiert. Die wesentlichen Unterschiede sind: Verstärkte Rumpfstruktur und Cockpithaube, Druckkabine, Null-Null-Schleudersitze, neue digitale Elektronik (GPS, MLS, Antikollisionsanzeige, HUD), Einpunktbetankung. Die PC-9 Mk.II ist Bestandteil eines integrierten Trainingssystems, welches auch Simulatoren und übrige Logistik umfasst. Generalunternehmer ist die Tochtergesellschaft von Raytheon, Beech Aircraft.
Hersteller: Raytheon/Beech/Pilatus, Werk Wichita, Kansas, USA.

Abmessungen: Spannweite 10,21 m, Länge 10,17 m, Höhe 3,26 m, Flügelfläche 16,29 m².

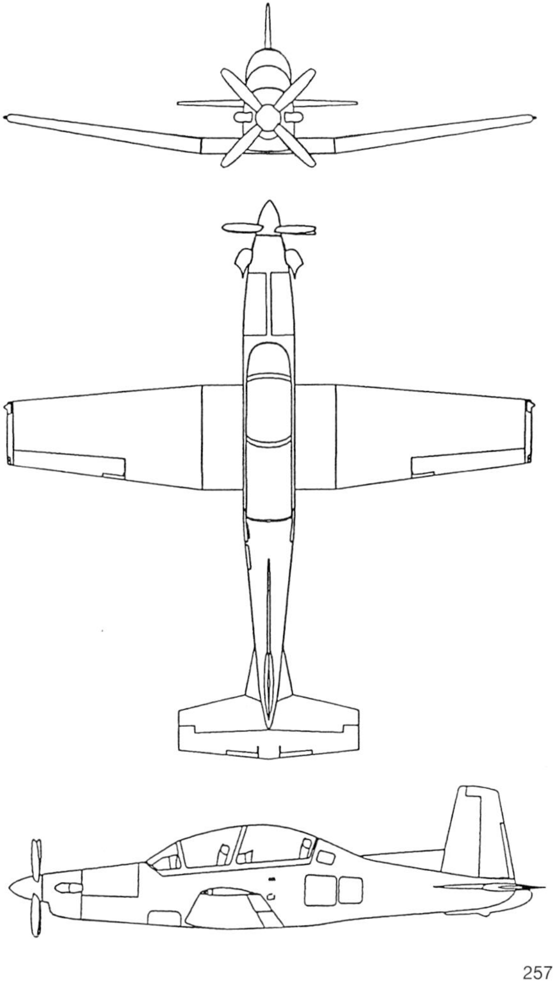

RAYTHEON HAWKER 800XP/1000

Ursprungsland: Grossbritannien.
Kategorie: Firmenflugzeug.
Triebwerke: Zwei Mantelstromtriebwerke (800XP) AlliedSignal TFE731-5BR von je 2023 kp (20,00 kN) bzw. (1000) Pratt & Whitney PW305 von je 2358 kp (23,13 kN) Standschub.
Leistungen: Max. Reisegeschwindigkeit 867 km/h auf 8840 m; ökonom. Reisegeschwindigkeit (800) 741 km/h, (1000) 745 km/h auf 11890 bis 13100 m; Dienstgipfelhöhe 13100 m; Reichweite mit max. Nutzlast (800) 5318+ km, (1000) 6375 km, mit max. Treibstoffzuladung und VFR-Reserven (800) 5560+ km, (1000) 6736 km.
Gewichte: Leergewicht (800) 6676 kg, (1000) 7630 kg; max. Startgewicht (800) 12430 kg, (1000) 14060 kg.
Zuladung: Zwei Piloten und bis zu (800) 14, (1000) 15 Passagiere in enger Bestuhlung. Max. Nutzlast (800) 1306 kg, (1000) 1156 kg.
Entwicklungsstand: Erstflug der Prototyps der Serie 1000 am 16. Juni 1990, der neuesten Ausführung 800XP im Juni 1995. Bis Ende 1995 sind von der Serie 800 rund 275, von der Serie 1000 rund 40 Bestellungen (+ Optionen) eingegangen. Beide Varianten werden zurzeit parallel hergestellt, ab 1997 bei Beech in Wichita, Kansas, USA. Die aus der Serie 800 abgeleitete SAR-Version U-125A (siehe Foto) ist für die japanische Luftwaffe bestimmt, bisher 7 bestellt.
Bemerkungen: Als neuestes Modell einer langen Serie ist die 800XP lanciert worden. Dank stärkerer Triebwerke erzielt sie deutlich höhere Leistungen, insbesondere bezüglich Geschwindigkeit, Steigleistung bei hohen Temperaturen und grösserer Reichweite. Dadurch schliesst sie an das Leistungsspektrum der 1000 an, welche wiederum einem ähnlichen Verbesserungsprogramm unterzogen werden soll. Ein als Hawker 1000Y bezeichneter Prototyp soll 1996 fliegen.
Hersteller: Raytheon Corporate Jets, Werk Chester, Hatfield, Hertfordshire, Grossbritannien,

Abmessungen: Spannweite 15,66 m, Länge 16,42 m, Höhe 5,21 m, Flügelfläche 34,75 m².

ROKS-AERO T-101 GRACH

Ursprungsland: Russland.
Kategorie: Mehrzweck- und Arbeitsflugzeug.
Triebwerke: Eine Propellerturbine Mars (Omsk) TVD-20 von 1400 WPS (1029 kW) Leistung.
Leistungen (geschätzt): Höchstgeschwindigkeit auf 3000 m 305 km/h; max. Reisegeschwindigkeit 298 km/h; ökonom. Reisegeschwindigkeit 235 km/h; Dienstgipfelhöhe 3600 m; Reichweite mit neun Passagieren und 500 kg Fracht bis zu 1500 km.
Gewichte: Rüstgewicht 3330 kg; max. Startgewicht 5500 kg.
Zuladung: Ein bis zwei Piloten im Cockpit und neun Passagiere bzw. Frachtladung bis 1600 kg.
Entwicklungsstand: Ein Prototyp fliegt seit Dezember 1994. Ob und wann ein Serienbau erfolgt, ist bis heute nicht bekannt.
Bemerkungen: Die Gratch wurde als Nachfolgerin der berühmten Antonow An-2 entwickelt und sollte dieses robuste Flugzeug, das bis vor wenigen Jahren in mehr als 15000 Exemplaren hergestellt wurde, mittelfristig ersetzen. Einige Komponenten des Rumpfes sind von diesem Flugzeug auch übernommen worden. Im weiteren handelt es sich aber um eine vollständig neue Konstruktion. Dabei wurde auf einfache, robuste und kostengünstige Auslegung besonders geachtet. So hat man beispielsweise auf Druckkabine und Einziehfahrwerk verzichtet. Eine Vielzahl von Versionen sind geplant: T-101V Amphibienausführung mit zwei Schwimmern; T-101P Löschflugzeug; T-101L mit Skifahrwerk; T-101Skh Landwirtschaftsmaschine mit umkonstruiertem Flügel und Sprüheinrichtung; T-101S Militärausführung mit Aufhängepunkten an den Flügeln.
Hersteller: Roks-Aero Corporation und Moscow Aircraft Production Organization (MAPO), Moskau, Russland.

Abmessungen: Spannweite 18,18 m, Länge 15,04 m, Höhe 6,67 m, Flügelfläche 43,63 m².

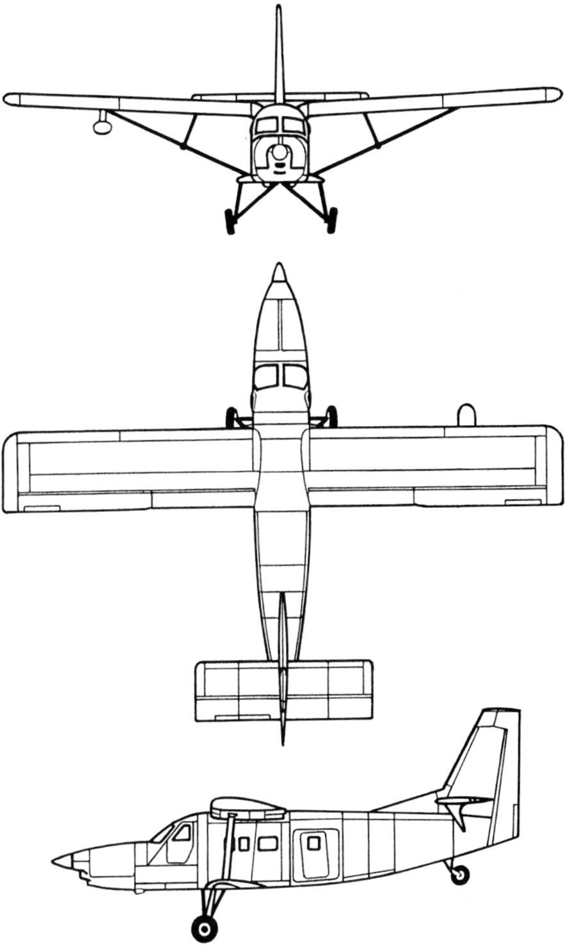

SAAB JAS 39 GRIPEN

Ursprungsland: Schweden.
Kategorie: Ein- oder zweisitziger Mehrzweckjäger.
Triebwerke: Ein Mantelstromtriebwerk General Electric/Volvo Flygmotor RM12 von 5510 kp (54 kN) Standschub ohne und 8210 kp (80,5 kN) mit Nachbrenner.
Leistungen (geschätzt): Höchstgeschwindigkeit in Meereshöhe 1470 km/h (Mach 1,2) bzw. auf 11000 m 2555 km/h (Mach 2,2); Dienstgipfelhöhe 20000 m; Einsatzradius als Abfangjäger mit zwei Rb24 Sidewinder und Rb72 Sky Flash grösser als 400 km; Überführungsreichweite 3000 km.
Gewichte: Rüstgewicht 6622 kg; norm. Startgewicht ohne Aussenlasten 8000 kg, max. Startgewicht 12473 kg.
Bewaffnung: Eine 27-mm-Kanone Mauser BK27. Sechs Flügelstationen (inkl. zwei an den Flügelspitzen) für bis zu vier Luft-Luft-Lenkwaffen Rb72 Sky Flash und zwei Rb24 Sidewinder bzw. AIM-120 AMRAAM. Unter den Flügeln lassen sich auch Saab-Bofors RBS 15F-Lenkwaffen oder andere Schiffsbekämpfungswaffen mitführen.
Entwicklungsstand: Der erste von fünf Prototypen nahm am 9. Dezember 1988 die Flugerprobung auf. Das erste Serienflugzeug wurde der schwedischen Luftwaffe am 8. Juni 1993 übergeben. Die Einsatzbereitschaft ist neu für 1997 vorgesehen. Bestellt sind bisher in zwei Serien 140 Maschinen, 126 Einsitzer und 14 Doppelsitzer JAS 39B. Jährlich werden 20 Gripen hergestellt (Gesamtbedarf 280 Flugzeuge).
Bemerkungen: Für die Saab Gripen oder JAS (Jakt/Attack/Spaning = Jagd/Erdkampf/Aufklärung) sind zum Erfüllen der einzelnen Aufgaben keine Spezialversionen mehr nötig. Jede Gripen führt die entsprechende Software im Bordcomputer ständig mit und die zugehörigen Ausrüstungen sind modular und leicht austauschbar gestaltet. Für die Pilotenausbildung entstand die zweisitzige Trainingsvariante JAS 39B. Diese Variante soll 1996 erstmals fliegen und ab 1998 in Einsatz gelangen. Für die zahlenmässig noch nicht festgelegte dritte Serie wurde eine verbesserte Version JAS 39C vorgeschlagen, u.a. ausgerüstet mit einem leistungsstärkeren Triebwerk GE F414 von 9980 kp (98 kN) Standschub mit Nachverbrennung.
Hersteller: Saab-Scania Aktiebolag, Linköping, Schweden.

Abmessungen: Spannweite 8,00 m, Länge 14,10 m, Höhe 4,70 m.

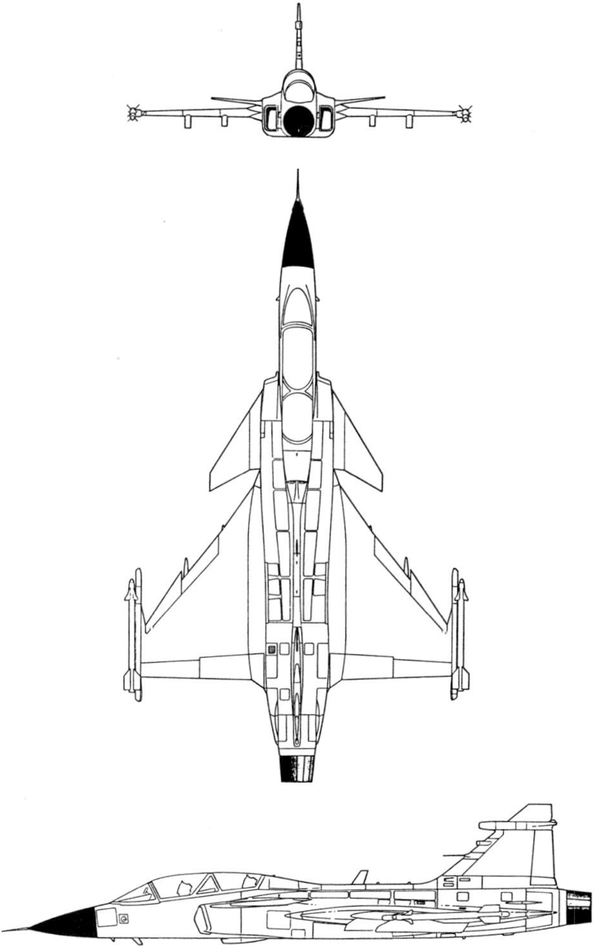

SAAB 340B

Ursprungsland: Schweden.
Kategorie: Regionalverkehrs- und Firmenflugzeug.
Triebwerke: Zwei Propellerturbinen General Electric CT7-9B von je 1870 WPS (1395 kW) Leistung.
Leistungen: Max. Reisegeschwindigkeit 522 km/h auf 4575 m, 519 km/h auf 1600 m; ökonom. Reisegeschwindigkeit 467 km/h auf 7620 m; Anfangssteiggeschwindigkeit 10,41 m/Sek; Dienstgipfelhöhe 7620 m; Reichweite mit 35 Passagieren und 45 Min. Reserven 1807 km, mit 30 Passagieren bei 467 km/h 2427 km.
Gewichte: Rüstgewicht 8036 kg; max. Startgewicht 12927 kg.
Zuladung: Zwei Piloten und, als Regionalverkehrsflugzeug 33, 35 oder 37 Passagiere in Dreierreihen mit Mittelgang oder, als Firmenflugzeug 16 Passagiere. Max. Nutzlast 3856 kg.
Entwicklungsstand: Der erste Prototyp flog am 25. Januar 1983, die erste Saab 340B am 21. April 1989. Nachdem 160 340A gebaut worden waren, begann im August 1989 die Produktion der 340B. Ende 1995 lagen feste Bestellungen für rund 450 SF340 vor, wovon etwa 370 hergestellt waren. Sechs Saab 340AEW&C hat die schwedische Luftwaffe bestellt (siehe Ausgabe 1995 und nebenstehende Silhouette), die Japan Maritime Safety Agency will ab 1996 bis zu 10 Such- und Rettungsflugzeuge beschaffen.
Bemerkungen: Die 340B verfügt über stärkere Triebwerke, eine grössere Höhenflosse und einen grösseren Schwerpunktspielraum, welcher höhere Nutzlasten zulässt. Die seit 1994 produzierten Maschinen weisen einige Verbesserungen auf, u.a. einen um 0,6 m verlängerten Flügel. Dadurch erhöht sich einerseits das max. Abfluggewicht bzw. auf hochgelegenen Flugplätzen kommt die Saab 340B mit kürzeren Pisten aus. Zur Reduktion des Kabinenlärms wird ein neuartiges aktives Lärmunterdrückungssystem mit verschiedenen Mikrophonen eingebaut. Weitere Verbesserungen: Grössere Niederdruckreifen, wirksamere Propellerbremse und Wartungsoptimierungen. Die Such- und Rettungsversion Saab 340B-Plus SAR-2000 für Japan wird ein 360-Grad-Rundsuchradar unter dem Rumpf, FLIR-Gerät, Sonar-Bojen sowie ein grösseres Beobachtungsfenster aufweisen.
Hersteller: Saab-Scania Aktiebolag, Linköping, Schweden.

Abmessungen: Spannweite 21,44 m, Länge 19,72 m, Höhe 6,87 m, Flügelfläche 41,81 m².

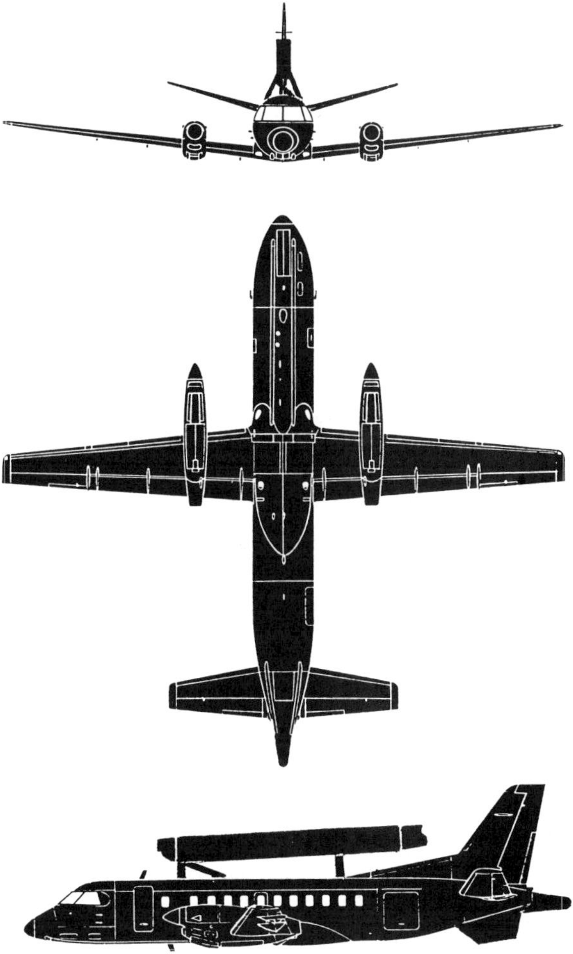

SAAB 2000

Ursprungsland: Schweden.
Kategorie: Regionalverkehrs- und Firmenflugzeug.
Triebwerke: Zwei Propellerturbinen Allison GMA 2100A von je 4152 WPS (3093 kW) Leistung inkl. automatischer Leistungsreserve.
Leistungen: Max. Reisegeschwindigkeit auf 7620 m 678 km/h; ökonom. Reisegeschwindigkeit auf 9450 m 556 km/h; Anfangssteiggeschwindigkeit 11,8 m/Sek; Dienstgipfelhöhe 9450 m; Reichweite mit 50 Passagieren und üblichen Reserven 2492 km, mit max. Nutzlast 1850 km.
Gewichte: Rüstgewicht 13900 kg; max. Startgewicht 22800 kg.
Zuladung: Zwei Mann Cockpitbesatzung. Typische Einrichtung für 50 Passagiere in Dreierreihen, maximal 58 Passagiere. Als Firmenflugzeug normalerweise 36 Passagiere.
Entwicklungsstand: Die Flugerprobung begann am 26. März 1992 mit dem Erstflug des Prototypen, gefolgt von vier weiteren Saab 2000 bis Mitte 1993. Bis Ende 1995 lagen die Festbestellungen bei 40 Einheiten für sieben Kunden vor (+ ca. 118 Optionen). Als erste Fluggesellschaft hat die Crossair die Saab 2000 am 30. August 1994 erhalten (25 Bestellungen + 20 Optionen). Von der Businessvariante hat General Motors drei Einheiten bestellt.
Bemerkungen: Die Saab 2000 ist eine erhebliche Weiterentwicklung der Saab 340B (siehe Seiten 264/265). Bei gleichem Rumpfdurchmesser und in der Grundauslegung gleicher Flügelstruktur wurden Länge wie Spannweite wesentlich vergrössert. Besonderen Wert legte man bei der Festlegung dieses Musters auf Schnelligkeit und hohe Anfangssteigleistung. Gegenüber Regionalflugzeugen mit Strahlantrieb ist sie nur unwesentlich langsamer, aber dafür wirtschaftlicher im Betrieb. Die Flügel werden vom «risk-sharing»-Partner CASA in Spanien, das Seitenleitwerk von Valmet in Finnland sowie der hintere Teil des Rumpfes von Westland in England hergestellt. Saab ist für den Rest des Rumpfes, für die Installation der Systeme und die Endmontage verantwortlich. Auch die Saab 2000 ist mit dem Active Noise Control-System (ANC) zur Reduktion des Kabinenlärms ausgerüstet.
Hersteller: Saab-Scania Aktiebolag, Aerospace Division, Linköping, Schweden.

Abmessungen: Spannweite 24,76 m, Länge 27,03 m, Höhe 7,73 m, Flügelfläche 55,74 m².

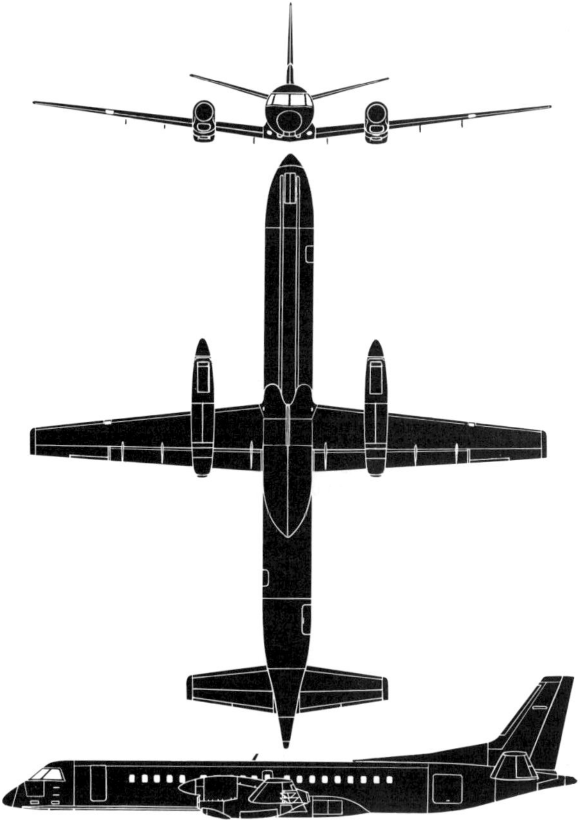

SCHWEIZER RU-38A TWIN CONDOR

Ursprungsland: USA.
Kategorie: Aufklärungs- und Patrouillenflugzeug.
Triebwerke: Zwei luftgekühlte Sechszylinder-Boxermotoren Teledyne Continental GIO-550 von je 350 PS (261 kW) Leistung.
Leistungen: Reisegeschwindigkeit 250 km/h; Anfangssteiggeschwindigkeit 11 m/Sek; Dienstgipfelhöhe 7300 m; Reichweite unter Einsatzbedingungen 1430 km; Einsatzdauer bis zu 6 Std.
Gewichte: Max. Startgewicht 2404 kg.
Zuladung: Pilot und Beobachter nebeneinander; Sensor-Nutzlast 408 kg.
Entwicklungsstand: Die RU-38A wurde von Schweizer erstmals am 20. Juli 1995 der überraschten Öffentlichkeit vorgestellt. Der Erstflug fand am 31. Mai 1995 statt. Die USCG hat vorerst drei Einheiten bestellt. Bis Mitte 1996 sollen alle abgeliefert sein. Vom Ausgangsmuster RG-8A sind bisher neun Maschinen hergestellt worden.
Bemerkungen: Die Twin Condor wurde für die sehr spezifischen Anforderungen der US Coast Guard (USCG) hergestellt. Sie ist aus der einmotorigen RG-8A weiterentwickelt und stellt, obwohl einige Komponenten von ihr übernommen wurden, eine völlige Neukonstruktion dar. Ihr Aufgabengebiet umfasst hauptsächlich die Suche und Jagd nach Drogenschmugglern, aber auch Such- und Rettungsflüge, Grenzpatrouille sowie Ueberwachung von Umweltverschmutzern. Dazu ist sie mit folgender Ausrüstung bestückt: Radar mit integrierter Wärmebild-/TV-Kamera, Bendix-Wetterradar ANP-215, GPS und spezielle Funkgeräte. Die Konstruktion, welche in ihren Ursprüngen von einem Motorsegler abgeleitet ist, zeichnet sich durch einige sehr individuelle Eigenheiten aus: Tandemanordnung der Triebwerke, wobei im Patrouillenflug normalerweise eines abgestellt bleibt; Flügel mit grosser Spannweite; Doppelrumpfleitwerk.
Hersteller: Schweizer Aircraft Corporation, Elmira, New York, USA.

Abmessungen: Spannweite 19,50 m, Länge 9,00 m.

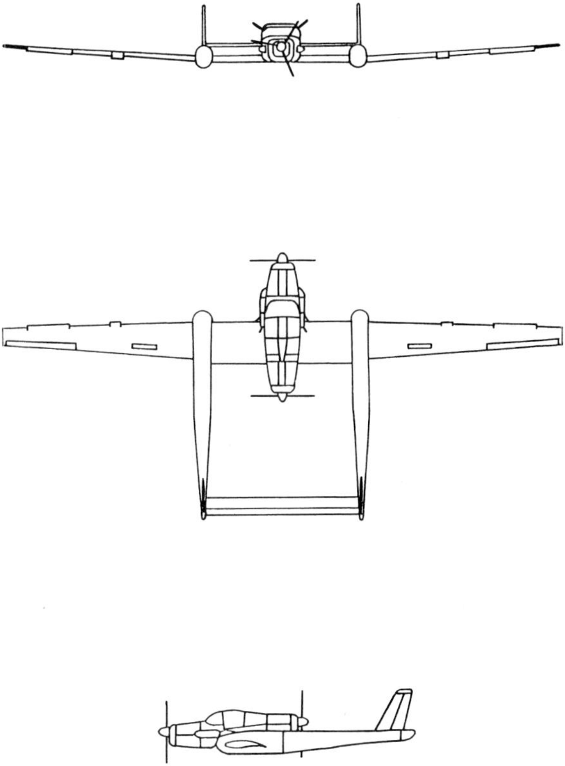

SIKORSKY CH-53E SUPER STALLION/ MH-53E SEA DRAGON

Ursprungsland: USA.
Kategorie: Schwerer Transport- (CH-53E) und Minensuchhubschrauber (MH-53E).
Triebwerke: Drei Gasturbinen General Electric T64-GE-416 von je 4380 WPS (3276 kW) Leistung.
Leistungen (bei einem Fluggewicht von 25400 kg): Höchstgeschwindigkeit 315 km/h auf Meereshöhe; Reisegeschwindigkeit 278 km/h auf Meereshöhe; max. Schrägsteiggeschwindigkeit 12,7 m/Sek; Schwebehöhe mit Bodeneffekt 3520 m, ohne Bodeneffekt 2900 m; max. Flughöhe 5640 m; max. Reichweite 2075 km ohne Flugbetankung.
Gewichte: Leer 16482 kg; max. Startgewicht 31640 kg, mit Aussenlasten 33340 kg.
Zuladung (CH-53E): Drei Mann Besatzung und bis zu 55 Soldaten oder 14500 kg Aussenlasten bei einer Reichweite von 93 km.
Entwicklungsstand: Das Vorserienmuster MH-53E flog erstmals am 1. September 1983. Die USN erhielt ihre 48. und letzte im Oktober 1994. 12 MH-53E beschafft die japanische Marine. Von der Transporterausführung CH-53E erhält das USMC bis 1997 177 Einheiten.
Bemerkungen: Die S-80 ist die Exportversion des Schwerlasthubschraubers CH-53E Super Stallion der US Navy und des USMC, während die S-80M die Exportversion des MH-53E Sea Dragon darstellt. Als Minensucher ist die S-80M/MH-53E in der Lage, einen schweren Schlitten durchs Wasser zu ziehen, welcher mechanische, akustische und magnetische Minen räumt. Im Vergleich zur S-80/CH-53E verfügt die S-80M/MH-53E über wesentlich grössere Treibstoffbehälter an beiden Rumpfseiten mit einem Fassungsvermögen von rund 3800 Litern. Die ab 1994 gelieferten Exemplare sind mit T64-GE-419-Triebwerken mit einer Leistung von 4750 WPS (3945 kW) ausgerüstet. Alle CH-/MH-53E sollen zudem rückwirkend ein nachttaugliches GPS erhalten.
Hersteller: Sikorsky Aircraft, Stratford, Connecticut, USA.

Abmessungen: Rotordurchmesser 24,08 m, Rumpflänge 22,35 m, Höhe inkl. Rotorkopf 5,32 m.

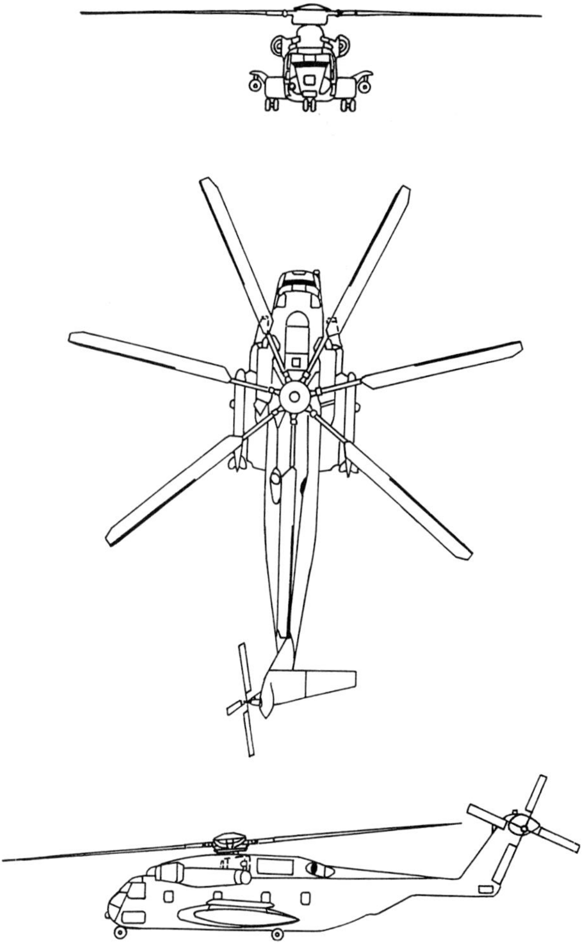

SIKORSKY (S-70A) UH-60L/MH-60L BLACKHAWK

Ursprungsland: USA.
Kategorie: Transport- (UH-60L)/Kampfhubschrauber (MH-60L).
Triebwerke: Zwei Gasturbinen General Electric T700-GE-701C von je 1947 WPS (1448 kW) Leistung.
Leistungen: Höchstgeschwindigkeit 295 km/h auf 610 m; max. Reisegeschwindigkeit 268 km/h auf 1225 m; Dienstgipfelhöhe 5837 m; Schwebehöhe ohne Bodeneffekt 3390 m; Reichweite mit 30 Min. Reserven 600 km, mit zwei 870-l-Zusatztanks 1630 km.
Gewichte: Leer 5225 kg; max. Startgewicht 9975 kg, mit Aussenlasten 10433 kg, (MH-60L) 10700 kg.
Zuladung: Drei Mann Besatzung und elf vollausgerüstete Soldaten. Als Transporter bis zu 4100 kg Aussenlasten am Frachthaken.
Bewaffnung (MH-60L): Kombination von lasergesteuerten Anti-Tank-Lenkwaffen Hellfire, Flab-Lenkwaffen Stinger, 40-mm-Granatenwerfer, zwei 30-mm-Kanonen und 7,62-mm-Mini-Guns.
Entwicklungsstand: Die leistungsfähigere Version UH-60L des Grundmusters S-70A/UH-60A fliegt seit dem 22. März 1988 und wurde ab Ende 1989 an die US Army abgeliefert. Bisher sind über 1800 Blackhawks an viele militärische oder paramilitärische Organisationen in 19 Ländern geliefert worden, darunter nebst der US Army an: Australien 39, Japan 21, Saudi Arabien 20, Süd Korea 93 (Lizenzbau bei Korean Air), VR China 24, Taiwan 14, Türkei 107 usw. Auch 1996 laufen der US Army 60 UH-60L zu.
Bemerkungen: Die S-70-Familie umfasst eine Vielzahl von Ausführungen für die verschiedensten Aufgaben (Beschreibung siehe frühere Ausgaben). Von der Existenz der MH-60L (Foto MH-60K) erfuhr man erst im Frühjahr 1995. Unter Geheimhaltung entwickelte man diese für Spezialeinsätze bestimmte Ausführung bereits 1990. Sie weist folgende Merkmale auf: Hochentwickelte Elektronik u.a. vorwärtsgerichtetes Infrarot-/Lasersystem Hughes AAQ-16, Wetterradar AlliedSignal RDR-1400C, GPS. Weiter sind in der Kabine, welche zum Teil gepanzert wurde, zwei 650-l-Zusatztanks eingebaut. 1998 wird eine als S-92 bezeichnete vergrösserte Variante für zivile wie militärische Einsätze die Flugerprobung aufnehmen. Sie soll 19 bis 22 Personen Platz bieten.
Hersteller: Sikorsky Aircraft, Stratford, Connecticut, USA.

Abmessungen: Rotordurchmesser 16,36 m, Rumpflänge 15,26 m, Höhe inkl. Rotormast 3,76 m.

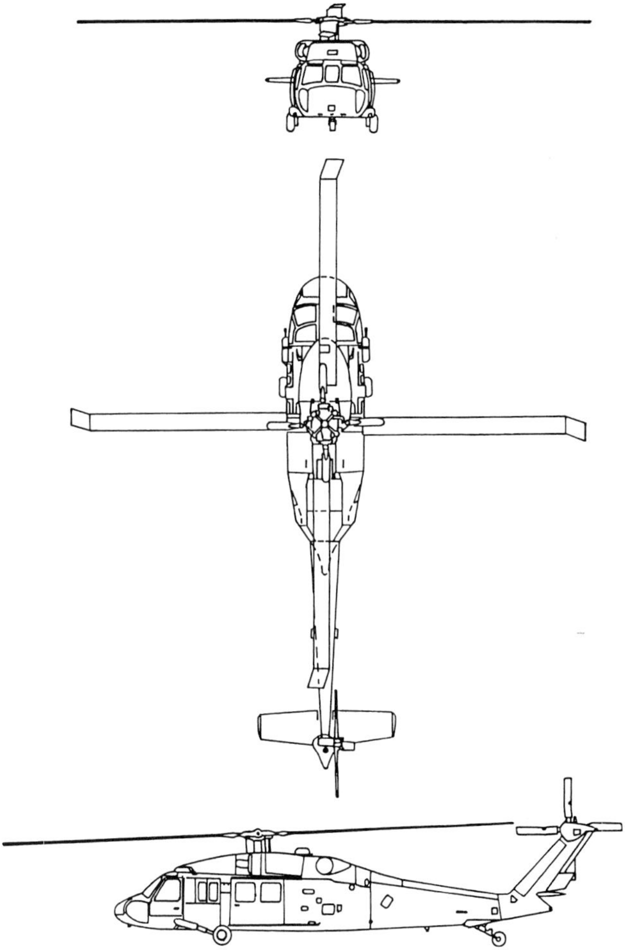

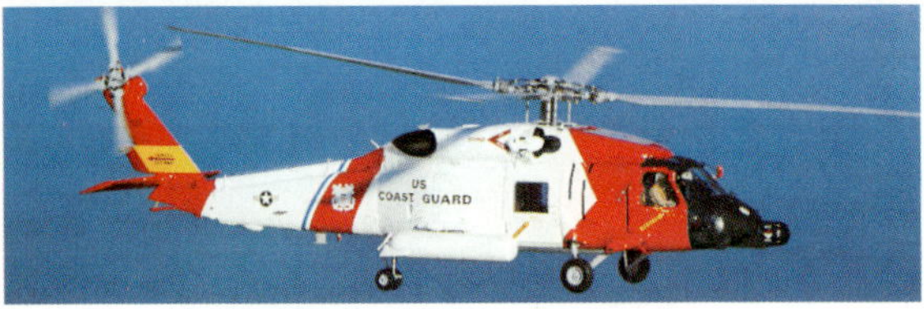

SIKORSKY (S-70B) SH-60 SEAHAWK/HH-60 JAYHAWK

Ursprungsland: USA.
Kategorie (SH-60): Bordgestützter U-Bootjäger- und Mehrzweckhubschrauber und (HH-60) Hubschrauber für Spezial- und Rettungseinsätze.
Triebwerke: Zwei Gasturbinen General Electric T700-GE-401C von je 1900 WPS (1417 kW) Leistung.
Leistungen: Höchstgeschwindigkeit 272 km/h auf Meereshöhe; max. Reisegeschwindigkeit 249 km/h auf 1525 m; Aufenthaltsdauer 3 Std. 50 Min. in 92 km bzw. 45 Min. in 483 km Entfernung vom Stützpunkt.
Gewichte (SH-60): Leergewicht 6191 kg; max. Startgewicht 9926 kg; (HH-60): Leergewicht 6080 kg; max. Startgewicht 9637 kg.
Zuladung (SH-60): Pilot, taktischer Einsatzleiter und Systemoperateur oder zwei Piloten und maximal 12 Passagiere, (HH-60): Vier Mann Besatzung und bis zu sechs gerettete Personen.
Bewaffnung (SH-60): Zwei Torpedos Mk.46 oder zwei Antischiffslenkwaffen Penguin; (HH-60H): Zwei Maschinengewehre in der Kabine und an den Stummelflügeln zwei AGM-114 Hellfire-Lenkwaffen oder Behälter für ungelenkte Raketen bzw. für 20-mm-Kanonen.
Entwicklungsstand: Erstflug des SH-60B-Prototypen am 12. Dezember 1979, der ersten HH-60J am 8. August 1989. Aufgrund von Budgetkürzungen erhält die USN nur noch 305 Einheiten: SH-60B Seahawk 181, SH-60F Oceanhawk 82; HH-60H 42. Weitere Besteller: Australien 16 S-70B-2, Griechenland 6 SH-60F, Japan 54 SH-60J (Lizenzbau Mitsubishi), Spanien 6 SH-60B, Taiwan 10+, Thailand 8. Die USGC erhält seit 1990 42 HH-60J (siehe Foto).
Bemerkungen: Die SH-60B (siehe Silhouette) operiert vorwiegend von Zerstörern und Fregatten aus und verfügt über ein hochentwickeltes ASW-System, während die etwas einfacher ausgerüstete SH-60F bei der USN auf Flugzeugträgern zum Schutz der Trägerkampfgruppe stationiert ist. Die Such- und Rettungsversion HH-60J wird von der USGC für unbewaffnete Rettungseinsätze ab Küstenstützpunkten eingesetzt, während die HH-60H bei der USN die gleiche Aufgabe in Kampfzonen ausführt und deshalb bewaffnet ist. Die meisten SH-60B/F der USN sollen in leistungsfähigere SH-60R umgebaut werden.
Hersteller: Sikorsky Aircraft, Stratford, Connecticut, USA.

Abmessungen: Rotordurchmesser 16,36 m, Rumpflänge (SH-60/HH-60B) 15,26 m (HH-60J) 15,87 m, Höhe inkl. Rotormast 3,79 m.

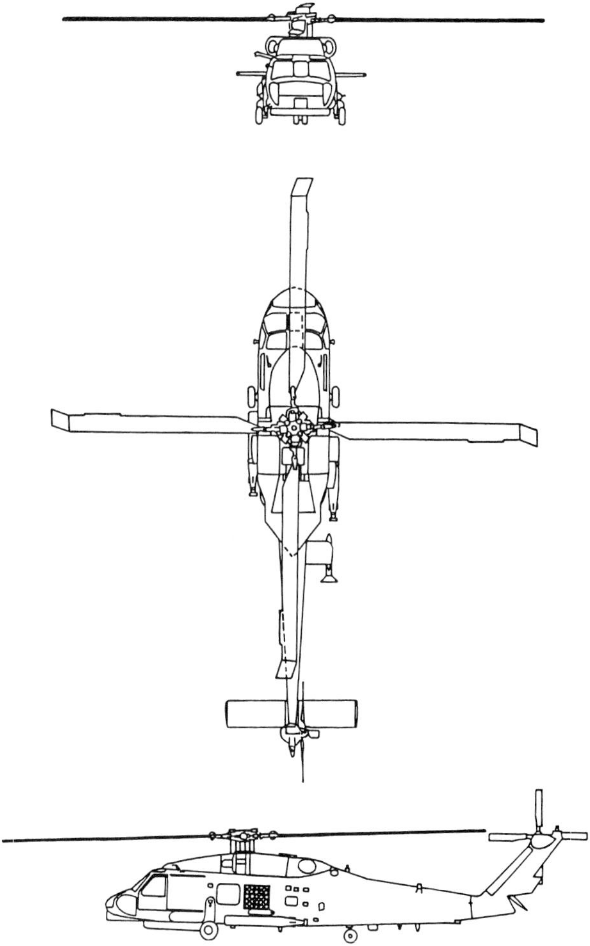

SIKORSKY S-76C

Ursprungsland: USA.
Kategorie: Ziviler Mehrzweck- und Transporthubschrauber.
Triebwerke: Zwei Gasturbinen Pratt & Whitney PT6B-36A von je 981 WPS (723 kW) oder Turboméca Arriel 1S1 von je 723 WPS (540 kW) Leistung.
Leistungen: Höchstgeschwindigkeit 287 km/h auf Meereshöhe; max. Reisegeschwindigkeit 269 km/h; max. Schrägsteiggeschwindigkeit 7,4 m/Sek; Dienstgipfelhöhe 3505 m; Reichweite mit normaler Treibstoffzuladung und 30 Min. Reserven 678 km auf 915 m.
Gewichte: Leer 2849 kg; max. Startgewicht 5307 kg.
Zuladung: Zwei Piloten und maximal 12 Passagiere; max. Nutzlast 2490 kg.
Entwicklungsstand: Der Prototyp der S-76B flog erstmals am 22. Juni 1984, jener der S-76C am 18. Mai 1990. Von allen Versionen sind bisher gegen 450 Einheiten gebaut worden. Die spanische Luftwaffe hat acht S-76 als Trainer, die Japan Maritime Safety Agency wird bis zu 20 S-76C für SAR-Aufgaben erhalten, die Royal Thai Navy deren 6. Besteller der S-76: Philippinen 17, der H-76 Süd Korea 7+. Jährlich werden rund 24 S-76 hergestellt.
Bemerkungen: Die derzeit neueste in Produktion stehende Variante ist die S-76C mit Arriel-Triebwerken (siehe Abbildung). Mit Ausnahme der Antriebsgruppe ist sie mit der S-76B (siehe Ausgabe 1991/92) baugleich. Von der S-76 ist auch eine einfachere Ausführung, die S-76 Utility und ein militärisches Modell, der Kampfhubschrauber H-76 Eagle, verfügbar. Neben Transportaufgaben kann die H-76 in beschränktem Masse auch für Kampfeinsätze, beispielsweise ausgerüstet mit einer Kanone und Raketenbehälter, eingesetzt werden. Im November 1995 nahm die als S-76C+ bezeichnete Ausführung die Flugerprobung auf. Nebst neuen Turboméca Arriel 2S1-Triebwerken mit einer Leistung von 850 WPS (634 kW) ist ein integrales Instrumentensystem der zweiten Generation eingebaut, welches bei geringerem Gewicht eine grössere Zuverlässigkeit aufweist.
Hersteller: Sikorsky Aircraft, Stratford, Connecticut, USA.

Abmessungen: Rotordurchmesser 13,41 m, Rumpflänge 12,22 m, Höhe bei drehendem Heckrotor 4,41 m.

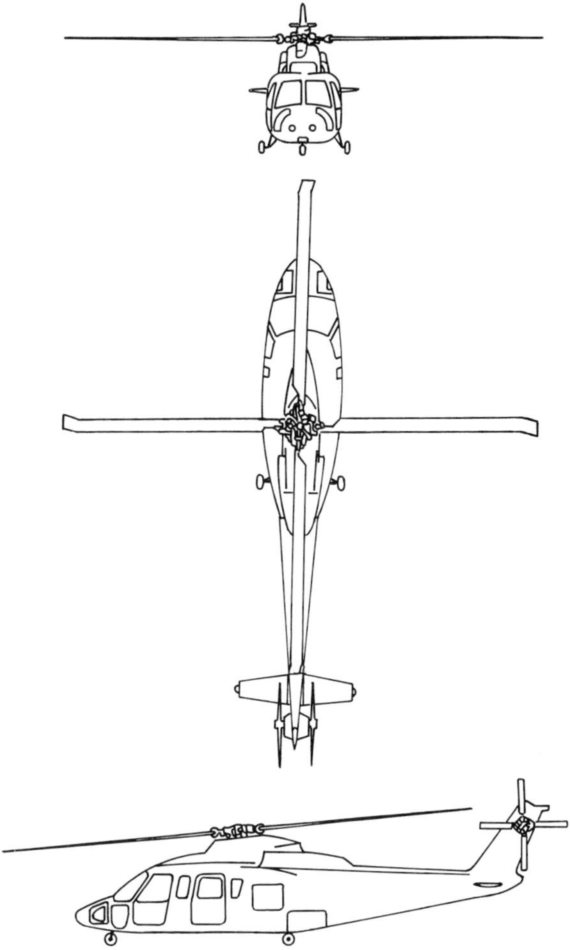

SOCATA TBM 700

Ursprungsland: Frankreich.
Kategorie: Leichtes Firmenflugzeug.
Triebwerke: Eine Propellerturbine Pratt & Whitney Canada PT6A-60A von 700 WPS (522 kW) Leistung.
Leistungen: Höchstgeschwindigkeit 556 km/h auf 7925 m; normale Reisegeschwindigkeit 523 km/h auf 9145 m; Langstrecken-Reisegeschwindigkeit 452 km/h auf 9145 m; Anfangssteiggeschwindigkeit 11,7 m/Sek; Reichweite mit sechs Passagieren 1900 km, mit max. Treibstoffzuladung 2337 km.
Gewichte: Leer 1790 kg; max. Startgewicht 2985 kg.
Zuladung: Zwei Piloten und bis zu sechs Passagiere. «Club»-Version mit vier Passagiersitzen und Mittelgang. Max. Nutzlast 1190 kg.
Entwicklungsstand: Der Prototyp der TBM 700 flog erstmals am 14. Juli 1988, gefolgt vom zweiten im August und vom dritten im Oktober 1989. Das erste Serienflugzeug startete am 24. August 1990 zum Erstflug. Die Produktion wurde angesichts der geringen Nachfrage mittlerweile auf 1,5 Einheiten im Monat reduziert. Bis Ende 1995 waren rund 100 TBM 700 fertiggestellt. Die französische Luftwaffe erhielt bisher 15 TBM 700 und hofft, insgesamt 35 Maschinen anschaffen zu können.
Bemerkungen: Die TBM 700 ist eine Gemeinschaftsentwicklung von Socata (Tochtergesellschaft von Aérospatiale) und Mooney Aircraft. Als druckbelüftetes Reiseflugzeug profitiert die TBM 700 von der Mooney M301, von welcher der Rumpf weitgehend übernommen wurde. Neu entwickelte Socata hingegen den Flügel und das Leitwerk. Socata bietet nun auch diverse militärische Varianten an, beispielsweise als Verbindungsflugzeug, Frachter, für ECM-Aufgaben oder als Zielschlepper. Ab Frühjahr 1996 wird die um rund einen Meter verlängerte TBM 700-S erstmals fliegen. Sie erhält ein stärkeres PT-6A-64-Triebwerk mit einer Leistung von 850 WPS (633 kW) und soll eine Reisegeschwindigkeit von 530 km/h erreichen.
Hersteller: Socata, Suresnes, Frankreich.

Abmessungen: Spannweite 12,16 m, Länge 10,43 m, Höhe 3,99 m, Flügelfläche 18,00 m^2.

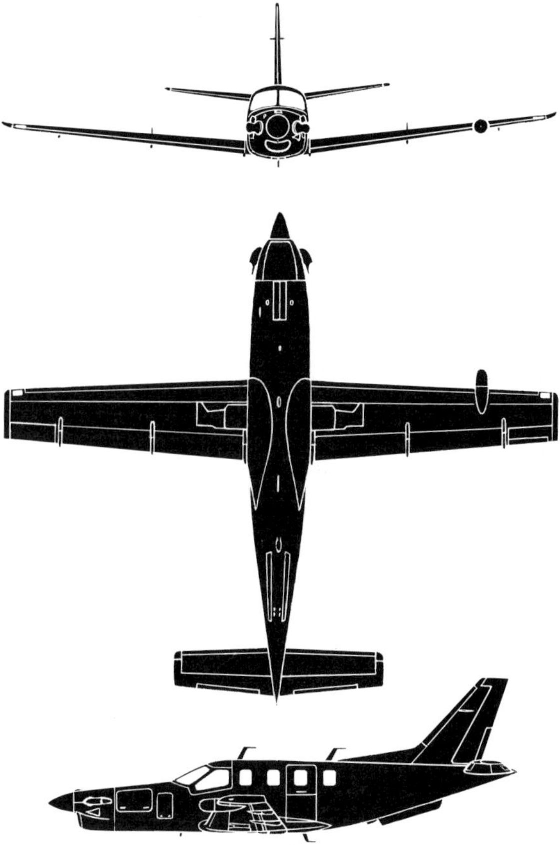

SUCHOJ SU-33/SU-30M

Ursprungsland: Russland.
Kategorie: Einsitziger bordgestützter Abfangjäger (Su-27K/Su-33), zweisitziges landgestütztes Mehrzweckkampfflugzeug (Su-30M).
Triebwerke: Zwei Mantelstromtriebwerke Saturn AL-31F von je 8100 kp (79,43 kN) Standschub ohne und 12500 kp (122,60 kN) mit Nachbrenner.
Leistungen: Höchstgeschwindigkeit 2500 km/h auf 11000 m (Mach 2,35), 1345 km/h auf Meereshöhe (Mach 1,1); Dienstgipfelhöhe 18000 m; Einsatzradius im Unterschallbereich und mit je vier Luft-Luft-Lenkwaffen R-27 und R-73 1500 km; Reichweite mit max. Treibstoffzuladung 4000 km.
Gewichte (Su-30M): Startgewicht norm. 24000 kg, max. 33000 kg.
Bewaffnung: Eine sechsläufige 30-mm-Revolverkanone und bis zu zehn Luft-Luft-Lenkwaffen, typischerweise sechs AA-10 Alamo-Mittelstrecken- und vier AA-11 Archer-Kurzstreckenlenkwaffen, (Su-30, -33) div. Modelle von Boden-Luft-Lenkwaffen, Antischiffs-Lenkwaffen und Bomben aller Art bis zu 6500 kg (Su-33 8000 kg) an zwölf Aufhängepunkten unter dem Rumpf und den Flügeln.
Entwicklungsstand: Die Trägervariante Su-27K/Su-33 (siehe Foto) fliegt seit 17. August 1987 und wurde vorerst in 12 Exemplaren bestellt (Gesamtbedarf 60). Die Erdkampfversion Su-27IB/Su-30M fliegt seit 30. Dezember 1989. Zurzeit sollen die einzelnen GUS-Staaten insgesamt über 500 Flanker einsetzen. Die Volksrepublik China erhält vorerst 50 Su-27 (siehe Silhouette) und möchte weitere in Lizenz herstellen. Neuester Besteller: Vietnam. Indien interessiert sich für 20 Su-30MK.
Bemerkungen: Für die Verwendung an Bord des Flugzeugträgers «Kusnezow» baute Suchoj unter der Bezeichnung Su-27K (neu Su-33) eine einsitzige Variante mit verstärktem Fahrwerk, doppelt bereiftem Bugfahrwerk, klappbaren Flügeln und Vorflügeln hinter dem Cockpit. Als weitere Variante fliegen derzeit mehrere Prototypen der doppelsitzigen Ausführung Su-30M. Sie ist vorwiegend für Jagdbomber-Einsätze vorgesehen und soll sich in Irkutsk in Produktion befinden. Entsprechend dem Einsatzspektrum wurden anstelle des Allwetterradars ein neues Kampfelektroniksystem sowie Navigationssystem Loran eingebaut. Sie verfügt über die gleichen Vorflügel wie die Su-35 (siehe Seiten 282/283).
Hersteller: OKB Pawel O. Suchoj, Werk Komsomolsk, Moskau, Russland.

Abmessungen: Spannweite 14,70 m, Länge ohne Bugsonde 21,90 m, Höhe 5,93 m, Flügelfläche 63,20 m².

SUCHOJ SU-35 FLANKER-D

Ursprungsland: Russland.
Kategorie: Einsitziger Luftüberlegenheitsjäger.
Triebwerke: Zwei Mantelstromtriebwerke Saturn (Lyulka) AL-35 von je mindestens 9070 kp (88,9 kN) Standschub ohne und 14000 kp (137 kN) mit Nachbrenner.
Leistungen: Höchstgeschwindigkeit auf optimaler Höhe 2500 km/h (Mach 2,35), 1400 km/h auf Meereshöhe (Mach 1,14); Dienstgipfelhöhe 18000 m; Reichweite mit max. internem Treibstoff mehr als 2500 km, mit Luftbetankung über 6500 km.
Gewichte: Keine Angaben erhältlich.
Bewaffnung: Eine sechsläufige 30-mm Revolverkanone GSh-30 und an 14 Aufhängepunkten an Rumpf und Flügeln eine Waffenlast von 8000 kg, beispielsweise Luft-Luft-Lenkwaffen R-27, R-40, R-60, R-73A, R-77 und/oder Luft-Boden-Lenkwaffen Kh-25ML/MP, Kh-29 sowie konventionelle Bomben.
Entwicklungsstand: Die Su-35 fliegt seit Mitte 1988. Bisher sind elf Exemplare hergestellt worden. Der Serienbau scheint nun beschlossen.
Bemerkungen: Obwohl äusserlich vom Ausgangsmuster Su-27 nicht allzu unterschiedlich, findet im technologischen Bereich ein eigentlicher Sprung von der analogen zur digitalen Technik statt. Die Su-35 besitzt ein wesentlich leistungsfähigeres Mehrzweck-Radar, basierend auf der neuesten Scanner-Technolgie. Es kann Ziele bis zu einer Reichweite von 400 km entdecken und gleichzeitig 15 Flugzeuge bekämpfen. Eine verbesserte ECM-Ausrüstung mit sog. «Jammers» an den Flügelspitzen wurde eingebaut. Das Cockpit ist mit CRT-Bildschirmen und HUD ausgerüstet, die Steuerung erfolgt auf Fly-by-wire-Basis. Weitere Merkmale: Kleine Vorflügel aus Verbundwerkstoffen zur Verbesserung der Wendigkeit sowie in den Seitenleitwerken integrierte Treibstofftanks. Ein Prototyp der Su-35 wurde mit einer Schubvektorsteuerung ausgerüstet.
Hersteller: OKB Pawel O. Suchoj, Sovjet Aerospace Industries Association, Werk Komsomolsk, Moskau, Russland.

Abmessungen: Spannweite inkl. ECM-Pods 15,00 m, Länge ohne Bugsonde 21,90 m, Höhe 5,93 m, Flügelfläche 63,20 m².

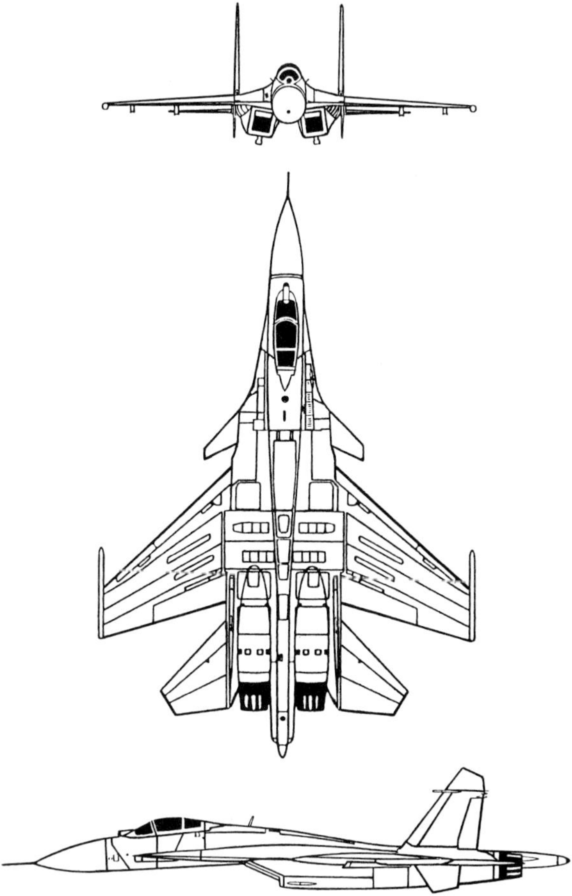

SUCHOJ SU-34

Ursprungsland: Russland.
Kategorie: Zweisitziger Jagdbomber.
Triebwerke: Zwei Mantelstromtriebwerke Saturn (Ljulka) AL-35F von je rund 14000 kp (137 kN) Leistung mit Nachbrenner.
Leistungen (geschätzt): Höchstgeschwindigkeit 2500 km/h auf 11000 m (Mach 2,35); max. Reichweite 4000 km.
Gewichte: Max. Startgewicht 44360 kg.
Bewaffnung: Zwei eingebaute 30-mm-Kanonen und eine Waffenlast von 8200 kg, z.B. Luft-Boden-Lenkwaffen Kh-25M (AS-10 Karen), Kh-29 (AS-14 Kedge), Kh-58 (AS-11 Kilter), Antiradar-Lenkwaffen Kh-31P oder Antischiffs-Raketen Kh-31A oder Kh-35 sowie gelenkte und freifallende Bomben aller Art. Zudem können Luft-Luft-Lenkwaffen R-73 oder RVV-Ae (R-77) mitgeführt werden.
Entwicklungsstand: Noch unter der Bezeichnung Su-27IB startete der erste Prototyp am 13. April 1990 zum Erstflug. Der nun als Su-34 bezeichnete erste Serienprototyp fliegt seit September 1993. Bisher sind drei Su-34 hergestellt worden. Die Aufnahme der Serienproduktion als Ersatz der Suchoj Su-24 Fencer (siehe Ausgabe 1994) ist geplant. Bis 1998 soll rund ein Dutzend Su-34 hergestellt sein.
Bemerkungen: Der augenfälligste Unterschied zum Ausgangsmuster Su-27 ist der völlig neu konstruierte Vorderrumpf mit Sitzen nebeneinander. Die Piloten verfügen über ein geräumiges, z.T. gepanzertes Cockpit, in dem man sogar stehen kann. Die Su-34 ist mit kleinen Vorflügeln hinter dem Cockpit sowie mit bis an die Nase weitergezogenen Vorflügelkanten ausgerüstet. Für den harten Erdkampfeinsatz ist sie zudem punktuell verstärkt und verfügt über ein neues Hauptfahrwerk mit Doppelrädern hintereinander. Gegenüber dem Prototypen Su-27IB wurde der Heckkonus vergrössert, um Platz für einen Bremsfallschirm und ein rückwärts gerichtetes Radar zu schaffen. Zudem ist das Seitenleitwerk etwas kleiner. Einem Prototypen wurde ein modernstes Mehrzweckradar mit hochauflöslicher Kartendarstellung sowie ein Inertial-Navigationssystem mit GPS eingebaut. An den Flügelspitzen sind die gleichen ECM-Pods Sorbtsiya-S der Su-35 montiert.
Hersteller: OKB Pawel O. Suchoj, Sovjet Aerospace Industries Association, Werk Nowosibirks, Moskau, Russland.

Abmessungen: Spannweite 14,70 m, Länge rund 23 m, Höhe 6,10 m.

TECHNOAVIA SM-92 FINIST

Ursprungsland: Russland.
Kategorie: STOL-Mehrzweck-Arbeitsflugzeug.
Triebwerke: Ein Neunzylinder-Radialtriebwerk Wedeneyew VMKB M-14P von 360 PS (260 kW) Leistung.
Leistungen: Max. Reisegeschwindigkeit 260 km/h; norm. Reisegeschwindigkeit auf 2300 m 230 km/h; Anfangssteiggeschwindigkeit 5 m/Sek.
Gewichte: Noch keine Angaben bekannt.
Zuladung: Ein Pilot und bis sechs Passagiere. Max. Nutzlast 600 kg.
Bewaffnung (SM-92P, siehe Foto): Ein leichtes Maschinengewehr im Passagierraum sowie zwei Aufhängepunkte unter dem Rumpf beispielsweise für zwei 50-kg-Bomben sowie weitere Befestigungen an den Flügelstreben für zwei 7,62-mm-Maschinengewehre und 80-mm-Raketenbehälter.
Entwicklungsstand: Der Prototyp nahm die Flugerprobung im Mai 1994 auf. Zurzeit fliegen drei Maschinen. Die Finist wird für nur US$ 150.000.– angeboten. Von der bewaffneten Ausführung SM-92P hat die russische Grenzwacht 16 Einheiten bestellt.
Bemerkungen: Ursprünglich noch als Suchoj Su-26 entwickelt, wurde nun die Lancierung durch Technoavia übernommen. Das leichte Ganzmetallflugzeug ist ausgesprochen robust und einfach ausgelegt, um in unwirtlichen Gegenden eingesetzt zu werden. Es verfügt über ein Festfahrwerk mit Heckrad. Auch das Cockpit ist eher spartanisch ausgerüstet, kann aber mit westlicher Avionik von AlliedSignal ergänzt werden. Nebst Beförderung von Passagieren ist sie dank der grossen Frachttüre von 1,27 x 1,35 m für die verschiedensten Aufgaben geeignet, wie z.B. für Frachttransporte, Ambulanzeinsätze, Einsätze in der Landwirtschaft, als Feuerbekämpfer und zum Absetzen von Fallschirmspringern. Technoavia prüft zurzeit die Möglichkeit, die Finist als Option mit einer Propellerturbine PT6A-6 auszurüsten.
Hersteller: Technoavia, Smolensk, Russland.

Abmessungen: Spannweite 14,60 m, Länge ca. 9,50 m.

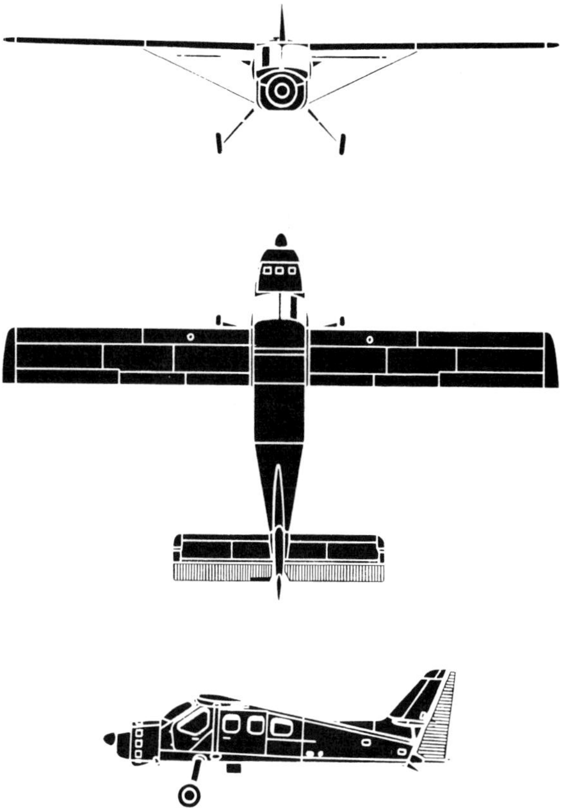

TUPOLEW TU-160 BLACKJACK

Ursprungsland: Russland.
Kategorie: Strategischer Langstreckenbomber, Marinekampf- und Aufklärungsflugzeug.
Triebwerke: Vier Mantelstromtriebwerke Samara/Trud NK-321 von je 25000 kp (245,14 kN) Standschub mit Nachverbrennung.
Leistungen: Kurzfristig erreichbare Höchstgeschwindigkeit 2020 km/h (Mach 1,9) auf 11000 m; max. Dauergeschwindigkeit 1700 km/h (Mach 1,6); Langstrecken-Reisegeschwindigkeit 850 km/h auf 14000 m; Dienstgipfelhöhe 18300 m; Aktionsradius ohne Flugbetankung 7300 km; max. Reichweite 12000 km.
Gewichte (geschätzt): Leer 115000 kg; max. Startgewicht 275000 kg.
Zuladung: Vier Mann Besatzung, wovon zwei Piloten und zwei Systemoperateure.
Bewaffnung: Waffenlast von max. 16300 kg in zwei hintereinanderliegenden Schächten von je rund 10 m Länge. Hauptbewaffnung scheint der 3000-km-Marschflugkörper Raduga Ch-55 (AS-15B Kent) und die überschallschnelle Kurzstreckenlenkwaffe Ch-15 (AS-16 Kickback) zu sein, wovon 12 bzw. 24 mitgeführt werden können. Neu dürfte ein Überschall-Marschflugkörper AS-19 hinzukommen.
Entwicklungsstand: Die Tu-160 nahm die Flugerprobung je nach Quelle zwischen 1979 und 1982 auf. Die Serienproduktion in Kazan begann 1984/85. Insgesamt sind einschliesslich der Prototypen gegen 40 Einheiten hergestellt worden. 18 davon setzen die ukrainische und fünf die russische Luftwaffe ein. Die Produktion der Tu-160 wurde mindestens vorläufig 1993 eingestellt. Über eine Wiederaufnahme wird diskutiert.
Bemerkungen: Entwickelt unter der Leitung von V. Bliznyk soll sie hauptsächlich die veralteten Interkontinentalbomber Tu-95 Bear-A ersetzen und die Tu-142 Bear-H ergänzen. Das 14. Serienflugzeug (als Samolyol 70-03 bezeichnet) stellte in den letzten Jahren mehrere internationale Rekorde auf. Eine weitere Tu-160 ist als Trägerflugzeug für den Satellitenträger Burlak umgebaut worden. Letzterer kann bei einem Eigengewicht von 32000 kg und einer Länge von 20,20 m einen oder mehrere Satelliten mit einer Nutzlast von 600 bis 800 kg in niedrige Umlaufbahnen bringen.
Hersteller: OKB Alexei A. Tupolew, Werk Kazan, Moskau, Russland.

Abmessungen: Spannweite 20° 55,70 m, 65° 35,60 m, Länge 54,10 m, Höhe 13,10 m.

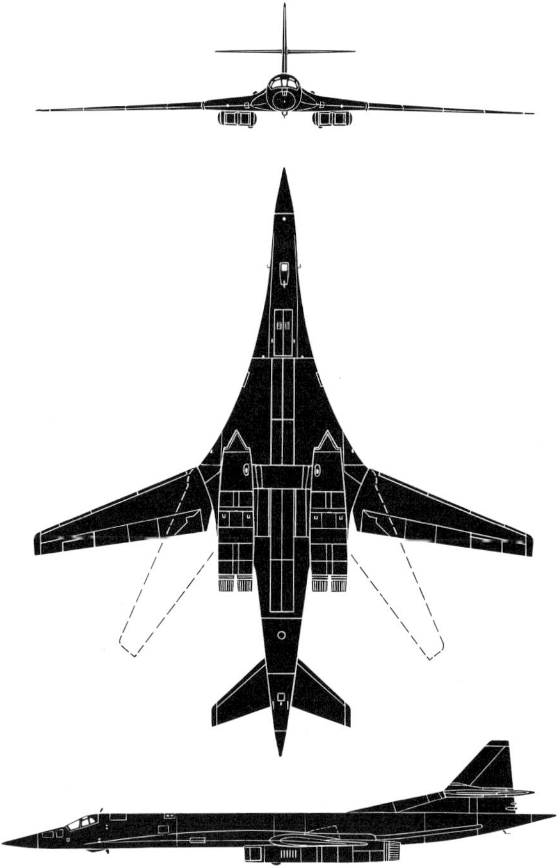

TUPOLEW TU-204/TU-234

Ursprungsland: Russland.
Kategorie: Mittelstrecken- (Tu-204) bis Langstrecken-Verkehrsflugzeug (Tu-234).
Triebwerke: Zwei Mantelstromtriebwerke Perm (Solowiew) PS-90 von je 16000 kp (156,9 kN) oder (Bravia) Rolls Royce RB.211-535E4 von je 18930 kp (193 kN) Standschub.
Leistungen (Tu-204 mit PS-90-Triebwerken): Max. Reisegeschwindigkeit 850 km/h auf 10650 m; ökonom. Reisegeschwindigkeit 810 km/h auf 12200 m; Dienstgipfelhöhe 12200 m; Reichweite mit 196 Passagieren 3850 km, mit max. Nutzlast 2500 km; max. Reichweite (Tu-234) 9000 km.
Gewichte: Leer 56500 kg; max. Startgewicht (Tu-204) 93850 kg, (Tu-234) 103000 kg.
Zuladung: Zwei Mann Cockpitbesatzung und (Tu-204) bis zu 214 Passagiere in Sechserreihen mit Mittelgang oder, bei gemischten Klassen, 12 Erstklasse-, 47 Businessklasse- und 111 Touristenklassepassagiere. Max. Nutzlast als Frachter 29000 kg; (Tu-234) 160 Passagiere.
Entwicklungsstand: Der erste Prototyp flog am 2. Januar 1989, die erste Vorserienmaschine folgte im August 1990. Die erste mit RR-Triebwerken ausgestattete Ausführung fliegt seit August 1992. Anfang 1995 wurde die Zulassung erteilt. Bisher sind mindestens 13 Einheiten fest bestellt, für eine grössere Zahl sind sog. Letters of Intent vorliegend. Wesentlich höher ist die Zahl bereits produzierter aber noch nicht verkaufter Einheiten. Die Tu-234 wurde im August 1995 erstmals vorgestellt.
Bemerkungen: Die oben beschriebene Variante -100 wird durch eine Version -200 (siehe Silhouette) ergänzt, welche dank höherem Startgewicht von 108500 kg grössere Reichweiten ermöglicht. Die mit den wesentlich stärkeren RB.211-535-Triebwerken ausgerüsteten Varianten -120 und 220 sind hauptsächlich für den westlichen Markt bestimmt und werden unter dem Namen Bravia Tu-224 vertrieben. Folgende weitere Varianten werden angeboten: Tu-204C Frachter; Langstreckenausführung Tu-234 (siehe Foto) mit einem um rund 6,00 m verkürzten Rumpf und Abfluggewicht von 103000 kg bzw. Kurzstreckenversion mit einem Abfluggewicht von 84800 kg und einer Reichweite von 3400 km bei voller Nutzlast.
Hersteller: OKB Alexei A. Tupolew, Moskau, Russland.

Abmessungen: Spannweite 42,00 m, Länge 48,00 m, Höhe 13,90 m, Flügelfläche 184,1 m^2.

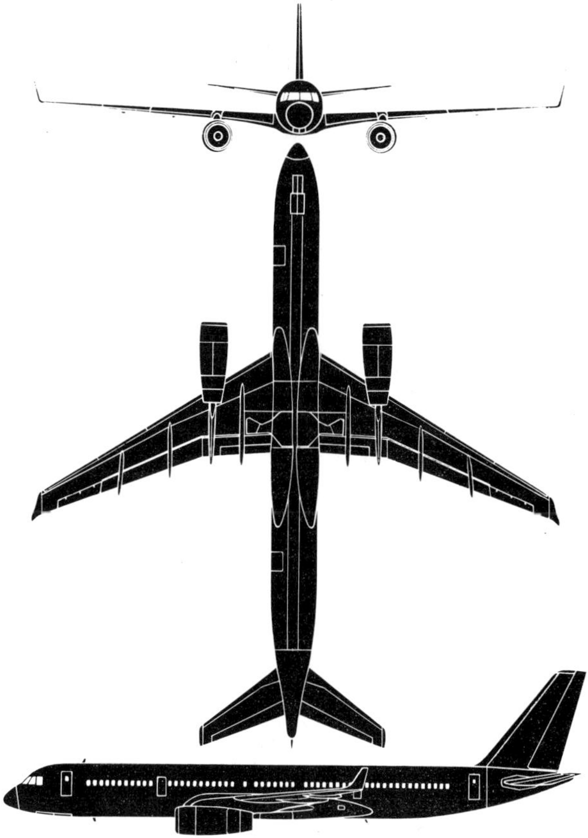

TUPOLEW TU-334-100

Ursprungsland: Russland.
Kategorie: Kurz- und Mittelstreckenverkehrsflugzeug.
Triebwerke: Zwei Mantelstromtriebwerke (-100) ZMDB/Zaporozheye/ Lotarew D-436T von je 7500 kp (73,5 kN) oder (-200) BMW Rolls-Royce BR 715 von je ca. 8500 kp (83,8 kN) Standschub.
Leistungen (nach Angaben des Herstellers): Norm. Reisegeschwindigkeit 800 – 820 km/h; Reichweite mit einer Nutzlast von 9251 kg (= 102 Passagiere) 3000 km, mit 5500 kg bis zu 4000 km.
Gewichte: Max. Startgewicht 43600 kg.
Zuladung: Zwei bis drei Mann Besatzung und normal 86 Passagiere in einer Zweiklasseneinrichtung oder maximal 110 Passagiere in Sechserreihen mit Mittelgang. Nutzlast 11000 kg.
Entwicklungsstand: Der erste Prototyp wurde der Öffentlichkeit am 22. August 1995 vorgestellt. Das Datum des Erstflugs steht aber immer noch aus. Drei Erprobungsmuster sind geplant. Bisher haben russische Gesellschaften Optionen für rund 40 Einheiten unterzeichnet.
Bemerkungen: Die Tu-334 ist als Nachfolgemuster der noch in grosser Zahl eingesetzten Tu-134 gedacht. Nebst der hier beschriebenen Ausführung war ursprünglich auch eine verlängerte Version mit Propfan-Triebwerken vorgesehen. Diese ist aber mittlerweile aufgegeben worden. Von den Dimensionen, Leistungen und Kapazitäten her gesehen, gleicht die Tu-334 der Fokker 100. Der Rumpf hingegen weist einen wesentlich grösseren Querschnitt auf. Er ist in weiten Teilen von der Tu-204 übernommen. Die Avionik entspricht dem heutigen Standard. In der Konstruktion werden in weiten Bereichen neue Werkstoffe eingesetzt. Bereits sind unter der Bezeichnung Tu-334C eine Frachtausführung sowie eine um 3,90 m verlängerte Tu-334-200 geplant. Letztere wird mit D-436T-2-Triebwerken mit einen Schub von 8210 kp (80,5 kN) und grösseren Flügeln ausgerüstet sein. Bei einem Abfluggewicht von 54800 kg können 126 Passagiere mitgenommen werden.
Hersteller: OKB Alexei A. Tupolew, Werke Kiew und Taganrog, Moskau, Russland.

Abmessungen: Spannweite 29,80 m, Länge 33,00 m, Höhe 8,80 m, Flügelfläche 83,2 m².

WESTLAND LYNX

Ursprungsland: Grossbritannien.
Kategorie: Militärischer Mehrzweckhubschrauber für Armee- (Battlefield Lynx) und Marineeinsätze (Super Lynx).
Triebwerke: Zwei Gasturbinen Rolls-Royce Gem 42-1 von je 1120 WPS (835 kW) Leistung.
Leistungen: Max. Reisegeschwindigkeit 256 km/h auf Meereshöhe; normale Reisegeschwindigkeit 230 km/h; Schrägsteiggeschwindigkeit 10 m/Sek; Reichweite bei taktischem Einsatz und 20 Min. Reserven 685 km; Dauer einer Anti-Tank-Mission 46 km von der Basis entfernt 2 Std.
Gewichte: Rüstgewicht 3943 kg; max. Startgewicht 5125 kg.
Zuladung: Ein bis zwei Piloten und je nach Einsatzzweck bis zu 12 Personen in der Kabine. Als Rettungshubschrauber drei bis acht Patienten samt Pfleger; Rettungswinde von 272 kg Tragkraft.
Bewaffnung: Als Panzerabwehrhubschrauber besteht die Möglichkeit, an bis zu acht Aufhängepunkten TOW-, HOT- oder Hellfire-Lenkwaffen mitzuführen; als Schiffsabwehr-Hubschrauber und U-Boot-Jäger bis zu vier Lenkwaffen Sea Skua, AS12TT oder zwei Penguin.
Entwicklungsstand: Erstflug dieser vorläufig letzten Version am 29. November 1989. Die Royal Army erhält 16 neue und 8 umgebaute AH. Mk.9. Neueste Bestellungen für die Marineversion Super Lynx HAS Mk.8: Korea 12 Mk.99, Portugal 5 und Brasilien 8.
Bemerkungen: Unter dem Namen Battlefield Lynx AH Mk.9 (siehe Silhouette) wird eine der Super Lynx analoge Ausführung als Kampfzonentransporter angeboten. Im Gegensatz zu früheren AH-Ausführungen, verfügt sie über ein robustes Dreibeinfahrwerk mit Niederdruckreifen. Zudem ist die Mk.9 mit einem Infrarot-Unterdrückungssystem und mit Rotorblättern aus Kunststoff versehen. Die Super Lynx ist eine in wesentlichen Punkten verbesserte Exportausführung des Marinehelikopters (siehe Foto) und entspricht in etwa der HAS Mk.8-Version der Royal Navy. Sie ist mit einem 360-Grad-Seaspray-Radar im Rumpfbug ausgerüstet. Ein als Battlefield Lynx 800 bezeichnetes Versuchsmuster fliegt derzeit mit LHTEC T800-Triebwerken.
Hersteller: Westland PLC, Yeovil, Somerset, Grossbritannien.

Abmessungen: Rotordurchmesser 12,80 m, Rumpflänge mit gefalteten Rotorblättern 13,24 m, Höhe inkl. Rotorkopf 3,50 m.

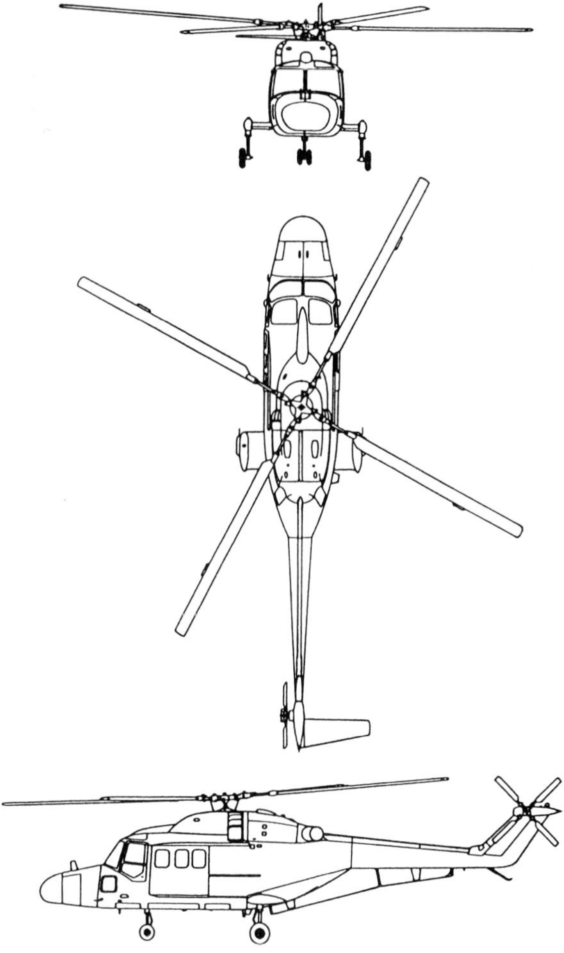

YAKOWLEW YAK-42D/142

Ursprungsland: Russland.
Kategorie: Kurz- bis Mittelstrecken-Verkehrsflugzeug.
Triebwerke: Drei Mantelstromtriebwerke Zaporozhye/Lotarew D-36 von je 6500 kp (63,74 kN) Standschub.
Leistungen: Max. Reisegeschwindigkeit 810 km/h auf 7600 m; ökonom. Reisegeschwindigkeit 740 km/h; Reichweite mit max. Nutzlast 1300 km bei 740 km/h auf 9000 m, mit max. Passagierzahl 1900 km.
Gewichte (Yak-42D): Rüstgewicht 34580 kg; max. Startgewicht 56500 kg.
Zuladung: Zwei Mann Cockpitbesatzung. Standard-Innenausstattung (Yak-42D) für 120 Passagiere in Sechserreihen mit zentralem Mittelgang mit 75 cm Abstand.
Entwicklungsstand: Der erste von drei Prototypen Yak-42 nahm die Flugerprobung am 7. März 1975 auf. Die ersten Serienflugzeuge folgten 1980 und die Aeroflot nahm sie noch im gleichen Jahr in den Liniendienst. Bisher sind über 130 Einheiten einschliesslich der Yak-42D gebaut worden, die Produktion läuft weiter. Erste Exporterfolge konnten 1992 gebucht werden, durch Bestellungen von der VR China (50 Yak-42D) und Kuba. Die Ausführung Yak-142 fliegt seit Anfang 1993.
Bemerkungen: Die Yak-42 wurde primär als Ersatz der Tu-134 auf den inländischen Strecken der Aeroflot entwickelt. Die Variante Yak-42D steht seit 1990 im Liniendienst und verfügt über Systemverbesserungen, erhöhte Treibstoffkapazität in den Flügeln und grösseres Abfluggewicht. Von dieser unterscheidet sich die neueste Ausführung Yak-142 durch ein neues Avionik-System von Allied Signal mit EFIS-Anzeigen im Cockpit, nochmals höherem Abfluggewicht und etwas grösserer Reisegeschwindigkeit. Diese Ausführung ist seit 1994 erhältlich. Unter der Bezeichnung Yak-242 steht ein Nachfolgemuster in Entwicklung, welches Ähnlichkeiten mit dem Airbus A320 aufweisen soll. Die Yak-242 ist für bis zu 180 Passagiere vorgesehen und mit Triebwerken Perm PS-90A ausgerüstet. Finanzielle Probleme haben den für Ende 1994 vorgesehenen Erstflug auf unbestimmte Zeit verschoben.
Hersteller: OKB Alexander S. Yakowlew, Werk Saratow, Russland.

Abmessungen: Spannweite 34,88 m, Länge 36,38 m, Höhe 9,83 m, Flügelfläche 150 m^2.

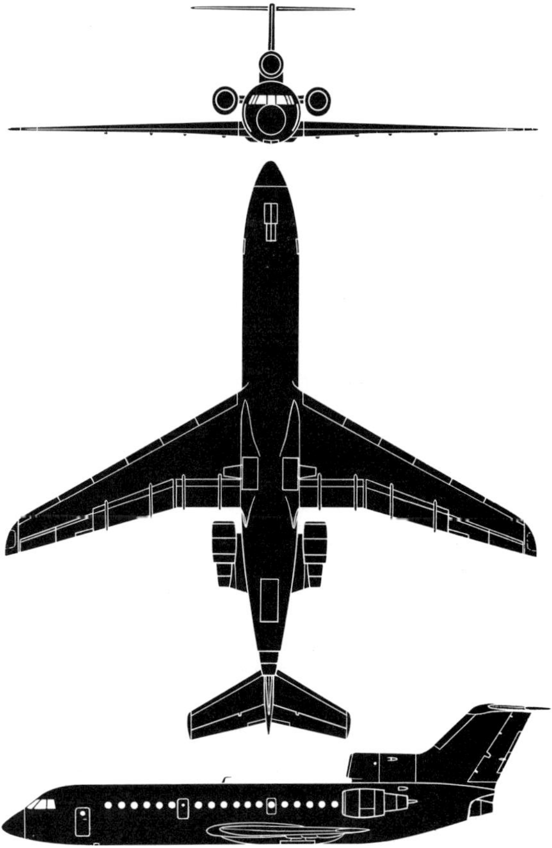

YAKOWLEW YAK-130

Ursprungsland: Russland.
Kategorie: Zweisitziger Fortgeschrittenentrainer.
Triebwerke: Zwei Mantelstromtriebwerke (Prototyp) Povarske Stroyary DV-2 bzw. (Serie) Klimow RD-35M von je 2220 kp (22,0 kN) Standschub.
Leistungen (nach Angaben des Herstellers): Höchstgeschwindigkeit auf optimaler Höhe 1000 km/h+, auf Meereshöhe 850 km/h+; Anfangssteiggeschwindigkeit 75 m/Sek; Reichweite mit normaler Treibstoffzuladung 2200 km; max. Überführungsreichweite 2500 km.
Gewichte (geschätzt): normales Startgewicht 6200 kg; max. Startgewicht 9000 kg.
Entwicklungsstand: Der erste Prototyp sollte bereits im Frühjahr 1994 zum Erstflug starten, musste aber aus finanziellen Gründen verschoben werden. Bisher wurde nur der fertige Prototyp erstmals am 29. Mai 1995 der Öffentlichkeit vorgestellt. Der Bedarf der russischen Flugwaffe wird mit 800 Maschinen angegeben, vorerst sollen aber erst 200 Exemplare bestellt werden.
Bemerkungen: Mit diesem Modell bewirbt sich Yakowlew zusammen mit vier anderen Herstellern für die Nachfolge der heutigen Trainingsflugzeuge Aero L 29 Delfin und L 39 Albatros bei der russischen Luftwaffe. Sie soll die wichtigsten Flugmanöver der heutigen Kampfflugzeuggeneration Su-27/35 und MiG-29 für die Schulung ausführen können. Die Entwicklung der Yak-130 erfolgt in Kooperation mit der italienischen Aermacchi. Die Konstruktion der Yak-130 ist von konventioneller Art und besonders robust ausgelegt. Ungewöhnlich sind der komplexe Deltaflügel mit den ovalen Triebwerkeinläufen. Das Triebwerkmanagement (FADEC) ist vollständig digitalisiert, ebenso die übrige Avionik. Die Flugsteuerung stützt sich auf ein vierfach redundantes FBW-System ab. Bereits wird auch eine trägergestützte Ausführung angeboten und eine einsitzige Erdkämpferversion studiert.
Hersteller: OKB Alexander S. Yakowlew, Werke Nizhniy Novgorod und Saratow, Russland.

Abmessungen: Spannweite 10,40 m, Länge 11,24 m, Höhe 4,76 m, Flügelfläche 23,50 m².

VERZEICHNIS DER FLUGZEUGTYPEN

ABKÜRZUNGEN IM TEXT

Aéronavale	Französische Marineluftwaffe
AAM	**A**ir-to **A**ir-**M**issile, Lenkwaffen gegen feindliche Flugzeuge
AEW	**A**irborne **E**arly **W**arning, fliegende Radarfrühwarnflugzeuge
ALAT	**A**viation **L**égère de l'**A**rmée de **T**erre, französische Heeresluftwaffe
Armée de l'Air	Französische Luftwaffe
ASM	**A**ir-to-**S**urface-**M**issile, Lenkwaffen gegen Bodenziele
ASW	**A**nti-**S**ubmarine **W**arfare, U-Boot-Bekämpfung
AWACS	**A**irborne **W**arning **A**nd **C**ontrol **S**ystem, Frühwarnflugzeug
CRT	**C**athode-**R**av-**T**ube, Kathodenstrahlröhren-Anzeige
Doppler	Abkürzung für Doppler-Radar zur Geschwindigkeitsmessung und zum Erkennen von beweglichen Objekten in der Luft und am Boden
ECM	**E**lektronic **C**ounter **M**easures, Sammelbegriff für alle Massnahmen zur Störung feindlicher Funk- und Radareinrichtungen auf elektronischem Weg
ECCM	Störung der feindlichen ECM-Massnahmen
EFIS	**E**lectronic **F**light **I**nstrument **S**ystem, Elektronische Bildschirmanzeigeinstrumente
Elint	**El**ektronics **Int**elligence, elektronische Aufklärung
FADEC	**F**ull **A**uthority **D**igital **E**ngine **C**ontrol, Digitales Triebwerkmanagement-System
FBW	**F**ly **B**y **W**ire, Steuerung des Flugzeuges mittels elektrischen Impulsen
FLIR	**F**orward-**L**ooking **I**nfra**R**ed, Infrarot-Nachtsichtgerät
GFK	**G**lasfaserverstärkter **K**unststoff
GPS	**G**lobal **P**ositioning **S**ystem, präzise Navigationshilfe mittels Satelliten
HUD	**H**ead-**U**p **D**isplay, Blickfelddarstellungsgerät. Die wichtigsten Flugdaten werden auf die Frontscheibe projiziert
IFF	**I**dentification **F**riend or **F**oe, Freund-/Feinderkennungsgerät
IFR	**I**nstrument **F**light **R**ules, Instrumentenflugregeln
LANTIRN	**L**ow-**A**ltitude **N**avigaton **T**argeting **IR** for **N**ight, Tiefflugnavigations- und Infrarot-Angriffssystem für Nachteinsätze
MAD	**M**agnetic **A**nomaly **D**etection, Magnetometer, Gerät zum Aufspüren magnetischer
MLS	**M**icrowave-**L**anding-**S**ystem, Landehilfe auf Mikrowellenbasis Unregelmässigkeiten (Einsatz zur U-Boot-Bekämpfung)
NASA	**N**ational **A**eronautics & **S**pace **A**dministration, Behörde für Luft- und Raumfahrtforschung der USA
OKB	**O**pytno **K**onstruktorskoe **B**yuro, Konstruktionsbüro für Experimentalflugzeuge bzw. Prototypen in der ehemaligen Sowjetunion
RAAF	**R**oyal **A**ustralien **A**ir **F**orce, australische Luftwaffe
RAF	**R**oyal **A**ir **F**orce, britische Luftwaffe
RN	**R**oyal **N**avy, britische Marineluftwaffe
STOL	**S**hort **T**ake-**O**ff and **L**anding, Kurzstart und -landung
TACAN	**Tac**tical **A**ir **N**avigation, militärische Navigations- und Distanzmesshilfe für taktische Einsätze
USAF	**U**nited **S**tates **A**ir **F**orce, Luftwaffe der USA
USCG	**U**nited **S**tates **C**oast **G**uard, Küstenwache der USA
USMC	**U**nited **S**tates **M**arine **C**orps, Marineinfanterie der USA
USN	**U**nited **S**tates **N**avy, Marine der USA
VFR	**V**isual **F**light **R**ules, Sichtflugregeln
VTOL	**V**ertical **T**ake-**O**ff and **L**anding, Senkrechtstart und -landung
WPS	**W**ellen-**PS**, Leistung einer Propeller- oder Gasturbine, gemessen an der Welle